21世纪高等教育计算机规划教材

COMPUTER

JavaScript 程序设计基础教程

JavaScript Programming Tutorial

李源 编著

人民邮电出版社
北京

图书在版编目（CIP）数据

JavaScript程序设计基础教程 / 李源编著. -- 北京：人民邮电出版社，2017.4（2022.6重印）
21世纪高等教育计算机规划教材
ISBN 978-7-115-44327-4

Ⅰ. ①J… Ⅱ. ①李… Ⅲ. ①JAVA语言－程序设计－高等学校－教材 Ⅳ. ①TP312

中国版本图书馆CIP数据核字（2016）第297311号

内 容 提 要

JavaScript 是目前最流行的网页前端开发技术之一。本书由浅入深、循序渐进地介绍了使用 JavaScript 开发网页前端应用的基础知识和技术技能。

全书分为 3 篇。第 1 篇是 JavaScript 语法基础，包括 JavaScript 简介、基本语法、数据类型、控制语句、函数与数组等。第 2 篇是 JavaScript 面向对象基础，包括 JavaScript 面向对象编程、屏幕和浏览器对象、文档对象、窗口对象、历史地址与 cookie 对象以及表单和 DOM 对象。第 3 篇是 JavaScript 进阶与实战，包括 JavaScript 中正则表达式的使用、jQuery 框架的使用以及一个接元宝游戏实例。通过进阶技术的学习与综合实例的练习，读者能真正感受到 JavaScript 的魅力。

本书语言通俗，内容精练，重点突出，实例丰富，是广大 Web 开发人员、计算机编程爱好者、网站管理维护人员必备的参考书，也非常适合大中专院校师生学习阅读，并可作为高等院校计算机及相关专业教材使用。

◆ 编 著 李 源
责任编辑 吴 婷
责任印制 杨林杰

◆ 人民邮电出版社出版发行 北京市丰台区成寿寺路 11 号
邮编 100164 电子邮件 315@ptpress.com.cn
网址 http://www.ptpress.com.cn
固安县铭成印刷有限公司印刷

◆ 开本：787×1092 1/16
印张：16.75 2017年 4 月第 1 版
字数：440 千字 2022 年 6 月河北第 13 次印刷

定价：45.00 元

读者服务热线：(010)81055256 印装质量热线：(010)81055316
反盗版热线：(010)81055315

前言

未来的互联网是桌面平台与移动平台平分秋色的世界，而作为联系二者的纽带，Web 应用将在未来的跨平台应用中占据重要的地位。所以作为 Web 应用的流行技术 JavaScript，也受到越来越多的程序员的重视与喜爱。通过 JavaScript 可以构建功能完备、界面友好的 Web 应用前台，而好的前端会帮助网站留住更多的客户。因此，学好 JavaScript 也成为各类应用开发，特别是跨平台的 Web 应用开发所必备的条件之一。

为了方便广大读者学习，作者结合自己多年的 JavaScript 开发和培训经验编写了本书。本书比较全面地介绍了 JavaScript 基础、JavaScript 面向对象、JavaScript 中正则表达式的使用以及 jQuery 框架的使用等。通过本书的学习，读者可以对 JavaScript 有深入的了解，并且可以实现各类 Web 前台使用 JavaScript 所要求的功能。

本书的特点

1. 语言简练，通俗易懂

本书尽量使用通俗易懂的语言来组织内容，避免使用艰深晦涩的专业术语，让初学者更容易接受，从而为学好、用好 JavaScript 打好基础。

2. 内容丰富，知识全面

本书共分 3 篇 15 章，采用从易到难、循序渐进的方式进行讲解。内容几乎涉及了 JavaScript 程序开发的各个方面。

3. 循序渐进，由浅入深

为了方便读者学习，本书首先让读者了解什么是 JavaScript，然后介绍最常用的语法基础内容，如运算表达式、控制语句等。读者在掌握语法基础之后，逐渐学习 JavaScript 的面向对象编程，了解各种对象的使用方法。接着通过对正则表达式与 jQuery 的学习实现知识的进阶，最后通过一个综合实例，使读者学以致用，掌握 JavaScirpt 的开发技巧。

4. 格式统一，讲解规范

书中每个例程都采用了分步骤实现的方法。这样读者可以很清晰地知道每个技术的具体实现步骤，从而提高学习的效率。

5. 实例丰富，注释明晰

本书通过实例来说明重要知识点的用法，而且实例代码中都有清晰明了的注释，读者即使对代码的运行不太理解，也可以根据注释了解代码所实现的功能，从而对读者学习该知识点有着很好的引导作用。

本书的内容安排

本书分为 3 篇，共 15 章，主要章节规划如下。

第 1 篇（第 1 章 ~ 第 6 章）为 JavaScript 语法基础，内容包括 JavaScript 简介、数据类型、运算符与表达式、控制语句、函数和数组、JavaScript 的调试与优化等基础知识。

第 2 篇（第 7 章 ~ 第 12 章）为 JavaScript 面向对象基础，讲述了 JavaScript 面向对象编程，屏幕和浏览器对象，文档对象，窗口对象，历史、地址和 cookie 对象，表单对象与 DOM 对象等。

第 3 篇（第 13 章 ~ 第 15 章）为 JavaScript 进阶与实战，讲述了 JavaScript 中的正则表达式技术、jQuery 框架使用技术以及一个综合实例——接元宝网页小游戏。

本书由浅入深，由理论到实践，尤其适合初级读者逐步学习和完善自己的知识结构。

适合阅读本书的读者

- 希望进入 Web 开发领域的新手。
- JavaScript 学习人员。
- 从事 Web 前端开发的人员。
- 想使用 JavaScript 开发网络应用的人员。
- 各类网站管理人员。
- 想自学制作网站的网络爱好者。
- 大中专院校的学生。

本书由解放军第三〇二医院计算机信息中心的李源主编，其他参与编写的还有梁静、黄艳娇、任耀庚、刘海琛、刘涛、蒲玉平、李晓朦、张鑫卿、李阳、陈诺、张宇微、李光明、庞国威、史帅、何志朋、贾倩楠、曾源、胡萍凤、杨罡、郝召远。

编　者

2016 年 11 月

目 录

第 1 篇 JavaScript 语法基础

第 3 篇　JavaScript 进阶与实战

第 1 篇　JavaScript 语法基础

第 1 章　认识 JavaScript

“千里之行，始于足下”。这句千古遗训蕴含着深刻的道理，在计划安排好之后需要落实行动。只有从现在的脚下开始出发，才能达千里之外的目的地。学习 JavaScript 最好从了解它的起源开始，了解其产生的背景，从而知道其主要应用场合，对今后的学习和目标的建立有莫大的帮助。本章将向读者讲解 JavaScript 的背景和现在的状况，以及未来可能的发展方向。通过本章的学习，读者将学会编写一个最简单的 JavaScript 程序并知道如何运行。

- 了解 JavaScript 产生的背景。
- 了解 JavaScript 和其他脚本语言的异同。
- 了解如何编写一个 JavaScript 程序并运行它。
- 牢记编写 JavaScript 程序的注意事项。

以上几点是对读者所提出的基本要求，也是本章希望达到的目的。读者在学习本章内容时可以将其作为学习的参照。

1.1　脚本语言 JavaScript

JavaScript 是世界上使用人数最多的程序语言之一，几乎每一个普通用户的电脑上都存在 JavaScript 程序的影子。然而绝大多数用户不知道它的起源以及如何发展至今。JavaScript 程序设计语言在 Web 领域的应用越来越火，未来它将会怎样发展，本节将对这部分内容分别进行讲述。

1.1.1　脚本语言的分类

如今成熟的脚本语言非常多，根据使用方式的不同分成嵌入式和非嵌入式两类。嵌入式脚本语言通常为了应用程序的扩展而开发出来。解释器通常嵌入在被扩展的应用程序中，成为宿主程序的一部分。例如，Lua 语言、Python 语言的嵌入性比较好，如今这两者在游戏开发领域应用较多，通常作为游戏软件的脚本系统或配置文件。根据笔者的经验，Lua 语言无论在嵌入性和运行效率上都远超过其他语言，将 Python 语言纳入嵌入式语言分类中有些勉强，因为它更像其他独立运行的语言。

非嵌入式脚本语言无须嵌入其他程序中，如本书所讲的 JavaScript 语言。这些语言主要应用不是作为系统扩展，而是实现一般的任务控制。

【提示】将语言分类比较勉强，因为其在开发的时候大都针对某一类应用而不先考虑属于某一类。

1.1.2 JavaScript 的标准与历史

众多 Web 浏览器对 JavaScript 的支持很不一致，相同的语言特性在不同的浏览器中会有所差异，这种差异对开发者影响极大，开发者在开发时不得不为不同的浏览器编写不同的代码，这种难堪的局面一直持续到 JavaScript 标准的制定。1997 年发布了 ECMA-262 语言规范，将 JavaScript 语言标准化并重命名为 ECMAScript，现在各种浏览器都以该规范作为标准。

【提示】语言和系统接口标准化后可以大大减轻开发人员的负担，不用为不同的语言特性或接口编写不同的代码，这也增强了软件的可移植性。

在互联网形成的初期，Web 技术远远没有像今天这样丰富，这样让人难以选择。当时，在 Web 客户端进行最基本的数据有效性验证都非常麻烦，浏览器端的用户体验效果非常单调，几乎没有交互性。今天所看到的全动态 Flash、SilverLight、JavaScript 等精彩应用在当时都没有，有的只是纯 HTML 静态页。

基于这样的状况，Netscape 公司在它的 Navigator Web 浏览器中增加了脚本功能，以简单的方式实现在浏览器中的数据验证，该脚本名为 LiveScript。与此同时，Java 技术也逐渐红火，其特点也正好能弥补 Web 客户端交互性方面的不足。Netscape 公司在其 Navigator 浏览器中支持 JavaApplet 时，考虑 JavaApplet 与 LiveScript 目标的相似性，将 LiveScript 更名为 JavaScript，可以理解为其欲借 Java 之势以求发展。

JavaScript 语言刚推出就在市场上获得巨大的成功，这表现在 Navigator 浏览器的用户量上。当 JavaScript 语言的使用形成一种大趋势之后，微软公司的 IE 浏览器也增加对 JavaScript 语言的支持，这加快了 JavaScript 语言发展的速度。

微软公司的 IE 浏览器搭乘 Windows 操作系统这艘巨舰在市场上获得了空前的成就，同时微软也实现了一门兼容 JavaScript 的脚本语言，命名为 JScript。如今对 JavaScript 的支持已经成为 Web 浏览器中不可缺少的技术。

【提示】很多有名的编程语言起初都是由个人或小团体创造出来，逐步完善并发展壮大的。

随着 Ajax 的技术大潮，JavaScript 重新受到 Web 开发者的重视。在此之前，JavaScript 主要应用还是在客户端实现一些数据验证等简单工作，多媒体交互应用被类似 Flash 的技术抢占了市场。正当 JavaScript 处于低潮的时候，Ajax 技术被开发出来了，简单地说，就是利用 JavaScript 的异步更新机制实现 Web 页的局部刷新。当一个页面不需要全部重新加载，只要加载部分数据即可的时候，互联网的运行速度便大大加快了。因此，JavaScript 在 Web 开发中站在了一个更加重要的位置。JavaScript 在浏览器中的层次结构如图 1-1 所示。

很多开发者开始挖掘 JavaScript 在其他方面的潜力，打算发现类似 Ajax 那样令人吃惊的东西。结合 W3C 现行的 DOM 规范，JavaScript 表现出了惊人的魅力，涌现出很多基于 Web 的应用程序，这是在 Web 客户端方面。在服务器端技术中，微软公司也将 JavaScript 纳入了.NET 语言的范畴，使其成了 ASP.NET 的语言工具，开发者不必重新学习语言即可运用 ASP.NET 技术。如今基于 JavaScript 的应用不胜枚举，大家可通过网络了解更多的信息。

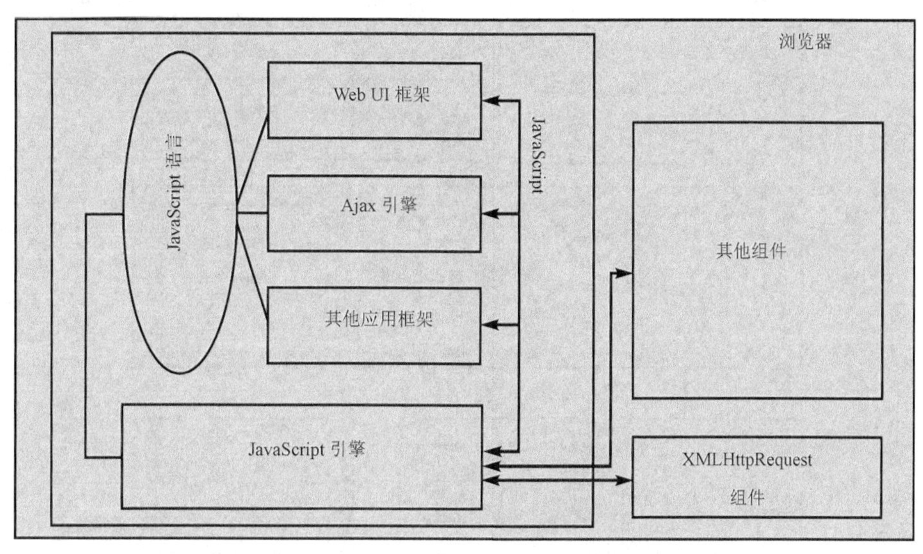

图 1-1　JavaScript 在浏览器中的层次结构

【提示】自从 Ajax 技术出现之后，人们重新重视了 JavaScript 的价值，如今不少开发者使用 JavaScript 开发出极具价值的通用程序框架，如一些流行的 Web UI 库。

1.1.3　JavaScript 在网页中的应用

JavaScript 的脚本包括在 HTML 中，它成为 HTML 文档的一部分。与 HTML 标志相结合，构成了一门功能强大的 Internet 网上编程语言。使用特定的标记可以直接将 JavaScript 脚本加入文档。

```
01  <html>                                              <!--文档开始-->
02  <head></head>                                       <!--文档头--->
03  <body>                                              <!--文档体--->
04  <script Language ="JavaScript">
05  JavaScript 语言代码; JavaScript 语言代码; ....
06  </script>
07  </body>                                             <!--文档体结束-->
08  </html>                                             <!--文档结束--->
```

以上代码中 4～6 行为 JavaScript 代码，其余部分为 HTML 内容。通过以上代码可以看出，在 HTML 中使用 JavaScript 要使用<script>标记，并在其中指定所要使用的脚本语言为 JavaScript，即：<script Language ="JavaScript">。

1.1.4　JavaScript 的发展趋势

语言永远被当作工具，这一点从来都没有被改变过，以后也不会。例如，在 Windows 平台上，使用 ADODB 组件可以让 JavaScript 能处理支持 SQL 的数据库中的数据，使用 FSO 组件可以实现本地文件 IO 功能。这些说明了 JavaScript 位于应用开发的最顶端，与低层技术的实现无关，JavaScript 在系统中的位置如图 1-2 所示。

尽管平台技术不断发生变化，JavaScript 仍将以不变的形式去使用平台提供的能力从而适应新的需求。未来的一段时间内，Web 开发将是开发者众聚之地，也是 JavaScript 变得紫红的时代。

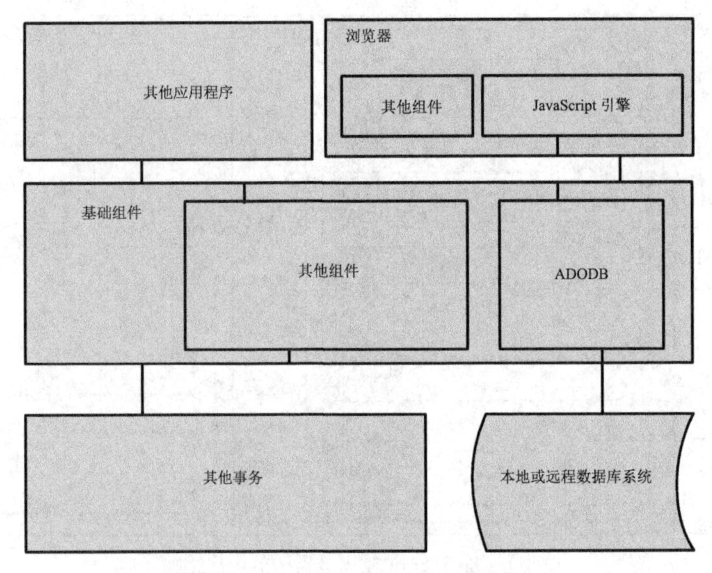

图 1-2　JavaScript 在系统中的位置

1.2　第一个 JavaScript 程序

学习一门新语言，大致了解了它的背景之后，最想做的莫过于先写一个最简单的程序并成功运行。如果最初连续几个程序都无法成功编译或运行，初学者学习的信心多少会受些打击，这是正常现象。本节将带领读者对 JavaScript 进行第一次实践尝试，用它编写一个最简单且流行了几十年的“Hello World”程序。

1.2.1　选择 JavaScript 编辑器

JavaScript 源程序是文本文件，因此可以使用任何文本编辑器来编写程序源代码，如 Windows 操作系统里的“记事本”程序。为了更快速地编写程序并且降低出错的概率，通常会选择一些专业的代码编辑工具。专业的代码编辑器有代码提示和自动完成功能，笔者推荐使用 Aptana Studio，它是一款很不错的 JavaScript 代码编辑器，其安装初始界面如图 1-3 所示。

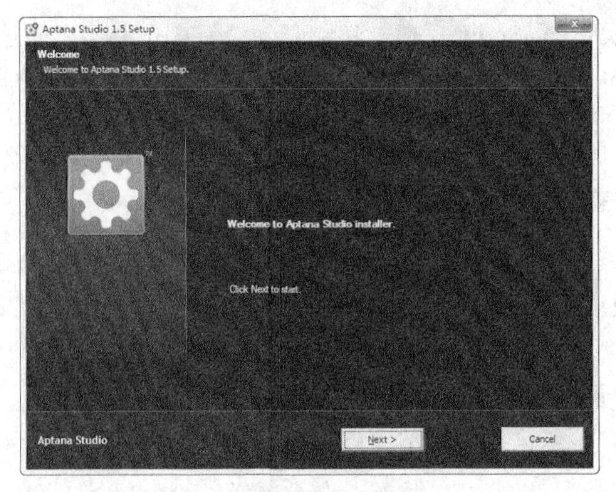

图 1-3　开始安装 Aptana Studio

安装完毕后运行 Aptana Studio，即可进入程序的主界面，如图 1-4 所示。使用 Aptana Studio 可以快速编写 JavaScript 程序。如果使用的是 Firefox 浏览器，还可以在该软件中调试 JavaScript 程序。

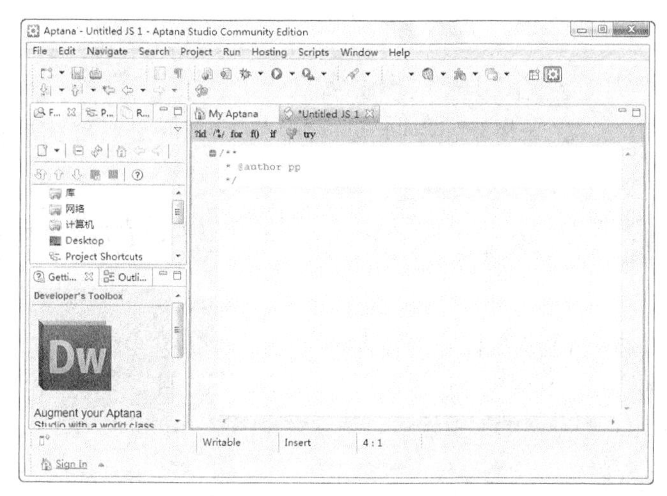

图 1-4　Aptana Studio 主界面

1.2.2　编写 Hello World 程序

下面正式开始编写“Hello World”程序，推荐使用记事本或 1.2.1 小节介绍的 Aptana Studio。为简单起见，这里使用记事本编写程序。

【实例 1-1】编写并运行最经典的入门程序，输出“Hello World!”。打开记事本，输入如下代码并将文件另存为网页文件“helloworld.htm”。

```
01  <html>                          <!---------HTML 文档开始----->
02  <body>                          <!--------文档体开始-------->
03  <script language="JavaScript"><!---------脚本程序--------->
04      document.write("Hello World!");// 输出经典的 Hello World!
05  </script>                       <!---------脚本结束--------->
06  </body>                         <!---------文档体结束-------->
07  </html>                         <!---------HTML 文档结束----->
```

编写完毕，将以上代码保存为范例 1-1.html 以备后用。

【代码解析】第 4 行是 JavaScript 程序代码，第 3、5 行是标准 HTML 标签，该标签用于在 HTML 文档中插入脚本程序。其中的“language”属性指明了“<script>”标签对间的代码是 JavaScript 程序。第 4 行调用 document 对象的 write 方法将字符串“Hello World!”输出到 HTML 文本流中。

【提示】嵌入 JavaScript 脚本时也可以使用标签“<script type="text/JavaScript"> </script>”。

1.2.3　运行程序

运行 JavaScript 程序最简单的方法就是使用浏览器打开包含 JavaScript 代码的网页文件，通常网页文件的扩展名为 htm 或者 html。使用系统自带的浏览器即可。双击网页文件运行程序，其结果如图 1-5 所示。

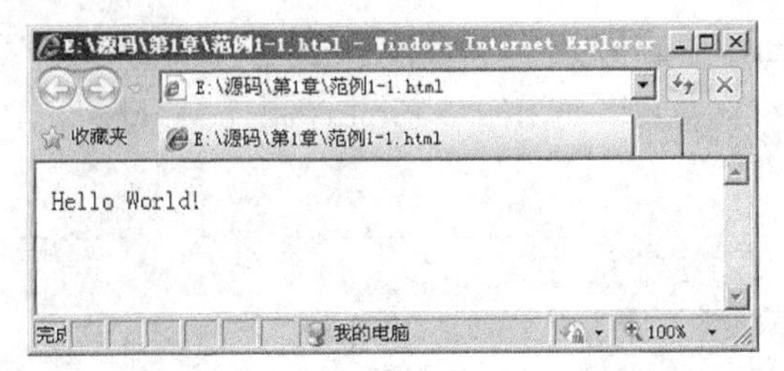

图 1-5　Hello World 程序的运行结果

1.3　编写 JavaScript 代码时的注意事项

JavaScript 程序的书写有些需要注意的地方，如大小写敏感、单行和多行、分号的运用等。初学者在编写程序时通常会触犯这些规则，应该尽力避免。用户自定义的标识符不能与语言保留的关键字同名，通过使用一些专业的编辑器可以帮助大家消除语法错误。

1.3.1　大小写敏感

JavaScript 代码是大小写敏感的，Name 和 name 是不同的标识符，编码时应当予以注意。同一个词如果各个字母间大小写不同，系统将当作不同的标识符来处理，相互之间没有任何联系。现举例说明，代码如下所示。

```
01  Name = "sunsir";                    // 大写字母开头
02  name = "foxsir";                    // 小写字母开头
```

此时 Name 的值仍然是“sunsir”，对 name 进行操作并不影响到变量 Name，它们是不同的变量，因为在 JavaScript 中所有的代码都区分大小写。

1.3.2　空格与换行

代码中多余的空格会被忽略，同一个标识符的所有字母必须连续。一行代码可以分成多行书写，以下代码的书写都正确。单行书写如下。

```
if(1==1 && 6>3 ){alert("return true");}else{alert( "return false" );}
// 代码写于一行中，用分号作为语句结束标志分成多行、规范的书写如下：
01  if( 1==1 && 6>3 )                       // 如果 1 等于 1，且 6 大于 3，则
02  {
03        alert("return true" );            // 输出“return true”
04  }
05  else                                    // 否则
06  {
07        alert( "return false" );          // 输出“return false”
08  }
```

也可以在代码中的标识符间任意添加空格，多余的空格会被忽略，如以下代码效果与上述代码完全一样。

```
01  if    (              1                  // 一个语句分多行书写
02  ==1                                     // 将一行代码分成多行
03  && 6>          3                        // 将一行代码分成多行
04  )                                       // 将一行代码分成多行
```

```
05  { alert(                                   // 将一行代码分成多行
06  "return true"); }else                      // 将一行代码分成多行
07  {                                          // 将一行代码分成多行
08       alert( "return false" );              // 将一行代码分成多行
09  }                                          // 将一行代码分成多行
```

虽然代码可以分成任意多行去写，但是对于字符串却不一样。要将一个字符串分成多行，须将每一行作为一个单独的字符串，再使用“+”运行符将位于不同行的字符串连接起来。代码如下所示。

```
01  var Message = "JavaScript 编程，简单，有趣！";        // 单行中的字符串
02  var message = "JavaScript 编程，" +                  // 多行中的字符串
03                "简单，有趣！";
```

【提示】规范的书写风格，是编写成熟代码的基本要求，希望读者引起注意。

1.3.3 分号可有可无

JavaScript 程序可以使用分号作为一个语句的结束标志，分号之后是新语句的开始，这样可以将多个语句放在一行中。该特性在一些场合中非常有用，例如将 JavaScript 程序写在一个字符串中以构造函数对象。当一行只有一个程序语句时，结尾可以不使用分号。反之，当不使用分号时，一行被认为是一个程序语句，代码如下所示。

```
01  <script language="JavaScript">                        // 脚本开始
02       var name = "Sunsir"                              // 名字
03       var age = 25                                     // 年龄
04       alert( "Sunsir's age:" + age )                   // 输出信息
05  </script>                                             // 脚本结束
```

1.3.4 注释形式

作为一种流行的编程语言，JavaScript 也支持对代码进行注释。使用注释一方面可以提高代码的可读性，另一方面也可以在作者对代码进行升级时能够清楚地理解各部分代码的作用。

在 JavaScript 代码中有单行注释与多行注释两种形式。其中单行注释的符号为“//”。在本章前几节的代码中已经出现。

多行注释的符号为：/**/，下面的代码就使用了多行注释。

```
01  <script language="JavaScript">                        // 脚本开始
02       /*注释开始
03       这里是注释内容
04       这里是注释内容
         ……
05       注释结束*/
06  </script>                                             // 脚本结束
```

以上代码中使用了多行注释，其中以“/*”开始注释，中间所有的内容均为注释内容，均不会被解释执行，最后以“*/”结束注释。

1.4 小　　结

本章介绍了 JavaScript 语言产生的背景、发展的过程及使用方法。现行的 JavaScript 是以 ECMAScript 为语言标准的，常见的浏览器基本上都实现了 ECMA-262 语言规范。对于不同浏览器间的一些微小的差别读者仍需注意，可以在程序中判断当前浏览器并编写与之适应的代码。JavaScript 程序以文本的形式嵌入或链接到 HTML 文档中，其代码标识符大小写敏感。一个程序语句可以分成多行书写，可以使用分号作为语句的结束标志。

1.5 习　　题

一、简答题

1. 简述 JavaScript 的发展史以及它的未来。
2. 简述 JavaScript 语言的特点。

二、练习题

编写程序，在浏览器中显示用户的名字。

【提示】对 Hello World 程序稍加修改即可实现，差别只是输出不同的字符串。参考代码如下。

```
01  <script language="JavaScript">                        // 脚本开始
02      name = "Sunsir";                                  // 名字
03      document.write( name );                           // 在浏览器中输出
04  </script>                                             // 脚本结束
```

【运行结果】打开网页运行程序，结果如图 1-6 所示。

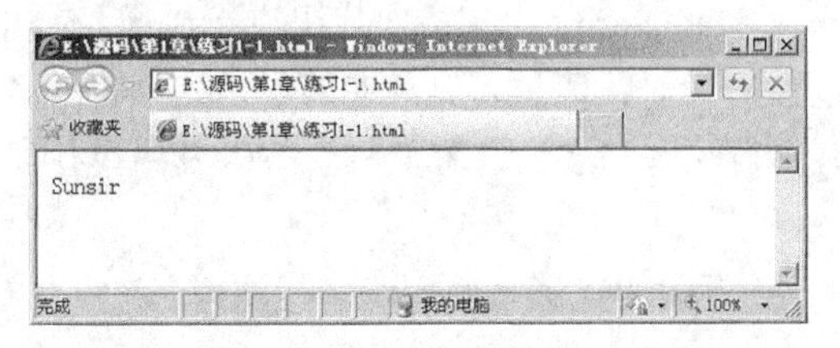

图 1-6　输出字符串

【提示】本书假定读者具有基本的 HTML 语言知识，非必要情况，HTML 部分代码将不多做解释。

第2章 JavaScript中的数据类型

本章将讲解 JavaScript 程序设计中的基本要素，即数据类型。任何一种程序设计语言都离不开对数据和业务逻辑的处理，对数据进行操作前必须确定数据的类型。数据的类型规定了可以对该数据进行的操作和数据存储的方式。

JavaScript 作为一门脚本语言，其使用过程完全表现出自动化特点。和其他脚本语言一样，使用时不需要显式指定数据的类型，仅在某些特殊场合才需要知道某一数据的类型。JavaScript 数据类型包括基本类型和复合类型，本章重点讲解各种常用的数据类型。

- 理解和掌握基本数据类型的特点，以便在今后设计时正确运用。
- 理解和掌握复合数据类型的特点，并通过实际的练习加以巩固。
- 理解并掌握常用的内置对象的特性和使用方法。

以上几点是对读者提出的基本要求，也是本章希望达到的目的。读者在学习本章内容时可以将其作为学习的参照。

2.1 基本数据类型

每一种程序设计语言都规定了一套数据类型，其中最基本不可再细分的类型称为基本数据类型。JavaScript 基本数据类型包括字符串型、布尔型和数值型等，这几种是 JavaScript 中使用最普遍的数据类型，下面分别讲解各种类型的特点和使用方法。

2.1.1 字符串型数据

在 JavaScript 中，字符串型数据是用引号引起来的文本字符串。例如，“好久不见，你还好吗？”或‘Bob 是个聪明的孩子’。每一个字符串数据都是 String 对象的实例，主要用于组织处理由多个字符构成的数据串。定义一个字符串时不需要指定类型，只需要按以下语法定义即可。

定义字符串的第一种形式如下。

```
var hello = "你好啊";
```

定义字符串的第二种形式如下。

```
var hello = '你好啊';
```

其中，var 是 JavaScript 中用于定义变量的关键字。此处用其定义一个名为 hello 的字符串变量，关于变量的内容将在本书第 3 章详细讲解。程序执行时系统自动为 hello 采用字符串的处理方式，此处字符串变量 hello 的数据内容为“你好啊”。第一种定义方式和第二种定义方式的效果完全一样，系统不会对此加以区分，下面编写一个程序演示字符串的用法。

【实例 2-1】编写程序，练习使用引号定义字符串变量。向 Peter 输出一句问候语，如下所示。

```
01  <script language="javascript">                    // 脚本程序开始
02  <!--
03        var hello = "你好啊";                       // 使用双引号定义字符串
04        var name = 'Peter';                          // 使用单引号定义字符串
05        alert(hello + name );                        // 将两个字符串合在一起显示
06  -->
07  </script>                                          // 脚本程序结束
```

【运行结果】打开网页文件运行程序，所得结果如图 2-1 所示。

【代码解析】本例代码中第 3 行和第 4 行分别使用双引号和单引号定义字符串变量，主要演示字符串变量的定义方法。第 5 行使用 Window 对象的 alert 方法将连接后的字符串数据输出显示。

图 2-1　连接后的字符串

2.1.2　数值型数据

JavaScript 中用于表示数字的类型称为数值型，不像其他编程语言那样区分整型、浮点型。数值型用双精度浮点值来表示数字数据，可以表示（-2^{53}，$+2^{53}$）区间中的任何值。数字的值可以用普通的记法，也可以使用科学记数法。

JavaScript 的数字可以写成十进制、十六进制和八进制，具体写法如下。

十进制，可以用普通记法和科学记数法。

```
10;                                  // 数字
10.1  ;                              // 数字
0.1  ;                               // 数字
3e7;                                 // 科学记数
0.3E7;                               // 科学记数
```

十六进制以“0X”或“0x”开头，后面跟 0～F 的十六进制数字，没有小数和指数部分。

```
0xAF3E;                              // 十六进制
0X30FB;                              // 十六进制
```

八进制以 0 开头，后跟 0～7 的八进制数字，同样没有小数和指数部分。

```
037;                                 // 八进制
012346;                              // 八进制
```

以上是常用的数字表示法，下面通过编写程序来加深对数值型数据的理解。

【实例 2-2】编写程序，练习八进制数、十六进制数和十进制数的表示方法。演示 JavaScript 常用的数值型数据的使用方法，由于这段代码都很重要，因此不做加粗处理，读者需着重学习。

```
01  <script language="javascript">        // 脚本程序开始
02  <!--
03                                         // 使用十六进制数
04        var i = 0Xa1;                    // 分别定义两个数字变量，并使用 0x 和
                                           // 0X 作为十六进制设置初值
05        var j = 0xf2;
06        var s = i + j;                   // 十六进制变量 i 与 j 相加
07                                         // 输出为十进制
```

```
08       document.write("<li>十六进制数 0xa1 等于十进制数：" + i + "<br>" );
09       document.write("<li>十六进制数 0xf2 等于十进制数：" + j + "<br>" );
10       document.write("<li>十六进制数 0xf2 加上 0xa1 的和为：" + s + "<br>" );
11
12                                               // 使用八进制数
13       var k = 0123;                           // 分别定义两个数值变量，分别用八进制值
                                                 // 设置为初值
14       var l = 071;
15       var m = k + l;                          // 两个变量的值相加
16                                               // 输出为十进制
17       document.write("<li>八进制数 0123 等于十进制数：" + k + "<br>" );
18       document.write("<li>八进制数 071 等于十进制数：" + l + "<br>" );
19       document.write("<li>八进制数 0123 加上 071 的和为：" + m + "<br>" );
20                                               // 使用十进制
21       var t1 = 0.1;                           // 定义十进制小数数字的形式
22       var t2 = 1.1;
23       var t3 = 2e3;                           // 使用科学计数法表示数值
24       var t4 = 2e-3
25       var t5 = 0.1e2;
26       var t6 = 0.1e-2;                        // 将各变量的值全部输出
27       document.write("<li>十进制带小数的形式：" + t1 + "和" + t2 + "<br>" );
                                                 // 在文档中输出变量
28       document.write("<li>十进制科学记数 2e3 等于：" + t3 + "<br>" );
                                                 // 在文档中输出变量
29       document.write("<li>十进制科学记数 2e-3 等于：" + t4 + "<br>" );
                                                 // 在文档中输出变量
30       document.write("<li>十进制科学记数 0.1e2 等于：" + t5 + "<br>" );
                                                 // 在文档中输出变量
31       document.write("<li>十进制科学记数 0.1e-2 等于：" + t6 + "<br>" );
                                                 // 在文档中输出变量
32  -->
33  </script>
```

【运行结果】双击网页文件运行程序，其结果如图 2-2 所示。

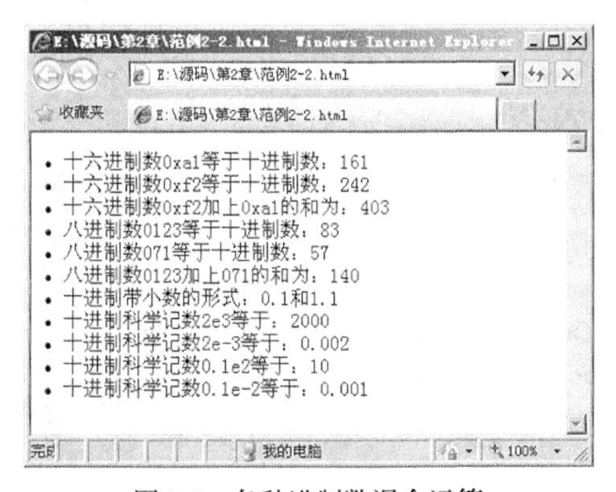

图 2-2　各种进制数混合运算

【代码解析】本示例第 4～6 行定义 3 个变量，并分别赋十六进制表示的初值。第 8～10 行将 3 个变量输出为十进制表示的数。第 13～15 行定义 3 个变量，分别赋八进制表示的初值。第 17～19 行将 3 个变量输出为十进制表示的数。第 21～26 行定义数个变量，并对它们赋予用不同表示法表示的十进制数值。第 27～31 行将变量 t1～t6 逐一输出为普通的十进制数字。

2.1.3 布尔型数据

布尔型是只有“真”和“假”两个值的数据类型。作为逻辑表达式的结果，真值用“true”表示，假值用“false”表示。事实上，非 0 值即为“真”，0 值即为“假”。布尔型数据通常用来表示某个条件是否成立，定义的一个布尔型变量的形式如下。

```
var b = true                                    // 布尔型变量
```

或者如下。

```
var b = false;                                  // 布尔型变量
```

【提示】在 JavaScript 中定义任何变量都不需要显式地为其指定类型，系统会根据变量的值类型来确定变量的数据类型。上述变量 b 的值为 true 或 false 时，系统会确定该变量的数据类型为布尔型。

下面编写程序演示布尔数据类型的使用方法。

【实例 2-3】编写程序，练习布尔型数据的使用方法。验证“非零值为真，零值为假”，掌握布尔型数据的特点，如下所示。由于这段代码都很重要，因此不做加粗处理，读者需着重学习。

```
01  <script language="javascript">              // 脚本程序
02  <!--
03      var b1 = true;                          // 定义布尔型变量 b1 并赋初始为“真”
04      if( b1 )                                // 判断 b1 的真是否为真，真则执行“{}”
                                                // 中的语句
05      {
06          document.write("变量 b1 的值为\"真\"<br>");// 输出提示
07      }
08      var b2 = false;                         // 定义布尔变量
09      if( b2 )                                // 为真时
10      {
11          document.write("变量 b2 的值为\"真\"<br>");// 输出提示
12      }
13      else                                    // 为假时
14      {
15          document.write("变量 b2 的值为\"假\"<br>");// 输出提示
16      }
17      var b3 = 0.1;                           // 定义数字类型变量 b3，并赋非 0 值
18      if( b3 )                                // 此处 b3 被当作布尔型变量，若为真
19      {
20          document.write("变量 b3 的值为\"真\"<br>");// 输出提示
21      }
22      var b4 = -1;                            // 定义数字类型变量 b4，并赋非 0 值
23      if( b4 )                                // 此处 b4 被当做布尔型变量，若为真
24      {
25          document.write("变量 b4 的值为\"真\"<br>");// 输出提示
```

```
26      }
27      var b5 = 0;                                    // 定义数字类型变量并赋 0 值
28      if( b5 )                                       // 此处 b5 被当作布尔型变量，若为真
29      {
30          document.write("变量 b5 的值为\"真\"<br>");// 输出提示
31      }
32      else                                           // 为假时
33      {
34          document.write("变量 b5 的值为\"假\"<br>");// 输出提示
35      }
36  -->
37  </script>                                          // 脚本程序结束
```

【运行结果】打开网页文件运行程序，其结果如图 2-3 所示。

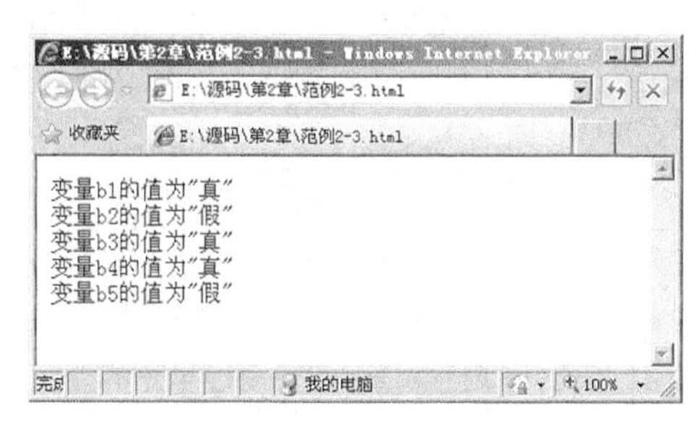

图 2-3　非零值为真

【代码解析】本示例使用了 if 语句对布尔型变量的值进行判断，关于 if 语句，将在后面的章节讲到。此处读者只需知道如果 if 后圆括号里布尔型变量的值为真，则执行 if 后"{}"中的语句。

第 3 行定义一个布尔型变量，并为其赋初值 true，在第 4 行中将其作为 if 控制语句的测试条件，其值为"真"，于是执行第 5～7 行"{}"中的内容。第 18 行和第 23 行分别将非 0 数值型变量当作布尔型变量使用，作为 if 控制语句的测试条件。结果表明，非 0 值的数值型变量作为布尔型变量使用时，其值为"真"。第 27～35 行使用了一个 0 值数值型变量 b5 作为布尔型变量使用，结果表明其布尔值为"假"。

2.2　复合型数据

2.1 节所讲的字符串型、数值型和布尔型数据是 JavaScript 的简单数据类型。本节将介绍复合数据类型、对象和数组。对象是 JavaScript 封装了一套操作方法和属性的类实例，是基本数据类型之一。本书后面的章节将安排专门的内容来介绍数组。

2.2.1　内置对象

在面向对象的设计模式中，将数据和处理数据的方法捆绑在一起形成一个整体，称为对象。换句话说，对象封装了数据和操作数据的方法，要使用其中的数据或方法必须先创建该对象。可以使用 new 运算符来调用对象的构造函数，从而创建一个对象，方式如下。

```
var obj = new Object();                          // 创建新对象
```

参数说明：obj 变量名，必需。指向创建的 Object 对象。

要访问已经创建对象的属性或方法，可以使用“.”运算符，形式如下。

```
obj.toString();                                    // 作为字符串输出
```

上述代码调用对象 obj 的 toString 方法。

JavaScript 内建了几种常用的对象，封装了常用的方法和属性，如表 2-1 所示。

表 2-1　JavaScript 中常用的对象

名称	作用
Object	所有对象的基础对象
Array	数组对象，封装了数组的操作和属性
ActiveXObject	活动控件对象
arguments	参数对象，正在调用的函数的参数
Boolean	布尔对象，提供同布尔类型等价的功能
Date	日期对象，封装日期相关的操作和属性的对象
Error	错误对象，保存错误信息
Function	函数对象，用于创建函数
Global	全局对象，所有的全局函数和全局常量归该对象所有
Math	数学对象，提供基本的数学函数和常量
Number	数字对象，代表数值数据类型和提供数值常数的对象
RegExp	正则表达式对象，保存正则表达式信息的对象
String	字符串对象，提供串操作和属性的对象

下面对表 2-1 中常用的对象进行讲解，包括 Date、Math、Global、String 和 Array，其他对象在后面的章节有专门的内容讲解。

2.2.2　日期对象

JavaScript 将与日期相关的所有特性封装进 Date 对象，包括日期信息及其操作，主要用来进行与时间相关的操作。Date 对象的一个典型应用是获取当前系统时间，使用前首先创建该对象的一个实例，语法如下。

```
date = new Date( );                                      // 直接创建
date = new Date( val );                                  // 指定日期创建
date = new Date( y , m, d [, h [, min [, sec [,ms]]]] ); // 指定年月日分秒创建
```

参数说明：

val，必选项。表示指定日期与 1970 年 1 月 1 日午夜间全球标准时间相差的毫秒数。

y、m 和 d 分别对应年、月和日，必选。h、min、sec 和 ms 分别对应时、分、秒和毫秒，可选。

这 3 种创建方式中，根据需要选择 1 种即可。第 1 种方式创建一个包含创建时间值的 Date 对象。第 2 种方式创建一个与 1970 年 1 月 1 日午夜间全球标准时间相差 val 毫秒的日期。第 3 种方式创建指定年、月、日、时、分、秒和毫秒的日期。

【实例 2-4】编写程序，显示程序运行时的本地时间。演示 Date 对象的使用方法，如下所示。

```
01  <script language="javascript">                      // 脚本程序开始
02  <!--
03      var cur = new Date();                           // 创建当前日期对象 cur
04      var years = cur.getYear();                      // 从日期对象 cur 中取得年数
```

```
05        var months = cur.getMonth();                     // 取得月数
06        var days = cur.getDate();                        // 取得天数
07        var hours = cur.getHours();                      // 取得小时数
08        var minutes = cur.getMinutes();                  // 取得分钟数
09        var seconds = cur.getSeconds();                  // 取得秒数
10                                                         // 显示取得的各个时间值
11        alert( "此时时间是: " + years + "年" + (months+1) + "月"
12             + days + "日" + hours + "时" + minutes + "分"
13             + seconds + "秒" );                          // 输出日期信息
14    -->
15    </script>                                            // 脚本程序结束
```

【运行结果】打开网页文件运行程序，其结果如图 2-4 所示。

【代码解析】本示例使用 Date 对象取得当前日期。第 3 行调用 Date 对象的默认构造函数 Date 创建一个对象，Date 对象的默认构造函数将创建带有当前时间信息的 Date 对象。若要创建带有指定时间信息的 Date 对象，请使用带参数的构造函数，或者创建后调用 Date 对象的方法设定时间。第 4～9 行分别使用 Date 对象的 get 系列方法取得相关值，第 11～13 行组合显示各变量的值。

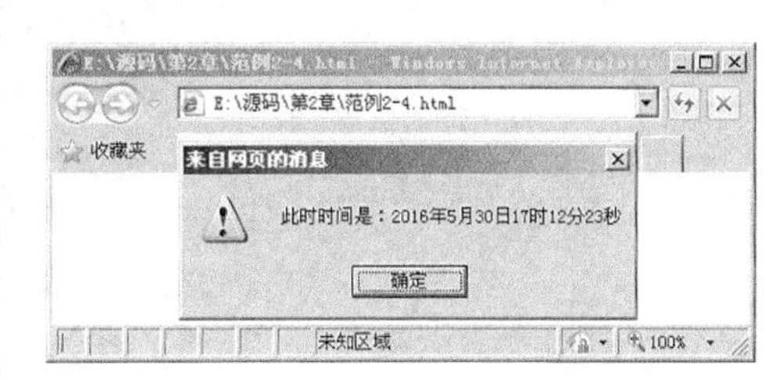

图 2-4　输出当前时间

Date 对象提供了大量用于日期操作的方法和属性，下面归纳了 Date 对象的部分常用方法，如表 2-2 所示。

表 2-2　Date 对象的常用方法

方法名	功能描述
getDate()	返回对象中本地时间表示的日期
getYear()	返回对象中本地时间表示的年值
getMonth()	返回对象中本地时间表示的月份值 注意：所取得的月值为 0～11 间的数，且总比本地时间中当前月数小 1
getDay()	返回对象中本地时间表示的星期日期 注意：0～6 表示星期天～星期六
getHours()	返回对象中本地时间表示的小时值
getSeconds()	返回对象中本地时间表示的秒值
getMinutes()	返回对象中本地时间表示的分钟值
setDate(dateVal)	设置对象中的日期值
setYear(yearVal)	设置对象中的年份
setMonth(monthVal)	设置对象中的月份

表 2-2 中 get 系列是获取时间值的方法，set 系列是设置时间值的方法，下面通过编写程序加以巩固。

【实例 2-5】编写程序，创建一个 Date 对象，将其中的日期设置为 2007 年 4 月 20 日。练习设置 Date 对象中的时间值，如下所示。

```
01    <script language="javascript">                       // 脚本程序开始
```

```
02  <!--
03      var dateObj = new Date();                              // 创建一个日期对象
04      dateObj.setYear( 2007 );                               // 设置日期对象的年份
05      dateObj.setDate( 20 );                                 // 设置日期对象的日期
06      dateObj.setMonth( 4 );                                 // 设置日期对象的月份
07                                                             // 显示日期对象中的时间
08      alert( "dateObj 中设定的时间为：" + dateObj.getYear() + "年"
09          + dateObj.getMonth() + "月" + dateObj.getDate() + "日" );// 输出日期信息
10  -->
11  </script>                                                  // 脚本程序结束
```

【运行结果】打开网页文件运行程序，其结果如图 2-5 所示。

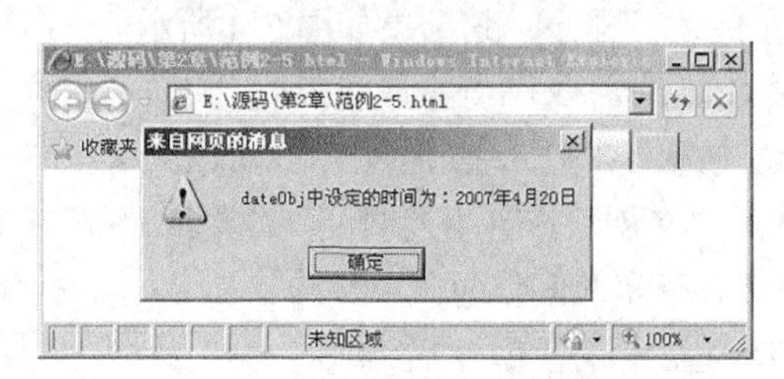

图 2-5　Date 对象中的日期

【代码解析】第 3～10 行创建一个日期对象并使用其 set 系列方法设置各个时间值。第 8 行调用日期对象的 get 系列方法取出的各个时间值，并在对话框中显示出来。

2.2.3　数学对象

数学对象（Math）封装了与数学相关的特性，包括一些常数和数学函数，主要是用于一些简单的、基本的数学计算。该对象和 Global 对象一样不能使用 new 运算符创建，Math 对象在程序运行时由 JavaScript 环境创建并初始化。调用 Math 对象的方法或属性的方式如下。

```
Math.[ {属性名|方法名} ];
```

下面列出了 Math 对象部分常用的方法和属性供查阅，如表 2-3 所示。

表 2-3　　Math 对象常用的方法和属性

名称	类别	功能描述
PI	属性	返回圆周率
SQRT2	属性	返回 2 的平方根值
abs	方法	返回数字的绝对值
cos	方法	返回给定数的余弦值
sin	方法	返回数的正弦值
max	方法	返回给定组数中的最大值
min	方法	返回给定组数中的最小值
sqrt	方法	返回给定数的平方根
Tan	方法	返回给定数的正切值
round	方法	返回与给定数最接近的整数
log	方法	返回给定数的自然对数
pow	方法	返回给定数的指定次幂

通过表 2-3 可以看出，Math 对象的很多方法在很大程度上简化了基本的数学运算。比如，求正弦、余弦、对数等，下面编写程序以熟悉 Math 对象的使用方法。

【实例 2-6】从 Math 对象中获取圆周率常数，计算一个半径为 2 单位的圆的面积，如下所示。

```
01  <script language="javascript">                  // 脚本程序开始
02  <!--
03      var r = 2;                                   // 定义变量表示半径
04      var pi = Math.PI;                            // 从 Math 对象中读取周期率 PI 常量
05      var s = pi*r*r;                              // 计算面积
06      alert("半径为 2 单位的圆面积为：" + s + "单位" );// 显示圆的面积
07  -->
08  </script>                                        // 脚本程序结束
```

【运行结果】打开网页文件运行程序，其结果如图 2-6 所示。

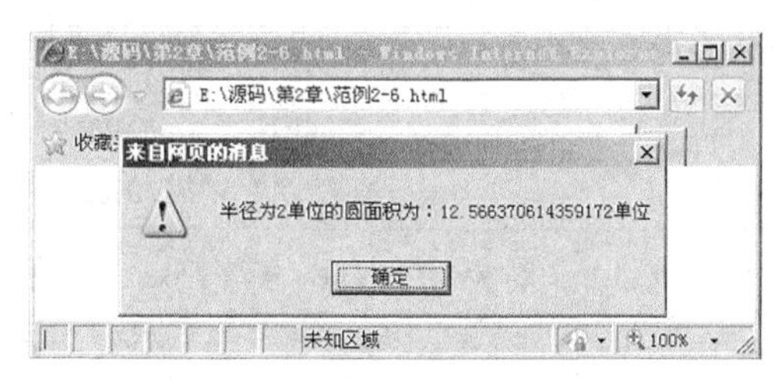

图 2-6　圆的面积

【代码解析】第 3 行定义了一个值为 2 的变量 r 作为圆的半径，第 4 行读取 Math 对象的 PI 属性，并存于变量 pi 中。第 5 行根据圆面积求解公式计算出面积 s，并输出显示。

【提示】Math 对象的方法和属性直接调用，不需要创建 Math 对象，否则出错。

【实例 2-7】调用 Math 对象的 sin 方法求 90° 角的正弦值，调用 abs 方法求数的绝对值，如下所示。

```
01  <script language="javascript">                                    // 脚本程序开始
02  <!--
03      var r1 = Math.sin( Math.PI/2 );                                // 求正弦
04      document.write("<li>弧度为 pi/2 的正弦值为：" + r1 + "<br>" );  // 输出提示
05      var r2 = 0-r1;                                                 // 取反
06      var r3 = Math.abs( r2 );                                       // 求绝对值
07      document.write("<li>" + r2 + "的绝对值为：" + r3 + "<br>" );    // 输出提示
08  -->
09  </script>                                                          // 脚本程序结束
```

【运行结果】打开网页文件运行程序，其结果如图 2-7 所示。

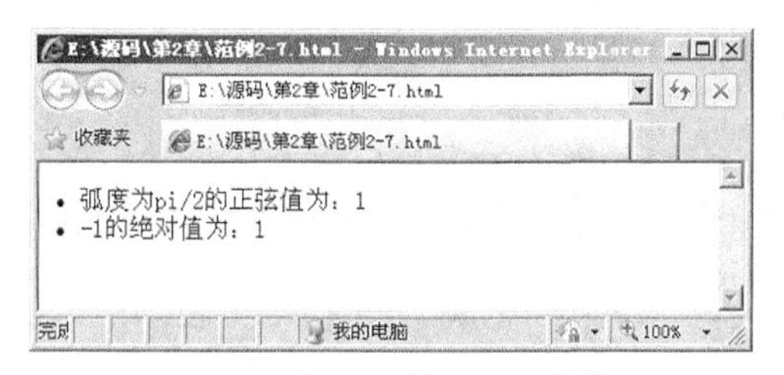

图 2-7　常量 PI 使用弧度单位

【代码解析】代码第 3 行调用 Math 的 sin 方法计算 PI/2 的正弦值，结果保存到变量 r1 中。第 6 行调用 Math 对象的 abs 方法求值为负数的 r2 的绝对值。本程序演示了 Math 对象方法的调用方式，读者可以结合表 2-3 对 Math 对象的常用方法多加练习。

【提示】Math 对象的 sin 等方法需要输入用弧度度量的角度值参数。

2.2.4 全局对象

全局对象是所有全局方法的拥有者，用来统一管理全局方法，全局方法也就是指全局函数。该对象不能使用 new 运算符创建对象实例，所有的方法直接调用即可。以下是几个常用的 Global 对象的方法，如表 2-4 所示。

表 2-4 Global 对象的常用方法

方法名	功能描述
isNaN(value)	判断 value 是否是 NaN，返回一个布尔值
parseFloat(string)	返回由字符串 string 转换得到的浮点数
parseInt(string)	返回由字符串 string 转换得到的整数

【实例 2-8】编写程序，调用 Global 对象的 isNaN 方法判断一个值是否为数值，如下所示。

```
01  <script language="javascript">                          // 脚本程序开始
02  <!--
03      var a = NaN;                                        // 定义非数字常量
04      var b = "123";                                      // 字符串样式数字
05      var c = 123;                                        // 数字变量
06      var d = "1.23";                                     // 字符串样式数字
07      document.write( "<b>Global 对象的 isNaN 方法</b><br>" );
                                                            // 输出标题
08      var ta =  isNaN( a );                               // 用 isNaN 方法测试 a 的值
09      document.write( "<li>a 的值是否是 NaN: " + ta + "<br>" );
                                                            // 输出提示
10      var tb = isNaN( b );                                // 测试 b 的值
11      document.write( "<li>b 的值是否是 NaN: " + tb + "<br>" );
                                                            // 输出提示
12      var tc = isNaN( c );                                // 测试 c 的值
13      document.write( "<li>c 的值是否是 NaN: " + tc + "<br>" );
                                                            // 输出提示
14      document.write( "<b>Global 对象的 parseInt 方法</b><br>" ); // 输出提示
15      var ib = parseInt( b );                             // 将字符串“123”解析为数值 123
16      if(ib==c)                                           // 如果相等
17      {
18          document.write( "<li>b 解析为数值: " + ib + "<br>" );
                                                            // 输出标题
19      }
20      document.write( "<b>Global 对象的 parseFloat 方法</b><br>" );
                                                            // 输出标题
21      var id = parseFloat( d );                           // 将字符串“1.23”解析为数值 1.23
```

```
22        if( id == 1.23 )                                  // 如果相等
23        {
24            document.write( "<li>b 解析为数值：" + id + "<br>" );
                                                            // 输出提示
25        }
26    -->
27    </script>                                             // 脚本程序结束
```

【运行结果】打开网页文件运行程序，结果如图 2-8 所示。

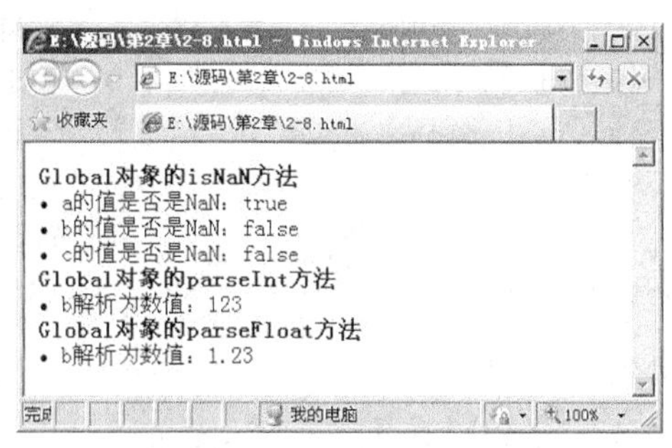

图 2-8　全局对象的方法

【代码解析】本示例演示 Global 对象的 isNaN、parseInt 和 parseFloat 三个方法的使用方式。Global 对象无须创建，即可直接使用，因此使用其方法时也无须使用“obj.方法名”的形式。第 3～6 行定义一组用于测试前述三个 Global 方法的变量。第 8 行使用 isNaN 方法测试变量 a 是否为 NaN 值，此处返回一个为“true”的布尔值。第 15 行和第 21 行分别使用 parseInt 和 parseFloat 方法将字符串解析为数字。

【提示】parseFloat 方法不解析以非数字字符开头的字符串，数字字符后的字符被忽略。大家可以将代码中的“var d = "1.23";”改成类似“var d = "1.23char";”的形式即可测试。

2.2.5　字符串对象

String 对象封装了与字符串有关的特性，主要用来处理字符串。通过 String 对象，可以对字符串进行剪切、合并和替换等操作。可以调用该对象的构造函数创建一个实例，其实在定义一个字符串类型变量时也就创建了一个 String 对象实例。调用 String 对象的方法或属性形式如“对象名.方法名”或“对象名.属性名”，其构造函数如下。

```
String([strVal]);
```

参数 strVal 是一个字符串，可选项。创建一个包含值为 strVal 的 String 对象。

String 对象的方法比较多，涵盖了字符串处理的各个方面，读者可根据需要查阅相关参考手册。下面通过举例演示 String 对象的使用方法。

【实例 2-9】在文本串中将李白《静夜思》的各部分分别提取出来，并格式化输出。标题加粗，文本居中对齐，诗歌正文颜色为灰色，如下所示。

```
01    <script language="javascript">                       // 脚本程序开始
02    <!--
03        var comment = "静夜思李白床前明月光，疑是地上霜。举头望明月，低头思故乡。";
                                                            // 诗的内容
04        var partial = comment.substring( 0, 3 );          // 取出标题
05        partial = partial.bold();                         // 标题加粗
```

```
06        document.write( "<p align=\"center\">" ); // 输出 HTML 标签“<p>”，并设置居中对齐
07        document.write( partial );                 // 输出标题
08        partial = comment.slice( 3, 5 );           // 取出作者
09        document.write( "<br>" );                  // 输出换行标签<br>
10        document.write( partial );                 // 输出作者
11        partial = comment.slice( 5, 17 );          // 取出第一句诗文
12        partial = partial.fontcolor("gray");       // 设置颜色为 gray（灰色）
13        document.write( "<br>" );                  // 输出换行标签
14        document.write( partial );                 // 输出诗句
15        partial = comment.slice( 17, 29 );         // 取出第二句诗文
16        partial = partial.fontcolor("gray");       // 设置颜色为 gray（灰色）
17        document.write( "<br>" );                  // 输出换行标签
18        document.write( partial );                 // 输出诗句
19        document.write( "</p>" );                  // 输出 HTML 标签“<p>”的结束标签
20    -->
21    </script>                                      // 脚本程序结束
```

【运行结果】打开网页文件运行程序，其结果如图 2-9 所示。

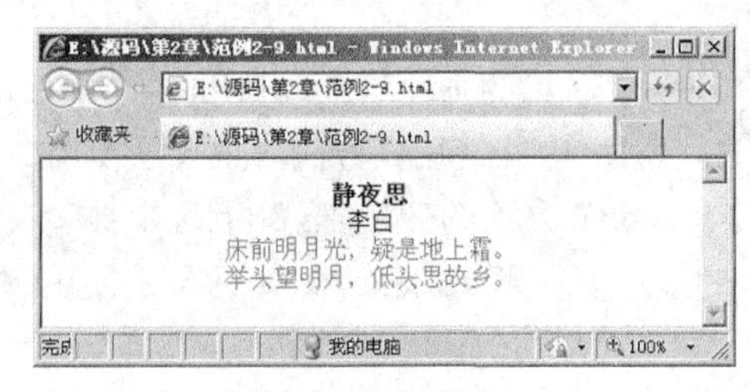

图 2-9　格化式输出

【代码解析】本示例演示了 String 对象的使用方法。第 3 行创建一个 String 对象 comment，其内容为诗歌文本。第 4～19 行分别从 comment 对象中提取相应的内容，设置为目标格式后输出。其中设置加粗、颜色等方法操作的最终结果是在目标文本中应用 HTML 标签。

String 对象的其他方法还有很多，限于篇幅，在此只讲部分常用的方法，更多信息请读者查阅相关资料。

2.2.6　数组对象

数组是 JavaScript 中另一种重要的复合型数据类型。内部对象 Array 封装了所有与数组相关的方法和属性，其内部存在多个数据段组合存储。可以形象地将其理解为一种有很多连续房间的楼层，每个房间都可以存放货物，提取货物时只需要给出楼层号和房间编号即可，如图 2-10 所示。

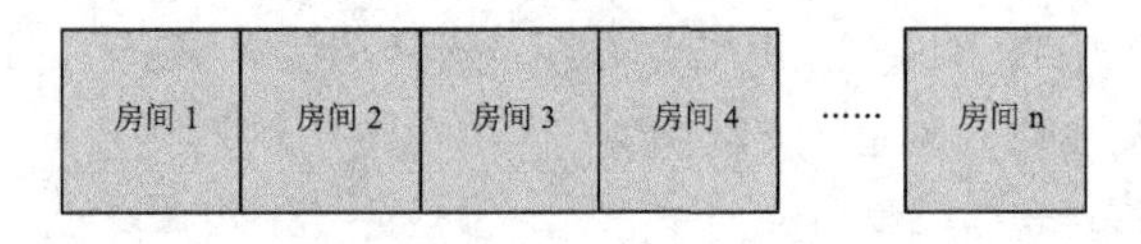

图 2-10　数组式的房间序列

创建数组的方式 1：直接使用 new 运算符调用 Array 对象的构造函数，代码如下。

```
var a = new Array();                              // 创建数组
```

以上代码创建一个没有任何元素的数组 a。

创建数组的方式 2：给构造函数传递数组元素为参数，代码如下。

```
var a = new Array(10, 20, 30, "string", 40 );    // 创建带指定元素的数组
```

给构造函数传递的元素参数可以是任何 JavaScript 数据类型，JavaScript 数组各元素的类型可以不相同。上述代码创建了一个具有 5 个元素的数组 a。

创建数组的方式 3：不调用构造函数，直接将元素放入“[]”中即可，元素间用“,”分隔。

```
var a = [ 10, 20, 30, "string", 40 ];            // 创建数组
```

上述代码将创建一个具有 5 个元素的数组 a，效果与方式 2 完全相同。

创建数组的方式 4：给构造函数传递数组元素个数可以创建具有指定元素个数的数组。

```
var a = new Array(3);                            // 指定长度创建数组
```

上述代码创建了一个有 3 个元素的数组 a。数组元素的下标从 0 开始，使用“数组名[下标]”的方式访问数组元素。下面编程演示数组的创建和使用方法。

【实例 2-10】 创建一个数组，用于保存古代几个大诗人的名字，通过遍历数组逐一输出每个诗人的名字，如下所示。

```
01  <script language="javascript">                              // 脚本程序开始
02  <!--
03      var poets = new Array( "王维",  "杜甫", "李白", "白居易" );
                                                                // 创建数组
04      document.write("古代几个大诗人: <br>");                  // 输出标题
05      for( n in poets )                                       // 逐个输出数组元素
06      {
07          document.write( "<li>" + poets[n] );                // 输出诗人的名字
08      }
09  -->
10  </script>                                                   // 脚本程序结束
```

【运行结果】打开网页文件运行程序，结果如图 2-11 所示。

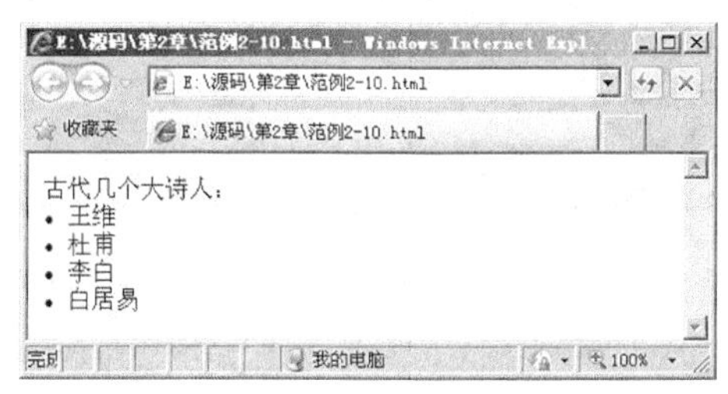

图 2-11　遍历数组

【代码解析】本示例演示了创建数组的简单形式，通过“[]”运算符可以读取数组元素的内容。第 3 行创建诗人名字数组，第 5～8 行逐一将数组中的每个名字作为一个项目输出到页面中。

【提示】尽管创建数组时已经指定了元素个数，但真正为元素分配内存需要等到给元素赋值的时候。

2.3　数据类型的转换

JavaScript 是一门简单的、弱类型的编程语言。使用时无须指定数据类型，系统会根据值的类型进行变量类型的自动匹配，或者根据需要自动在类型间进行转换。JavaScript 类型转换包括隐式类型转换和显式类型转换两种。

2.3.1　隐式类型转换

程序运行时，系统根据当前上下文的需要，自动将数据从一种类型转换为另一种类型的过程称为隐式类型转换。此前的代码中，大量使用了 window 对象的 alert 方法和 document 对象的 write 方法。可以向这两个方法中传入任何类型的数据，这些数据最终都被自动转换为字符串型。

【实例 2-11】编写程序，收集用户的年龄数据。当用户输入的数字小于或等于零时发出警告，外部输入的数据都是字符串型，与数字进行比较判断时，系统自动将其转换为数值型，如下所示。

```
01  <script language="javascript">                  // 脚本程序开始
02  <!--
03      var age = prompt("请输入您的年龄：", "0");// 输入年龄
04      if( age <= 0 )                              // 如果输入的数字小于或等于 0，则视为非法
05      {
06          alert("您输入的数据不合法！");            // 输入非法时警告并忽略
07      }
08      else                                        // 大于
09      {
10          alert( "你的年龄为" + age + "岁" );  // 输出年龄
11      }
12  -->
13  </script>                                       // 脚本程序结束
```

【运行结果】打开网页文件运行程序，结果如图 2-12 和图 2-13 所示。

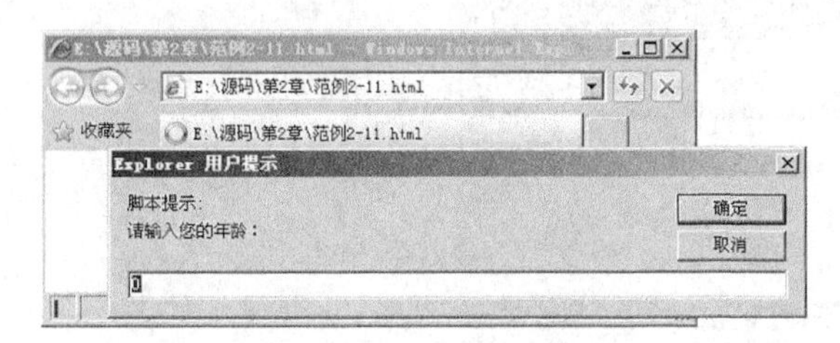

图 2-12　数字转换为字符串

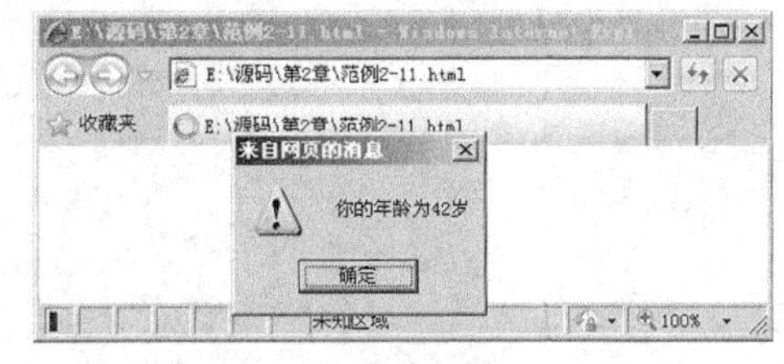

图 2-13　输出用户输入的数据

【代码解析】第 3 行用户输入的数据以字符串的形式保存于变量 age 中。第 4 行将 age 与数字 0 进行比较，此时 age 自动被转换为数值型，此过程称为隐式类型转换。第 5～11 行根据 age 的值是否符合要求而显示相应的信息。

2.3.2　显式类型转换

与隐式类型转换相对应的是显式类型转换，此过程需要手动转换到目标类型。要将某一类型的数据转换为另一类型的数据需要用到特定的方法。比如前面用到的 parseInt、parseFloat 等方法，

下面再编写一个实例以演示这两个方法的使用。

【实例 2-12】编写程序，从字符串中解析出水果价格的数值数据。如果解析成功，则输出价格信息，如下所示。

```
01  <script language="javascript">                          // 脚本程序开始
02  <!--
03      var priceOfApple = "3 元";                           // 苹果的价格
04      var priceOfBanana = "3.5 元";                        // 香蕉的价格
05      priceOfApple = parseInt( priceOfApple );            // 解析苹果的价格
06      var priceOfBanana2 = parseInt( priceOfBanana ); // 解析香蕉的价格
07      if( ( priceOfApple===3 ) && ( priceOfBanana2 === 3 )
                                                            // 检查解析是否成功
08         && ( parseFloat( priceOfBanana ) ===3.5 ) )
09      {
10          alert( "苹果的价格:" + priceOfApple              // 输出水果的价格
11               + "\n 香蕉的价格的整数部分:" + priceOfBanana2
12               + "\n 香蕉的价格:" + parseFloat( priceOfBanana ) );
13      }
14      else                                                // 解析失败时
15      {
16          alert( "并没有得到预期的转换效果! " );           // 解析失败时输出警告信息
17      }
18  -->
19  </script>                                               // 脚本程序结束
```

【运行结果】打开网页文件运行程序，结果如图 2-14 所示。

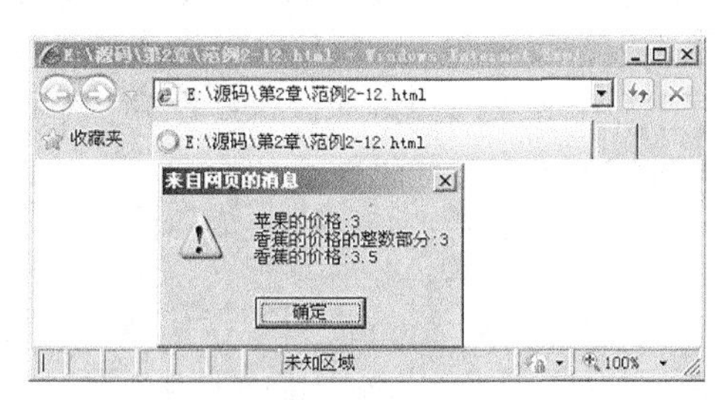

图 2-14　数字与字符串间的转换

【代码解析】本示例主要演示显式类型转换，第 3、4 行设置两个字符串表示两种水果的价格。第 5、6 行将字符串解析为数字，得到水果价格的数值数据。第 7～17 行判断所解析出的价格数据是否正确，正确时将它们输出，否则输出警告。

【提示】当要转换的字符串带有 parseInt 或 parseFloat 方法不可识别的字符时，转换结果可能没法预料。读者可自行做这方面的测试。

2.4 小　　结

本章主要讲解了 JavaScript 中的数据类型，包括基本数据类型和复合数据类型。基本数据类型包括字符串型、数值型和布尔型。复合数据类型包括对象和数组，对象是 JavaScript 中最重要的数据类型之一。本章仅涉及系统内置的对象和包括日期对象、数学对象、全局对象、字符串对象和数组对象等。各种基本的数据类型之间可以相互转换，根据转换的方式分为隐式和显式两种。数据类型是程序设计语言最基本的要素之一，希望读者认真理解。

2.5 习 题

一、选择题

1. 以下哪项不属于 JavaScript 中的基本类型？（ ）

A. 字符型 B. 日期对象 C. 数值型 D. 布尔型

2. 以下使用到显式类型转换的是（ ）。

A. 字符与数字直接比较 B. 使用 write()方法

C. 使用 alert()方法 D. 使用 parseInt()方法

二、简答题

1. JavaScript 的基本数据类型有哪些？

2. 写出几种常用的内置对象。

3. 什么是数组？它与基本的数据类型有什么关系？

三、练习题

1. 编写一个程序，记录学生的高等数学成绩。要求集中输出位于 60～69、70～79、80～89 和 90～100 各个分数段的学生名字。

【提示】可以用一个数组记录学生名字和分数，偶数元素保存学生的名字，奇数元素存储学生的成绩。遍历数组时检查元素索引的奇偶性，即可分辨当前元素是名字还是分数。得到分数值后判断其所在分数阶段，其前一个数组元素即为得到该分数的学生名字。将各分数段的学生名字分别添加到相应的变量，最后一并输出，参考代码如下。

```
01  <script language="javascript">                                    // 脚本程序开始
02  <!--
03      var score = new Array(     "王勇", 50,                        // 分数表
04                                 "白露", 60,
05                                 "杨杨", 76,
06                                 "李明", 83,
07                                 "张莉莉", 70,
08                                 "杨宗楠", 71,
09                                 "徐霞", 66,
10                                 "杨玉婷", 93
11                         );
12      var namesOf_0To59 = "";                                        // 0～59 分的学生名字串
13      var namesOf_60To69 = "";                                       // 60～69 分的学生名字串
14      var namesOf_70To79 = "";                                       // 70～79 分的学生名字串
15      var namesOf_80To89 = "";                                       // 80～89 分的学生名字串
16      var namesOf_90To100 = "";                                      // 90～100 分的学生名字串
17      var scoreSum = 0;                                              // 全体总分计数
```

```
18        document.write( "<b>《高等数学》成绩统计表</b><br>" );
                                                          // 标题
19        for( index in score )                           // 遍历分数数组
20        {
21            // 奇数索引元素为分数,其前一个元素即为该分数的学生名字
22            if( index%2==1 )                            // 分数
23            {
24                // 判断当前分数所在的分数段并将学生名字存入相应变量
25                if( (score[index]>=0) && (score[index]<=59) )
                                                          // 如果分数在 0~59 分间
26                {
27                    namesOf_0To59 += score[index-1] + " ";
                                                          // 组合名字
28                }
29                if( (score[index]>=60) && (score[index]<=69) )
                                                          // 如果分数在 60~69 分间
30                {
31                    namesOf_60To69 += score[index-1] + " ";
                                                          // 组合名字
32                }
33                if( (score[index]>=70) && (score[index]<=79) )
                                                          // 如果分数在 70~79 分间
34                {
35                    namesOf_70To79 += score[index-1] + " ";
                                                          // 组合名字
36                }
37                if( (score[index]>=80) && (score[index]<=89) )
                                                      // 如果分数在 80~89 分间
38                {
39                    namesOf_80To89 += score[index-1] + " ";
                                                          // 组合名字
40                }
41                if( (score[index]>=90) && (score[index]<=100) )
                                                          // 如果分数在 90~100 分间
42                {
43                    namesOf_90To100 += score[index-1] + " ";
                                                          // 组合名字
44                }
45                scoreSum += score[index];                   // 统计总分
46            }
47        }
48        document.write( "<li>00~59 分: " + namesOf_0To59 + "<br>" );
                                                          // 输出 0~59 分的学生名字
49        document.write( "<li>60~69 分: " + namesOf_60To69 + "<br>" );
                                                          // 输出 60~69 分的学生名字
50        document.write( "<li>70~79 分: " + namesOf_70To79 + "<br>" );
                                                          // 输出 70~79 分的学生名字
51        document.write( "<li>80~89 分: " + namesOf_80To89 + "<br>" );
```

```
                                                                      // 输出 80～89 分的学生名字
52        document.write( "<li>90～100 分：" + namesOf_90To100 + "<br>" );
                                                                      // 输出 90～100 分的学生名字
53        // 数组元素个数除以 2 即为人数，总分除以人数即得平均分
54        document.write( "<li>平均分 : " + scoreSum/(score.length/2) + "<br>" );
55    -->
56    </script>                                                       // 脚本程序结束
```

【运行结果】打开网页文件运行程序，结果如图 2-15 所示。

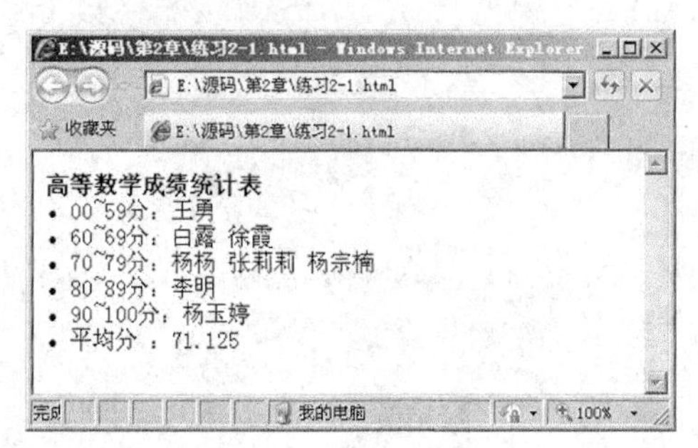

图 2-15 运行结果

2. 朱自清《荷塘月色》中有文段："采莲南塘秋，莲花过人头；低头弄莲子，莲子清如水。今晚若有采莲人，这儿的莲花也算得'过人头'了；只不见一些流水的影子，是不行的。这令我到底惦着江南了。"编写程序，将文中的"莲"字加粗，用红色标记之。

【提示】使用 String 对象来处理题中的短文。多次调用 charAt 方法获取文本中的每一个字符，如果所取字符是"莲"字，就调用 bold 方法和 fontcolor 方法对其设置粗体和颜色。参考代码如下。

```
01    <script language="javascript">                                  // 脚本程序开始
02    <!--
03        var comment = "采莲南塘秋，莲花过人头；低头弄莲子，莲子清如水。今晚若有采莲人，这儿的
莲花也算得"过人头"了；只不见一些流水的影子，是不行的。这令我到底惦着江南了。"
    // 选文
04        var newComment = "";                                        // 处理过的字符集合
05        for( n = 0; n<comment.length; n ++ )                        // 处理选文中的每一个字符
06        {
07            var curChar = comment.charAt( n );                      // 取得一个字符
08            if( curChar=="莲" )                                     // 若为"莲"字时
09            {
10                newComment += (curChar.bold()).fontcolor("red");
                                                                      // 加粗并设置红色
11            }
12            else                                                    // 非"莲"字
13            {
14                newComment += curChar;                              // 直接添加到已处理内容
15            }
16        }
17        document.write("<li><b>原文：</b><br>" + comment + "<br>" );
                                                                      // 输出原文
18        document.write("<li><b>标记"莲"字：</b><br>" + newComment + "<br>" );
```

```
                                                // 输出新内容
19  -->
20  </script>                                   // 脚本程序结束
```

【运行结果】打开网页文件运行程序，结果如图 2-16 所示。

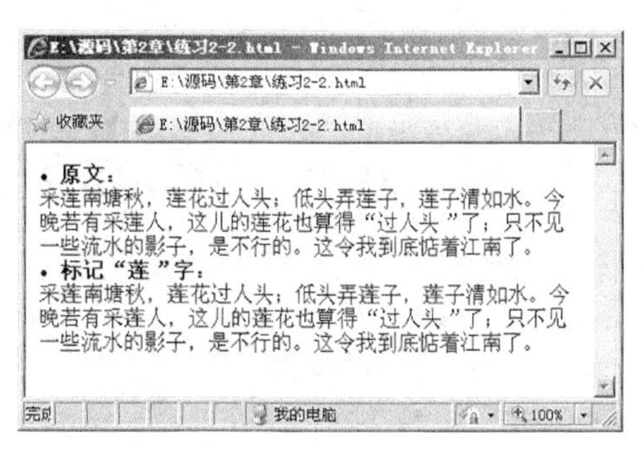

图 2-16　运行结果

第 3 章 常量、变量、表达式和运算符

第 2 章讲解了数据类型，与数据直接相关的就是变量。变量和常量都与数据存储相关，变量是程序中其值可以被改变的内存单元。常量也存储于内存中，但与变量不同，常量的值不可以改变。和其他程序语言一样，JavaScript 也有自己的表达式与运算符，而且与 C/C++系列语言十分相似。本章将介绍 JavaScript 中的常量、变量、表达式与运算符。

- 理解和掌握常量、变量的定义和使用方法。
- 理解和掌握表达式。
- 加深对运算符的理解与认识。

以上 3 点是对读者所提出的基本要求，也是本章希望达到的目的。读者在学习本章内容时可以将其作为学习的参照。

3.1 常量和变量

基本上每种常见的编程语言都会有常量与变量的介绍，作为流行的脚本编程语言，JavaScript 中同样也有常量与变量的内容。本节来介绍在 JavaScript 中如何使用常量与变量。

3.1.1 常量的定义

程序一次运行活动的始末，有的数据经常发生改变，有的数据从未被改变，也不应该被改变。常量是指从始至终其值不能被改变的数据，JavaScript 中的常量类型主要包括字符串常量、数值常量、布尔常量、null 和 undefined 等。常量通常用来表示一些值固定不变的量，比如圆周率、万有引力常量等。

常量直接在语句中使用，因为它的值不需要改变，所以不需要再次知道其存储地点。下面通过举例演示常量的使用方法。

【实例 3-1】练习字符串常量、布尔型常量和数值常量的使用，将八进制、十六进制数输出为十进制数，如下所示。

```
01  <script language="javascript">                                  // 脚本程序开始
02  <!--
03      document.write( "<li>JavaScript 编程，乐趣无穷!<br>" );// 使用字符串常量
04      document.write( "<li>" + 5 + "周学通 JavaScript!" );  // 使用数值常量 5
05      if( true )                                              // 使用布尔型常量 true
06      {
07          document.write( "<br><li>if 语句中使用了布尔常量：" + true );// 输出提示
```

```
08      }
09      document.write( "<li>八进制数值常量 011 输出为十进制：" + 011 );
                                                // 使用八进制常量和十进制常量
10      document.write( "<br><li>十六进制数值常量 0xf 输出为十进制：" + 0xf );
11  -->
12  </script>                                   // 脚本程序结束
```

【运行结果】打开网页文件运行程序，结果如图 3-1 所示。

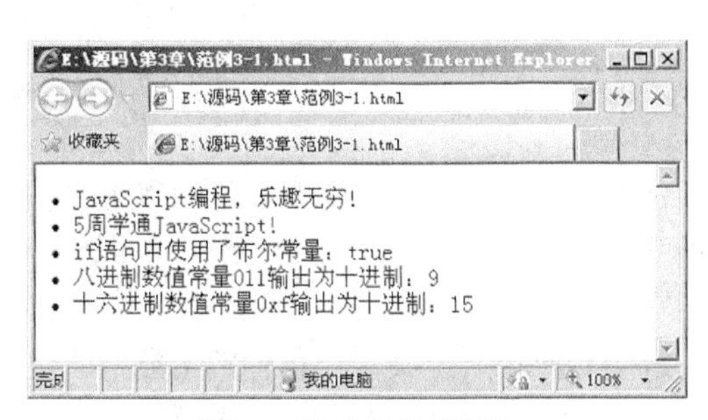

图 3-1　输出各种进制数

【代码解析】该代码段第 3 行直接在 document 对象的 write 方法中使用字符串常量。第 4 行在 document 对象的 write 方法中使用数值常量 5，write 方法需要输入的是字符串参数，则数字 5 被隐式转换为字符串“5”。第 5 行在 if 语句块中使用布尔型常量 true。第 9～10 行输出时八进制和十六进制数均被转换为十进制数后再转换为字符串型。

【提示】JavaScript 是一门脚本语言，典型的弱类型语言，没有如 C++等语言的类型机制，也没有 const 修饰符将变量定义为常量的能力。

3.1.2　变量的定义

顾名思义，变量是指在程序运行过程中值可以发生改变的量，更为专业的说法就是指可读写的内存单元。可以形象地将其理解为一个可以装载东西的容器，变量名代表着系统分配给它的内存单元，如图 3-2 所示。

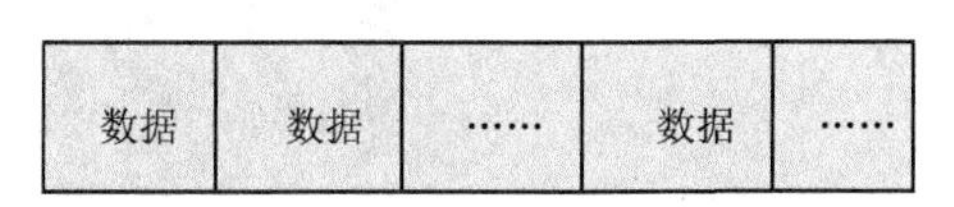

图 3-2　内存单元模型示意图

在 JavaScript 中，用如下方式定义一个变量。

```
var 变量名 = 值;                        // 定义变量
变量名 = 值;                            // 赋值
```

var 是 JavaScript 中定义变量的关键字，也可以忽略此关键字。用 var 关键字声明变量时也可以不赋初始值。

```
var 变量名;                             // 定义变量
```

JavaScript 的变量在声明时不需要指定变量的数据类型，程序运行时系统会根据变量的值的类型来确定变量的类型。变量的类型决定了可对变量数据进行的操作，比如在 C++中，一个 int 型变量在 X86 系列 32 位 CPU 上占 4 字节。对变量的操作即是针对其所占用的 4 字节单元进行，以 int 方式的访问即一次可访问 4 字节单元。此处介绍 C++的 int 类型目的是帮助读者增强对变量数据类型的理解，JavaScript 是弱类型语言，不需要过分强调数据类型。

下面分别定义各种类型变量。

（1）字符串型

```
var str = "JavaScript 编程，简单容易！";                // 定义字符串变量
```

（2）布尔型

```
var b = true;                                          // 定义布尔变量
```

（3）数值型

```
var n = 10;                                            // 数值型变量
```

（4）复合型

```
var obj = new Object();                                // 复合型变量
```

变量的使用形式不外乎两种情况：一种是读取其内容，另一种是改写其值。变量的内容一经改写后一直有效，直到再次改写或生命周期结束。

【实例 3-2】练习变量的定义和使用。定义一组各种常见类型的变量并输出其值，如下所示。由于这段代码都很重要，因此不做加粗处理，读者需着重学习。

```
01  <script language="javascript">                     // 脚本程序开始
02  <!--
03      var str = "学习 JavaScript 其乐无穷";          // 定义一个字符串变量
04      var b = true;                                  // 定义一个布尔型变量
05      var n = 10;                                    // 定义一个数值型变量
06      var m;                                         // 声明一个变量 m，其类型未知
07      var o = new Object();                          // 定义一个 Object 类型变量 o
08          p = new Object();                          // 定义一个 Object 类型变量 p
09      document.write( str );                         // 分别使用 write 在当前文档-
10      document.write( "<br>" );
11      document.write( b );                           // 对象中输出各变量的内容
12      document.write( "<br>" );                      // 输出换行标签
13      document.write( n );
14      document.write( "<br>" );                      // 输出换行标签
15      document.write( m );
16      document.write( "<br>" );                      // 输出换行标签
17      document.write( o );
18      document.write( "<br>" );                      // 输出换行标签
19      document.write( p );
20      document.write( "<br>" );                      // 改写各变量的值
21      str = "这是一个字符串";
22      b = false;
23      n = 20;
24      m = 30;
25      o = new Array( "data1", "data2" ); // 改变变量 o 的引用，指向一个新建的数组
26      document.write( "<font color=red><br>" );
27      document.write( str );                         // 分别使用 write 在当前文档-
28      document.write( "<br>" );                      // -对象中输出各变量的内容
29      document.write( b );
30      document.write( "<br>" );                      // 输出换行标签
31      document.write( n );
32      document.write( "<br>" );                      // 输出换行标签
```

```
33        document.write( m );
34        document.write( "<br>" );                      // 输出换行标签
35        document.write( "<br>数组 o 的数据为: " );
36        document.write( o );
37        document.write( "<br>数组 o 的长度为: " + o.length );
38        document.write( "<br></font>" );
39        var pp;
40        document.write( pp );                          // 输出未定义变量 pp
41        var pp = 20;
42    -->
43    </script>                                          // 脚本程序结束
```

【运行结果】打开网页文件运行程序，结果如图 3-3 所示。

【代码解析】该代码段演示了各种变量的定义方式。第 3～5 行定义 3 个不同类型的变量，定义时就已经赋予初始值，值的类型确定后变量的类型即可确定。第 9～20 行分别输出各个变量中的值，发现 m 输出为 undefined。与 m 相关的“不明确”主要包含两方面的含义，一是数据类型不明确，即未确定；其次是变量的值未确定。

图 3-3　输出变量的类型和值

第 17～19 行输出的复合数据类型 Object 对象的值时仅输出其类型名称。第 21～25 行改写部分变量的值，第 26～40 行再次输出所有变量的值，目的在于与前面对照比较。输出数组对象时，将合并其中各元素的值作为整体输出。

3.1.3　变量的作用域

作用域是指有效范围，JavaScript 变量的作用域有全局和局部之分。全局作用域的变量在整个程序范围都有效，局部作用域指作用范围仅限于变量所在的函数体。JavaScript 不像其他语言那样有块级作用域。变量同名时局部作用域优先于全局作用域。

【实例 3-3】编写程序，测试变量的作用范围的优先级，如下所示。

```
01    <script language="javascript">                         // 脚本程序开始
02    <!--
03        var nA = 10;                                        // 定义全局变量 nA
04        function func()
05        {
06            var nA = 20;                                    // 定义局部变量 nA 并输出
07            document.write( "<li>局部作用范围的 nA: " + nA );  // 输出 nA
08        }
09        func();                                             // 调用函数 func
10        document.write( "<li>全局作用范围的 nA: " + nA );    // 输出全局 nA
11    -->
12    </script>                                               // 脚本程序结束
```

【运行结果】打开网页文件运行程序，结果如图 3-4 所示。

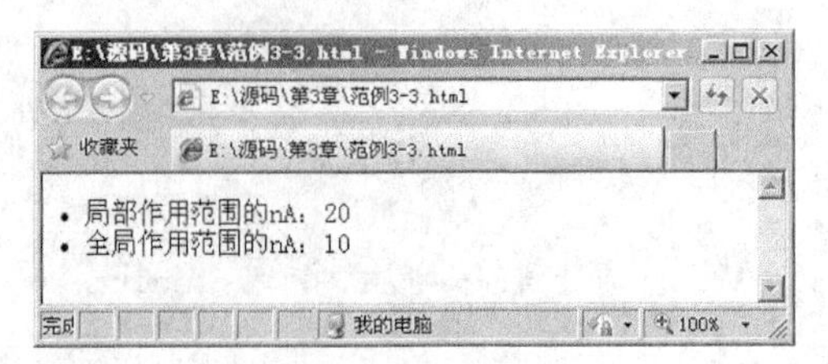

图 3-4　输出同名变量

【代码解析】第 3 行定义的变量 nA，其有全局作用域。第 4～8 行定义一个函数，其内定义一个变量 nA，与全局变量 nA 同名。第 9 行调用函数 func，以输出局部变量 nA。第 10 行输出全局变量 nA，目的与 func 输出的局部变量作比较。

【提示】当局部变量与全局变量同名时，局部变量要使用 var 关键字。

3.1.4　JavaScript 中的关键字

关键字为系统内部保留的标识符，其用途特殊，用户的标识符不能与关键字相同。下面列出 JavaScript 中常见关键字，如表 3-1 所示，可供读者参照。

表 3-1　　JavaScript 常见关键字

种类	关键字
控制流	break、continue、for、for...in、if...else、return、while
常数/文字	NaN、null、true、false、Infinity、NEGATIVE_INFINITY、POSITIVE_INFINITY
赋值	赋值（=）、复合赋值（OP=）
对象	Array、Boolean、Date、Function、Global、Math、Number、Object、String
运算符	加法（+）、减法（-） 算术取模（%） 乘（*）、除（/） 负（-） 相等（==）、不相等（!=） 小于（<）、小于等于（<=） 大于（>） 大于等于（>=） 逻辑与（&&）、或（||）、非（!） 位与（&）、或（|）、非（~）、异或（^） 位左移（<<）、右移（>>） 无符号右移（>>>） 条件（?:） 逗号（,） delete、typeof、void 递减（--）、递增（++）
函数	Funtion、function
对象创建	New
其他	this、var、with

【提示】表 3-1 列出了常用的关键字，其中大部分内容读者现在不必知道，以后用到相关内容

时再做讲解。

3.2　表达式的定义

表达式是产生一个结果值的式子，JavaScript 中的表达式由常量、变量和运算符等组成。表达式可以作为参数传递给函数，或者将表达式结果赋予变量保存起来。表达式的结果值有多种类型，比如布尔型、字符串型或数值型等，因此常有逻辑表达式、数值表达式和布尔表达式之说。下面举例说明如何定义和使用表达式。

【实例 3-4】编写程序，演示表达式的定义和使用方法。假设初始账户余额为 1 000，经过第一次支付后，检测当前余额能否再进行第二次支付，不能则发出提示信息，如下所示。

```
01  <script language="javascript">
02  <!--
03      var balance = 1000.0;                                   // 余额
04      var willPay = 300.0;                                    // 应支付数额：300
05      balance -= willPay;                                     // 当前余额
06      document.write("当前余额为：" + balance );              // 输出余额
07      var willPay2 = 800;                                     // 再次支付数额：800
08      if( balance < willPay2 )                                // 当余额不足时
09      {
10          document.write( (",不足以进行下次支付！").fontcolor("red") ); // 输出提示信息
11      }
12  -->
13  </script>
```

【运行结果】打开网页文件运行程序，结果如图 3-5 所示。

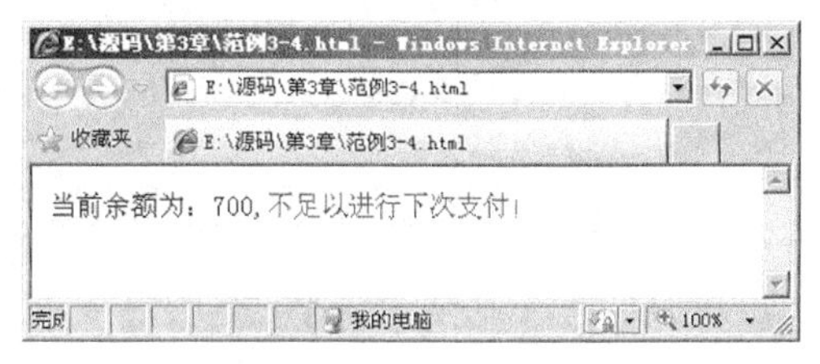

图 3-5　余额不足

【代码解析】该代码段定义了几个简单的表达式。第 5 行使用变量 balance 和 willPay 组成算术表达式，返回当前余额。第 8 行的 if 条件语句是逻辑表达式，当 balance 小于 willPay2 时返回 true 值。字符串表达式返回一个字符串，布尔表达式（即逻辑表达式）返回一个布尔值，数值表达式返回一个数值。表达式可以嵌套使用，代码如下。

```
if ( ( ( b + c ) * 30 + 70 * ( d-3 ) ) * e + 50 > 0 )          // 如果表达式的值大于 0
{
    document.write( "b+c=" + (b+c) );                          // 输出表达式的值
}
```

【提示】表达式的使用方式灵活多样，没有一定的书写规则，只需要简单易懂，代码运行效率高即可。

3.3 认识运算符

前两节介绍了表达式，本节将讲解表达式的第三个重要组成部分，即运算符。运算符是指程序设计语言中有运算意义的符号，类似于普通数学里的运算符。通常，每一门数学都定义了一个数集和在数集上可以进行的运算。程序设计语言也一样，规定了其支持的数据类型及数据可以进行的运算。JavaScript 的运算符包含算术运算符、关系运算符、字符串运算符和一些特殊的运算符，本节将逐一介绍。

3.3.1 算术运算符简介

算术运算符是定义数学运算的符号，有数学意义的运算称为算术运算。通常在数学表达式中使用，实现数值类型操作数间的数学计算。JavaScript 中要包括加法、减法、乘法、除法、取模、正负号、递增和递减等。

【实例 3-5】实例演示算术运算符中的乘法运算符的算术意义。某公司给其属下 300 名员工发奖金，低层员工 200 人，每人 370 元；中层员工 70 人，每人 400 元；高级管理人员 30 人，每人 500 元，求奖金预算总额，如下所示。

```
01  <script language="javascript">                        // 脚本程序开始
02  <!--
03      var employee1 = 200;                              // 雇员数
04      var prize1 = 370;                                 // 每人奖金数额
05      var employee2 = 70;                               // 雇员数
06      var prize2 = 400;                                 // 每人奖金数额
07      var employee3 = 30;                               // 雇员数
08      var prize3 = 500;                                 // 每人奖金数额
09      document.write("共有员工数："+(employee1+employee2+employee3));
10      document.write("<p>");
11      var total=employee1*prize1+employee2*prize2+employee3*prize3;
12      document.write("奖金总额为："+total+"元");
13  -->
14  </script>                                             // 脚本程序结束
```

该代码先定义三个员工数与奖金额，然后通过数学运算，计算出总员工数，并通过乘法算出总奖金额并输出。

【运行结果】打开网页文件运行程序，结果如图 3-6 所示。

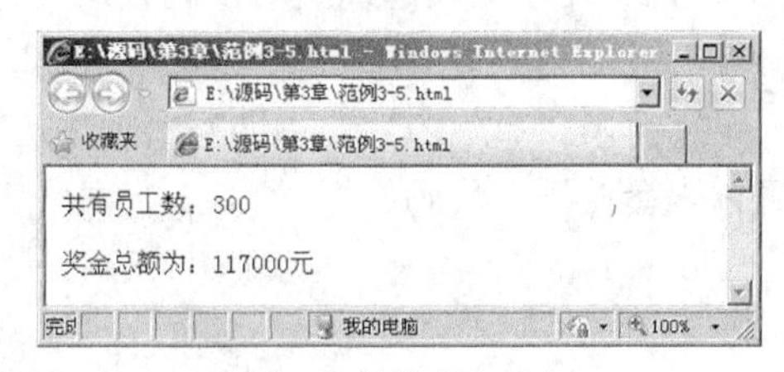

图 3-6 计算奖金总额

【代码解析】该代码段中第 3～8 行定义员工数与相应的奖金数，在第 9 行计算员工总数并输出，在第 11 行计算总奖金数，在第 12 行将其输出。

3.3.2　关系运算符简介

关系运算符是比较两个操作数大于、小于或相等的运算符。返回一个布尔值，表示给定关系是否成立，操作数的类型可以任意。包括相等、等同、不等、不等同、小于、小于或等于、不小于、大于、大于或等于这几种。

【实例 3-6】现有一个购物网站的支付确认页面，提供结算用户账单信息的功能。如果当前余额不足以进行本次支付则取消操作，否则输出结算信息，如下所示。

```
01  <body style="font-size: 12px">              // 页面普通字体大小为 12px
02  <script language="javascript">
03  <!--
04      var actTotal = 109.7;                    // 账单总额
05      var payTotal = 123.45;                   // 当前应该付的款额
06      document.write( "<li>您账上余额: " + actTotal + "元<br>" );// 输出账面信息
07      document.write( "<li>您需要支付: " + payTotal + "元<br>" );
08      document.write( "<input id=\"BtnPay\" type=\"button\"value=\"确认支付\"onclick="
09              + "\"return BtnPay_onclick()\" style=\"width: 150px\" /><br>" );
                                                 // 生成“确认支付”按钮
10      if( payTotal > actTotal )                // 如果余额不足，支付按钮设置为失效
11      {
12          document.write( "信息: <font color=red>您的余额不足，无法完成支付! </font>" );
13          BtnPay.disabled = true;
14      }
15      else                                     // 余额够用于支付，则启用按钮
16      {
17          BtnPay.disabled = false;
18      }
19      function BtnPay_onclick()  // 按钮单击事件处理函数，主要处理表达发送输出结算信息
20      {
21          // Todo:                             // 在此添加发送数据到服务器的操作代码
22          document.write( "<li><font color=red>已经完成支付</font>" );
23          document.write( "您账上余额: " + (actTotal-payTotal) + "元<br>" );
24      }
25  -->
26  </script>
27  </body>
```

【运行结果】打开网页文件运行程序，结果如图 3-7 所示。

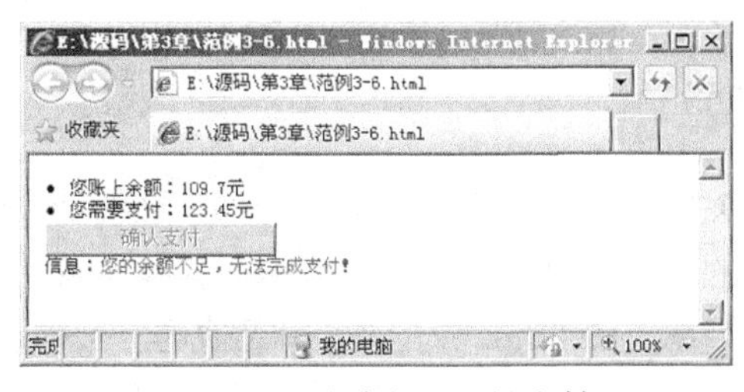

图 3-7　用户余额是否够支付

【代码解析】该代码段实现了支付页面简单的功能，主要验证用户的余额是否足以进行交易。

第 1 行设置本页普通字体的尺寸。第 4、5 行手工设定账户余额和该付数额。第 8 行生成一个按钮，主要用于确认支付操作。第 10～14 行对余额进行判断，如果够用则启用“确认支付”按钮。否则该按钮变灰，无法使用，使得余额不足时不能进行交易。

3.3.3 字符串运算符简介

前面讲过了常见的数学运算符和关系运算符，本节将介绍与字符串相关的运算符。字符串也是一种数据，同样也存在相应的计算，因此程序设计语言也为字符串定义了相应的运算符。

运算符“+”，称为连接运算符，它的作用是将两个字符串按顺序连接成为新的字符串。这大大简化了字符串表达式的写法，使用语法如下。

```
result = string1 + string2;                // 连接字符串
```

string1 和 string2 可以是字符串变量或常量，连接后形成的新串存入变量 result 中。也可以将连接后的新串作为参数传递，代码如下所示。

```
var str1 = "今天星期几了？";                // 字符串变量
var str2 = "星期五";                        // 字符串变量
document.write( str1 + str2 );              // 输出连接后的字符串
```

上述代码中将 str1 和 str2 用连接运算符连接为一个串后作为参数传递给 write 方法。document 对象的 write 方法要求一个字符串作为参数。

3.3.4 位运算符简介

Java Script 中的逻辑运算符都是依据操作数的值转换为布尔值后参与计算。例如，非零值为 true，零值为 false。而位运算符则对变量的二进制位间进行逻辑运算，因而取得一个新的值。位运算符包括位与、位或、位异或、位非和移位运算符。

学习位运算符之前，应该先了解存储单元的位模型。通常计算机中每一个内存单元是一个字节，一个字节由 8 个二进制位组成，二进制位是计算机里的最小的信息单元，模型如图 3-8 所示。

0	1	0	0	0	1	1	0

图 3-8　内存单元位模型

图 3-8 中黑粗边框表示一个内存字节单元，由 8 个二进制位构成。该单元的二进制值为 01000110，是无符号数字 70。位运算符对变量进行的运算是发生在二进制位级别，因此返回的值通常不用作布尔值。

位运算包括：位与（&）、位或（|）、位异或（^）、位非（～）、左移（<<）和右移（>>）等。由于此类运算符使用范围较小，限于篇幅这里不进行过多介绍，有兴趣的读者可以参阅相关图书学习。

3.3.5 其他运算符

前面讲过算术运算符、关系运算符和字符串运算符等，这些是程序设计语言最基本的要素。但是程序设计语言不是纯粹的数学计算和逻辑推理。因此，程序设计语言还需要配备一些特殊的运算符用在一些特殊的场合。在 JavaScript 中还有条件运算符、new 运算符、void 运算符、typeof 运算符、点运算符、数组存取运算符、delete 运算符、逗号运算符和 this 运算符等。这些运算符相当重要，希望读者熟练掌握。

3.4 运算符的优先级

前面的内容讲解了 JavaScript 中的表达式、操作数和运算符，表达式由运算符和操作数构成。到目前为止，读者所接触过的表达式都比较简单，但表达式可以是很复杂的复合表达式。在一个复杂的表达式中，多个运算符结合在一起，势必会出现计算的先后顺序问题。

JavaScript 中的运算符优先级是一套规则，该规则在计算表达式时控制运算符执行的顺序。具有较高优先级的运算符先于较低优先级的运算符得到执行。同等级的运算符按左到右的顺序进行。归纳总结如表 3-2 所示。

表 3-2　　运算符优先级（从高到低）

运算符	说明
. [] ()	字段访问、数组下标、函数调用及表达式分组
++ — - ～ ! delete new typeof void	一元运算符、返回数据类型、对象创建、未定义值
* / %	乘法、除法、取模
+ - +	加法、减法、字符串连接
<< >> >>>	移位
< <= > >= instanceof	小于、小于等于、大于、大于等于、instanceof
== != === !==	等于、不等于、严格相等、非严格相等
&	按位与
^	按位异或
|	按位或
&&	逻辑与
||	逻辑或
?:	条件
= oP=	赋值、运算赋值
,	多重求值

由表 3-2 可以看出，运算符比较多，记住各运算符的优先级并不容易。因此编程时一般都使用括号“()”来决定表达式的计算顺序，示例如下。

```
((A + B)&C)>>3
```

在这里括号意义上完全等同于数学表达式里的括号，即括号内的优先级最高，最先得到计算。上述代码执行顺序为：A 加上 B，再将结果与 C 做位与运算，最后带符号右移 3 位。下面举例说明运算符的优先级。

【实例 3-7】 编程测试“+、-、×、÷”运算符的优先顺序，求表达式“1+2/5-0.1*5”的值并输出，如下所示。

```
01  <script language="javascript">                        // 脚本程序开始
02      var result1 = 1+2/5-0.1*5;                        // 默认优先级顺序
03      var result2 = ((1+2)/5-0.1)*5;                   // 用小括号改变优先级
04      document.write("<b>运行符优先级</b>");            // 输出标题
```

```
05        document.write("<li>1+2/5-0.1*5=" + result1 );        // 输出表达式 1 的结果
06        document.write("<li>((1+2)/5-0.1)*5=" + result2 );    // 输出表达式 2 的结果
07    </script>                                                  // 脚本程序结束
```

【运行结果】打开网页运行程序，运算结果如图 3-9 所示，对比其中两个不同表达式的结果。

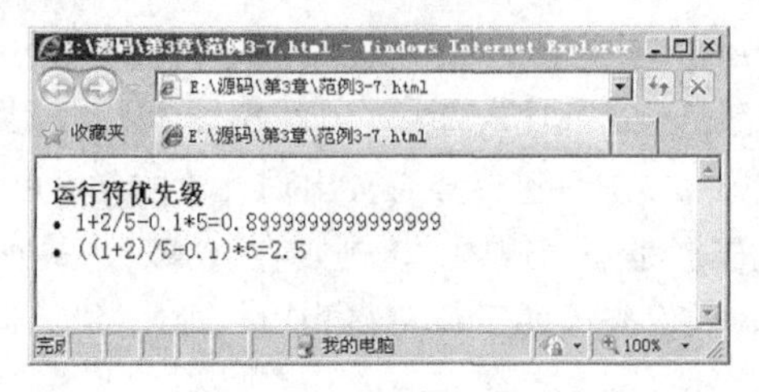

图 3-9　对比两个表达式的结果

【代码解析】代码段第 2、3 行分别定义两个算术表达式，第一个表达式使用默认运算符优先级。其运算顺序按 JavaScript 的规定，顺序为“/、+、*、-”。第二个表达式使用括号强制改变计算优先级，顺序为“+、/、-、*”。

【提示】实际编程时通常使用括号决定计算优先级，不用背优先级表。

3.5　小　　结

本章介绍了 JavaScript 中的常量、变量、表达式和运算符，其中常量、变量与运算符是基础，将这些组合就构成了表达式，如数学算式、逻辑关系式等。这些内容是学习 JavaScript 最为重要的基础之一，所以读者一定要认真领会贯通，并学会在日常编程中灵活使用。

3.6　习　　题

一、选择题

1. 以下哪项属于 JavaScript 中的复合型变量？（　　）

A. 字符型　　B. 数值型　　C. 数组型　　D. 布尔型

2. 以下运算符优先级最高的是（　　）。

A. ++　　B. *　　C. &&　　D. &

二、简答题

1. 什么是变量？它和常量有什么区别？
2. 写出 JavaScript 中的运算符关键字。
3. 什么是表达式？它有什么作用？
4. 列举 JavaScript 中的运算符。

三、练习题

1. 编写一个程序，将数字 13、55、37、33、45、9、60、21、10 按从小到大的顺序排序，并将排序后的各数字输出。

【提示】定义一个数组变量，将各数字填入数组。遍历数组，如果第 n 个元素小于第 $n-1$ 个，则交换两者的内容，如此循环操作即可，参考代码如下。

```
01  <script language="javascript">
02      <!--
03      var oMyArray = new Array( 13, 55, 37, 33, 45, 9, 60, 21, 10 );
                                                   // 定义变量引用一个数组对象
04      document.write( "排序前：" + oMyArray );          // 输出排序前的数组
05      for ( index in oMyArray )                      // 开始排序
06      {
07          for ( i in oMyArray )                      // 两两比较
08          {
09              if( oMyArray[index]<oMyArray[i] )      // 如果当前元素小于第 i 个元素
10              {
11                  nTemp = oMyArray[index];           // 交换位置
12                  oMyArray[index] = oMyArray[i];
13                  oMyArray[i] = nTemp;
14              }
15          }
16      }
17          document.write( "<br>排序后：" + oMyArray );   // 输出排序后的数组
18  -->
19  </script>                                              // 脚本程序结束
```

【运行结果】打开网页文件运行程序，其结果如图 3-10 所示。

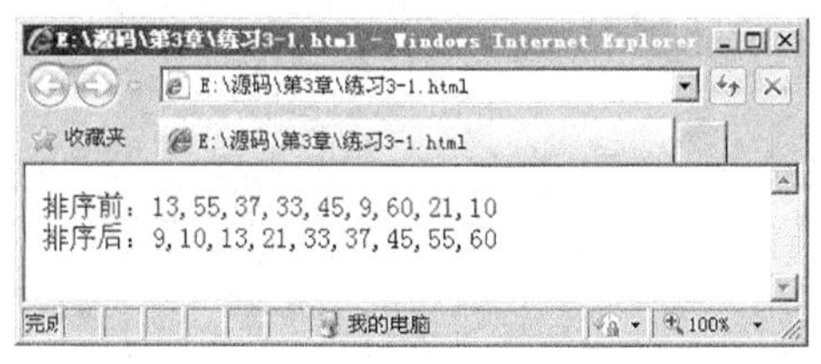

图 3-10　数组排序

2. 实现一个求圆面积的程序，半径由用户从外部输入，计算结果输出到当前页面中。

【提示】根据圆面积公式 $S=\pi\times r^2$ 可计算出面积。使用 window 对象的 prompt 方法实现半径的输入。调用 Math 对象的 PI 作为圆周率 π，输出使用 document 对象的 write 方法，参考代码如下。

```
01  <script language="javascript">                          // 脚本程序开始
02  <!--
03      var r = prompt( "请输入圆的半径：", "0" );            // 用户输入圆半径
04      if( r != null )                                      // 判断输入的合法性
05      {
06          var square = parseFloat( r )*parseFloat( r )*Math.PI;
                                                             // 计面积 s=π*r*r
07          document.write("半径为" + parseFloat( r ) + "的圆面积为：" + square );
                                                             // 在页面中输出结果
08      }
09      else                                                 // 输入不合法
10      {
11          alert("输入不合法！");                            // 输出提示信息
12      }
```

```
13  -->
14  </script>                                          // 脚本程序结束
```

【运行结果】打开网页文件运行程序，其结果如图 3-11 和图 3-12 所示。

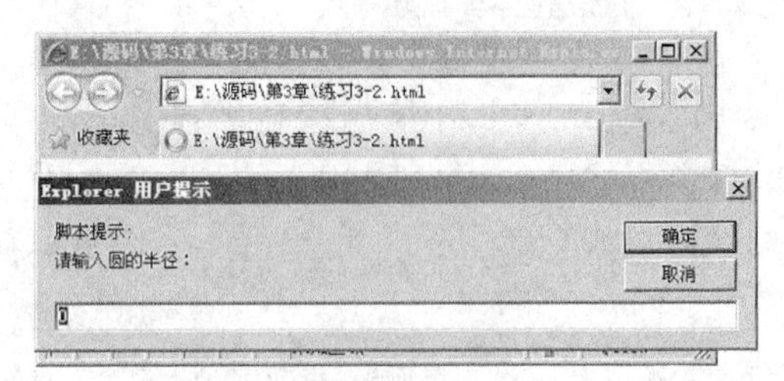

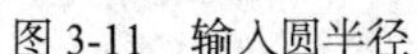
图 3-11　输入圆半径

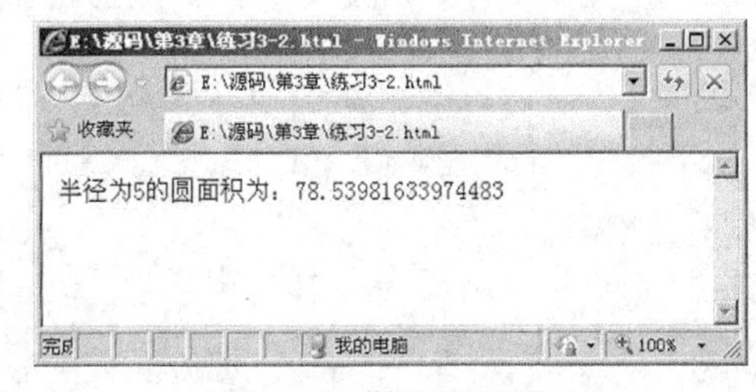

图 3-12　输出圆面积

3. 对多个学生的名字进行排序并输出，排序前的顺序为："Tom""Petter""Jim"和"Lily"。

【提示】可以使用数组作为数据的容器，使用 in 运算符结合 for 循环遍历数组；再使用关系运算符进行字符串升降序比较，参考代码如下。

```
01  <script language="javascript">                     // 脚本程序开始
02  <!--
03      var students = new Array( "Tom", "Petter", "Jim", "Lily" );// 学生名字
04      document.write( "排序前：" + students ); // 输出排序前的名字序列
05      for( n in students )                           // 在for语句中使用in运算符遍历数组
06      {
07          for( m in students )                       // 逐一比较
08          {
09              if( students[n] < students[m] )        // 使用"<"运算会进行升序比较
10              {
11                  var temp = students[n];            // 交换数组元素内容
12                  students[n] = students[m];
13                  students[m] = temp;
14              }
15          }
16      }
17      document.write( "<br>" );                      // 输出换行
18      document.write( "排序后：" + students );       // 输出排序后的名字序列
19  -->
20  </script>                                          // 脚本程序结束
```

【运行结果】打开网页文件运行程序，运行结果如图 3-13 所示。

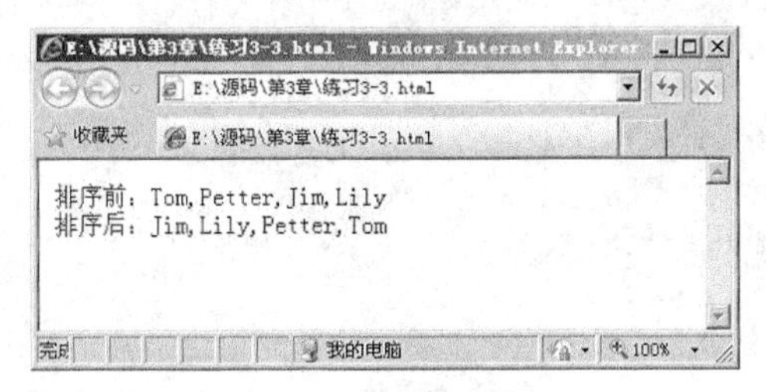

图 3-13　运行结果

第 4 章 控制语句

JavaScript 中提供了多种用于程序流程控制的语句，这些语句分为选择和循环两大类。

选择语句包括 if、switch 系列，其中 if 语句根据条件执行相应的程序分支，而 switch 语句则枚举可供选择的值作为转移依据。在开发中，也总会碰上重复执行同一动作的情况，循环语句可用于描述此类问题。

循环语句包括 while、for 等。程序执行时可能会碰上类似除数为零的情况，这显然是一个错误，这种错误在 JavaScript 中统称为异常。

本章将逐一详述各个知识点，包括内容如下。

- 选择语句的特点和用法。
- 循环语句的特点和用法。
- 异常处理结构的使用方法。

4.1 选 择 语 句

选择语句是根据条件来选择一个任务分支的语句的统称。选择语句用于实现分支程序设计。JavaScript 提供 if 条件选择语句和 switch 多路选择语句，这两种语句都体现在对任务分支的选择上。比如，某人在看钟表上的时间，如果小于凌晨 6 点就决定继续睡，如果大于 6 点，就起床去上班。这里体现出来的是根据时间值选择做某个动作，实现任务分支选择，如图 4-1 所示。

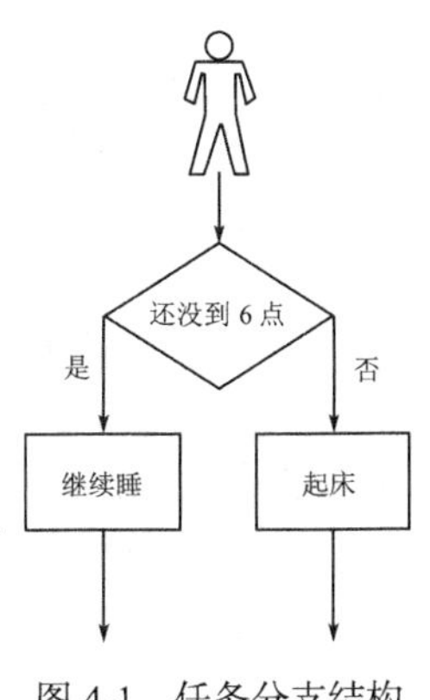

图 4-1 任务分支结构

4.1.1 if 选择

生活中一个形象的例子：出门前看看窗外，如果下雨就带伞，否则直接出门。编程中也有类似的问题，此时可用 if 语句来描述，测试一个布尔表达式，结果为真则执行某段程序。接下来介绍 if 语句的语法。

if 语句的第一种语法如下。

```
if( <表达式> )                        // 条件语句
{
    [语句组 ; ]                       // 程序语句序列
}
```

参数说明如下。

- 表达式：必需。执行时计算出一个布尔值，若为真则执行语句组，否则不执行。
- 语句组：可选。可由一条或多条语句组成。

if 语句的第二种语法如下。

```
if( <表达式> )                        // 条件语句
    <语句>;
```

参数说明如下。

- 表达式：必需。执行时计算出一个布尔值，为真则执行其后那条语句。
- 语句：必需。仅为一条语句，如果为空则自动影响其后第一条语句。

执行 if 语句时，如果表达式的值为真，则执行块中的语句；否则直接执行 if 块后的语句。执行流程如图 4-2 所示。

【提示】这里的“块”是指被“{”和“}”括起来的内容。

【实例 4-1】本例描述某人在查看当前时间，并根据当前时间决定做何事，演示 if 语句的用法。假如（if）时间小于 6 点，那还可以继续睡觉。

```
01  <body>                                  // 文档体
02  <h1>                                    // 标题
03  当前时间：5 点
04  </h1>
05  <script language="javascript">          // 脚本程序开始
06  var hours = 5;                          // 设置一个值表示当前时间
07  if( hours < 6 )                         // 使用 if 语句进行判断当前时间是否还不到 6 点
08  {                                       // 显示一个消息框表示某人做的动作
09      alert( "当前时间是" + hours + " 点，还没到 6 点，某人继续睡！");
10  }
11  /*其他程序语句*/
12  </script>                               // 脚本程序结束
13  </body>                                 // 文档体结束
```

打开网页文件运行程序，结果如图 4-3 所示。该代码段的第 6 行定义一个变量 hours 表示当前时间，其值设定为 6。第 7～10 行使用一个 if 语句判断变量 hours 的值是否小于 6，小于 6 则执行 if 块花括号中的语句，即第 9 行，否则程序跃到第 11 行。

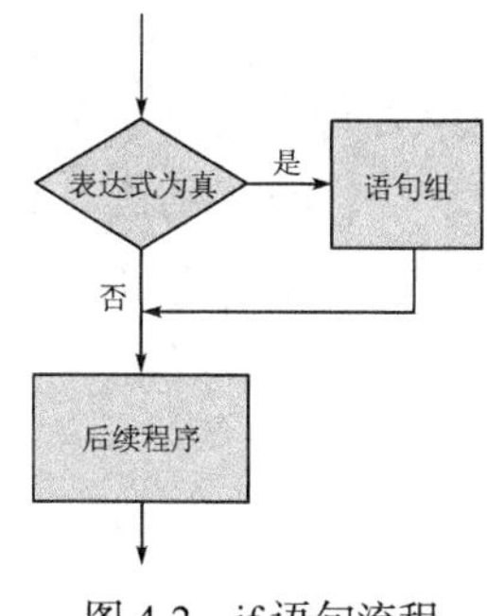

图 4-2　if 语句流程

图 4-3　输出结果

【提示】if 块语句的花括号必须成对出现，不能交叉嵌套。

4.1.2　if-else 选择

if 语句仅根据表达式的值决定是否执行某个任务，没有更多的选择，而 if-else 语句则提供双路选择功能。其语法如下。

```
if ( <表达式> )                          // 表达式成立时
{
      [语句组 1; ]                       // 有效的程序语句
}
else                                     // 表达式不成立时
{
      [语句组 2; ]                       // 有效的程序语句
}
```

参数说明如下。

- 表达式：必需。合法的 JavaScript 表达式或常数。
- 语句组 1：可选。可以由一条或多条语句组成，当表达式结果为真时执行。
- 语句组 2：可选。可以由一条或多条语句组成，当表达式结果为假时执行。

执行流程如图 4-4 所示。

【实例 4-2】本例演示某人查看当前时间，如果还没到 6 点则继续睡觉，否则起床准备上班。if-else 语句用于描述当条件成立则如何，否则如何的问题。

```
01  <body>                                              // 文档体
02  <h1>                                                // 标题
03  当前时间：7 点
04  </h1>
05  <script language="javascript">
06  var hours = 7;                                      // 定义一个变量表示当前时间
07  if( hours < 6 )                                     // 如果还没到 6 点则继续睡
08  {
09  alert( "当前时间是" + hours + " 点，还没到 6 点，某人继续睡！");// 输出信息以表示继续睡
10  }
11  else                                                // 否则起床准备上班
12  {
13  alert( "当前时间是" + hours + " 点，某人该准备上班了！");// 输出信息以表示上班
14  }
15  </script>                                           // 脚本程序结束
```

```
16   </body>                                            // 文档体结束
```

打开网页文件运行程序，结果如图 4-5 所示。该代码段第 6 行定义一个变量 hours 表示当前时间，设其初始值为 7。第 7～14 行使用一个 if-else 语句判断变量 hours 的值，出现两种情形，分别是 hours 值小于 6 或 hours 的值大于等于 6。此处 hours 值不小于 6，if 表达式所得的结果为假值，故流程转入第 11 行的 else 块，得到图 4-5 所示结果。

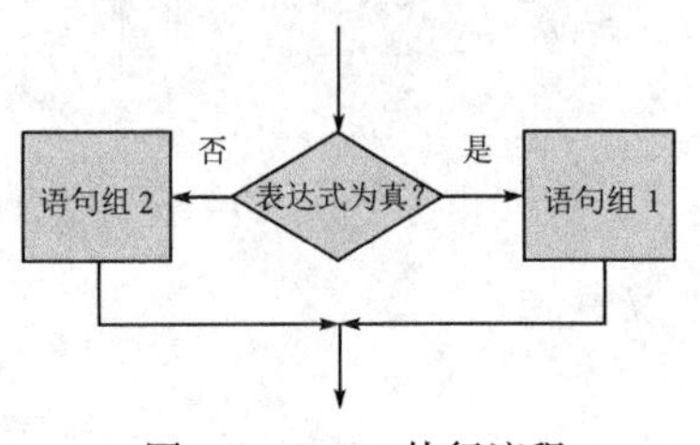

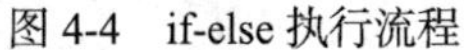

图 4-4　if-else 执行流程

图 4-5　输出执行结果

在 if-else 语句执行时，如果 if 后面的表达式不为真就执行 else 块中的语句。这种语句使用非常广泛，是程序中最基本的控制结构之一。

【提示】如果 if 块或 else 块后是单条语句，则可以省略花括号，笔者建议一律使用花括号，统一编程风格。

4.1.3　if-else-if 选择

当有多个可供判断选择的条件时，单个 if-else 语句显然不能表达，于是有了 if-else-if 语句。严格地说，if-else-if 不是单独的语句，而是由多个 if-else 语句组合而成，实现多路判断。语法如下：

```
if( <表达式 1> )
{
      [语句组 1; ]
}
[ else if( <表达式 2> )
{
      [语句组 2; ]
}
else
{
      [语句组 3; ]
} ]
```

参数说明如下。

- 表达式：必需。
- 语句组：可选，由一条或多条语句组成。

执行流程如图 4-6 所示。

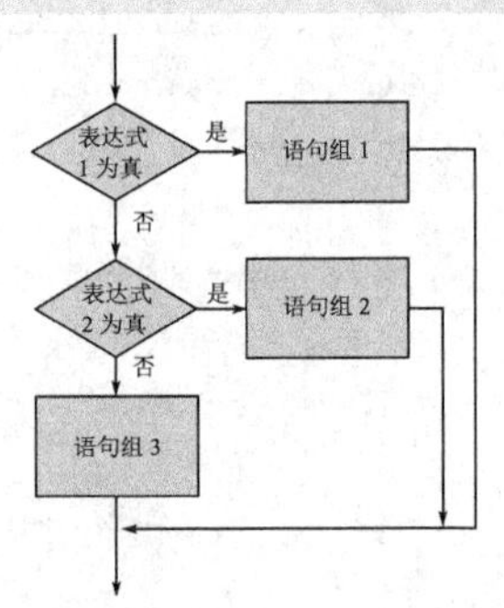

图 4-6　if-else-if 执行流程

【实例 4-3】本示例仍然延用上一节的实例模型，描述某人根据当前时间决定做何事，以演示 if-else-if 的用法。如果没到 6 点则继续睡，如果在 6～8 点之间，则吃早餐。

```
01  <script language="javascript">                    // 脚本程序开始
02  var hours = 7;                                    // 手工设定当前时间
03  if( hours < 6 )                                   // 如果还没到 6 点
04  {
05  alert( "当前时间是" + hours + " 点，还没到 6 点，某人继续睡！");// 输出信息以表示继续睡
06  }
07  else if( hours < 8 )                              // 介于 6～8 点之间
08  {
09  alert( "当前时间是" + hours + " 点，某人决定吃饭早餐！");// 输出信息以表示吃早餐
10  }
11  </script>                                         // 脚本程序结束
```

打开网页文件运行程序，结果如图 4-7 所示。该代码段第 2 行定义变量 hours 表示当前时间，设其初始值为 7。第 3～10 行使用 if-else 判断 hours 和各个指定的值相比较的结果，组合成多路选择结构。程序执行时按顺序测试各个 if 块，若遇到满足条件的块时执行流程转入其中。从此忽略后面的 if 块，即使还有满足条件的 if 块，故编程时包含范围越广的条件应该越靠近末尾。

图 4-7　输出程序结果

【提示】当 if-else-if 结构中不只一个 if 满足条件时，则进入第一个 if 块，其后全部被忽略。这种多路选择的编写方式不方便后期代码维护，有一种更好的多路选择语句 switch，将在下一节讲述。

4.1.4　switch 多条件选择

用 if-else 语句实现多路选择结构使程序看起来不清晰，也不容易维护，于是可以选择用 switch 语句来代替。switch 实现多路选择功能，在给定的多个选择中选择一个符合条件的分支来执行。语法如下。

```
switch ( <表达式> )
{
case < 标识 1 >:
     [语句组 1; ]
case < 标识 2 >:
     [语句组 2; ]
…
[default:]
     [语句组 3; ]
}
```

参数说明如下。

- 表达式：必需。合法的 JavaScript 语句。
- 标识：必需。当表达式的值与标识的值相等时则执行其后的语句。
- 语句组：可选。由一条或多条语句组成。

执行流程如图 4-8 所示。

switch 语句通常用在有多种出口选择的分支结构上，如信号处理中心可以对多个信号进行响应。针对不同的信号均有相应的处理，下面举例帮助大家理解。

【实例 4-4】编写一段程序，对所有进来的人问好，不在名单之上的人除外。这个可以针对一

些网站的 VIP 客户使用，这样用户进来后就会觉得特别亲切。

```
01  <script language="javascript">// 脚本程序开始
02  var who = "Bob";              // 当前来人是 Bob
03  switch( who )                 // 使用开关语句，控制对每个人的问候，以至于不同错对象
04  {
05  case "Bob":                   // 向 Bob 打招呼
06  alert( "Hello," + who );      // 招呼信息
07  break;                        // 跳出选择语句组
08  case "Jim":                   // 向 Jim 打招呼
09  alert( "Hello," + who );      // 招呼信息
10  break;                        // 跳出选择语句组
11  case "Tom":                   // 向 Tom 打招呼
12  alert( "Hello," + who );      // 招呼信息
13  break;                        // 跳出选择语句组
14  default:                      // 不是名单中的人员时
15  alert( "Nobody～!");          // 输出普通消息
16  }
17  </script>                     // 脚本程序结束
```

打开网页文件运行程序，结果如图 4-9 所示。本例第 2 行设定当前来人是 Bob，第 3 行使用 switch 多路开关语句控制对来人的问候。第 14、15 行当来人不是名单上的人员之一时，显示“Nobody!”。

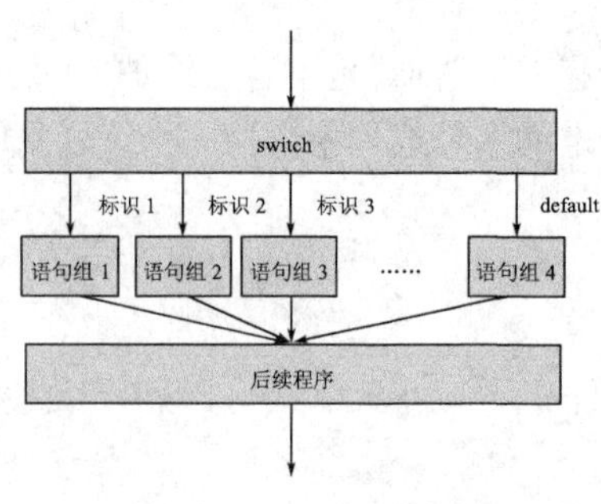

图 4-8　switch 执行流程

图 4-9　问候指定人员

4.1.5　选择语句综合示例

我们已经学习了 if、switch 两种选择语句，它们各有不同的特点，以针对不同的应用场合，下面编写一个综合范例加深对这两个语句的理解。

【实例 4-5】在一些设计得比较好的网站中，网页颜色风格可以切换。用户可以根据自己的喜好选择页面颜色，这是一个很实用的功能。本示例也实现了一个可以切换背景颜色的功能，起到抛砖引玉的作用，读者可以在此基础上做出更漂亮的页面。

```
01  <body id="PageBody" style="background:red">// 设定 body 节点的 ID,以便在 JavaScript
代中操作
02  <script language="javascript">              // 脚本程序开始
03  function ChangeBgColor( colorIndex )
04  {
```

```
05  var dombody = document.getElementById( "PageBody" );
                                                // 获取 body 节点
06  if( dombody == null )                       // 如果没有 body 节点将直接返回
07  {
08  return;                                     // 直接返回
09  }
10  else                                        // body 节点引用成功获取
11  {
12  switch( colorIndex )              // 使用多路开关语句根据菜单传入的值更改网页背景
13  {
14  case 1:
15  dombody.style.background = "#666666";       // 通过设定 style 元素的 background
                                                // 属性以改变背景
16  break;
17  case 2:
18  dombody.style.background = "#003333";       // 设定背景色
19  break;
20  case 3:
21  dombody.style.background = "#ccccff"; ·     // 设定背景色
22  break;
23  case 4:
24  dombody.style.background = "#6699cc";       // 设定背景色
25  break;
26  default:
27  dombody.style.background = "white";         // 设定背景色
28  break;
29   }
30  }
31  }
32  </script>
33  // 各颜色菜单，用户单击菜单时，背景颜色将变为与菜单相同的颜色
34  <div style="width: 100px; height: 20px; text-align:center;
                                                // 表示菜单项的 DIV 层
35  background-color: #666666;" onclick="return ChangeBgColor( 1 )">
36  </div>
37  <div style="width: 100px; height: 20px; text-align:center;
                                                // 表示菜单项的 DIV 层
38   background-color: #003333;" onclick="return ChangeBgColor( 2 )">
39  </div>
40  <div style="width: 100px; height: 20px; text-align:center;
                                                // 表示菜单项的 DIV 层
41  background-color: #ccccff;" onclick="return ChangeBgColor( 3 )">
42  </div>
43  <div style="width: 100px; height: 20px; text-align:center;
                                                // 表示菜单项的 DIV 层
44  background-color: #6699cc;" onclick="return ChangeBgColor( 4 )">
45  </div>
46  </body>
```

打开网页文件运行程序，结果如图 4-10 所示。该代码段第 5 行可以获取 body 节点，第 6～31 行判断若成功获得 body，则使用 switch 语句判断传入函数的参数，选择相应的分支以更改网页背

景为指定的颜色。第 33～45 行使用 4 个 DIV 元素作为颜色菜单，单击相应菜单将引起网页背景的改变。

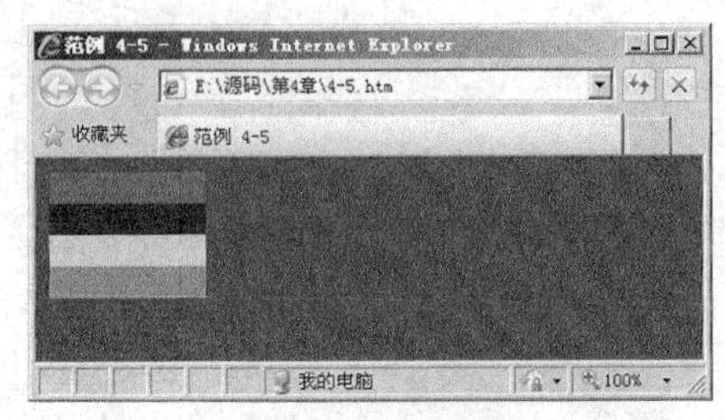

图 4-10　背景色菜单

【提示】使用 JavaScript 结合 DOM 进行编程才能发挥 JavaScript 的长处。本书用到 DOM，但不专门讲解 DOM 编程，若有需要请读者查阅相关资料。

4.2 循环语句

在编程中有些指令需要执行很多遍，这就要编写大量的代码；而计算机则是专门用来快速完成重复和烦琐的工作的，编程语言提供循环语句来减少重复指令的编写。将重复执行的动作放在循环语句中，计算机将根据条件执行。JavaScript 的循环语句包括 for、while、do-while、for-in 4 种，本节将逐一讲解。

4.2.1 for 循环

遇到重复执行指定次数的代码时，使用 for 循环比较合适。在执行 for 循环体中的语句前，有 3 个语句将得到执行，这 3 个语句的运行结果将决定是否要进入 for 循环体。for 循环的一般语法如下。

```
for([表达式1]; [表达式2] ; [表达式3] )
{
        语句组;
}
```

参数说明如下。

- 表达式 1：可选项，第一次遇到 for 循环时得到执行的语句。
- 表达式 2：可选项，每一轮执行 for 循环体前都要执行该表达式一次。如果该表达式返回 true 则进入 for 循环体中执行语句组，否则直接跳到 for 循环体后的第一条语句。当本项省略时，皆返回 true。
- 表达式 3：可选项，当语句组执行完毕后得到执行。
- 语句组：可选项，是一些有效的需要重复执行的程序语句。

执行流程如图 4-11 所示。

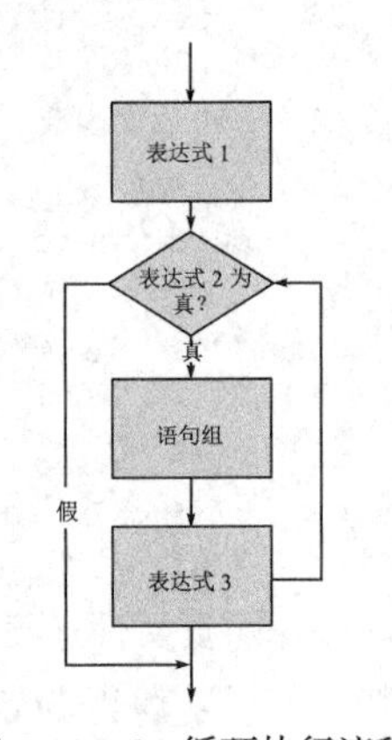

图 4-11　for 循环执行流程

例如要从一份名单中逐一显示每一个名字，执行的动作就是：找到名单，输出。如果名单有 1 000 个名字，这个程序的编码量将很大，因此可以 for 循环简化编码。

【实例 4-6】从一份名单中逐一输出所有的名字。在体育或娱乐网页中，经常需要读者选择自己喜欢的体育任务或娱乐明星。当读者进行多选时，我们就要获取读者选择了哪些人名，这就需要 for 来帮助我们了。

```
01  <body>                                                          // 文档体
02  <div style="width: 261px; height: 70px; background-color: #cccccc;"
id="NameList" align="center">
03  </div>
04  <script language="javascript">                                 // 脚本程序开始
05  var names = new Array( "Lily", "Tomson", "Alex", "Jack" );    // 名单
06  for( i = 0; i< names.length; i++ )                            // 遍历名单
07  {
08  var tn = document.createTextNode(names[i]+" ");// 创建一个文本节点，内容为名单上当前名字
09  var nameList = document.getElementById( "NameList" );         // 找出层 NameList
10  nameList.appendChild( tn );                              // 将文本节点添加到层NameList上
11  }
12  </script>                                                // 脚本程序结束
</body>                                                      // 文档体结束
```

打开网页文件运行程序，结果如图 4-12 所示。该代码段第 2 行创建一个 DIV（层）作为显示名字的容器，并设置其 ID 以便在 JavaScript 代码中操作。第 5 行创建一个数组作为名单，第 6～12 行遍历名单并逐一输出每个名字。第 8～10 行以名字为内容创建文本节点，并添加到显示名字的层容器中。

图 4-12　输出名单

【提示】for 循环的写法非常灵活，括号中的语句可以用来写出技巧性很强的代码，读者可以自行试验。

4.2.2　while 循环

当重复执行动作的情形比较简单时，就不需要用 for 循环，可以使用 while 循环代替。while 循环在执行循环体前测试条件，如果条件成立则进入循环体，否则跳到循环体后的第一条语句。语法如下。

```
while( 条件表达式 )
{
    语句组;
}
```

参数说明如下。

- 条件表达式：必选项，以其返回值作为进入循环体的条件。无论返回什么样类型的值，都被作为布尔型处理，为真时进入循环体。

- 语句组：可选项，一条或多条语句组成。

执行流程如图 4-13 所示。

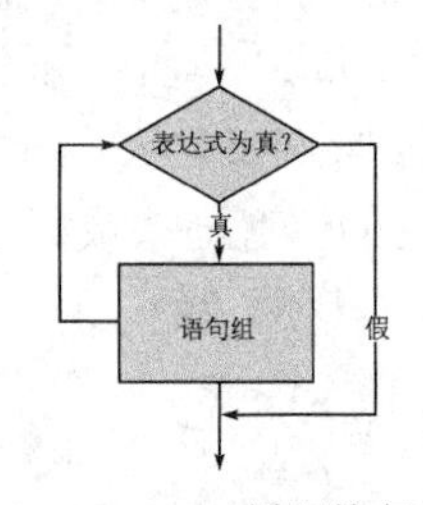

图 4-13　while 循环执行流程

在 while 循环体中操作 while 的条件表达，使循环到该结束时就结束。下面举例帮助读者理解掌握。

【实例 4-7】顺序输出 1～100 的整数。这个题目看起来很简单，其实是面试常碰到的考题，考察 while 的使用。

```
01  <script language="javascript">          // 脚本程序开始
02  var num = 1;
03  while( num < 101 )                      // 若 num 小于 101 则继续循环
04  {
05      document.write( num + " " );        // 输出 num 加空格
06      num++;                              // num 递增
07  }
08  </script>                               // 脚本程序结束
```

打开网页文件运行程序，结果如图 4-14 所示。该代码段第 3 行使用 num 是否小于 101 来决定是否进入循环体。第 6 行递增 num，当其值达到 101 后循环将结束。

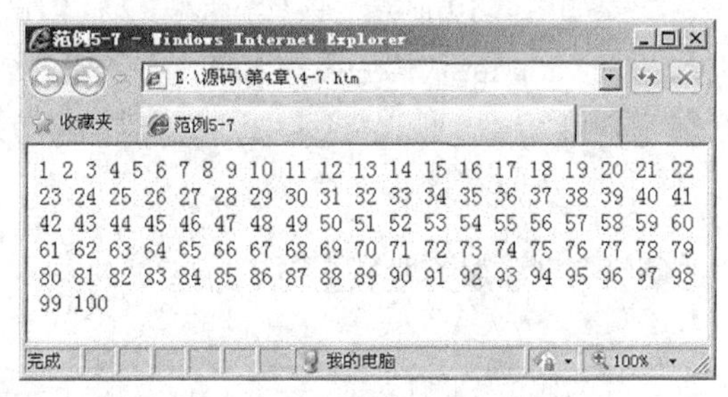

图 4-14　使用 while 循环输出

4.2.3　do-while 循环

while 循环在进入循环前先测试条件表达式是否成立，而 do-while 循环则先执行一遍循环体。循环体内的语句执行之后再测试一个条件表达式，如果成立则继续执行下一轮循环，否则跳到 do-while 代码段后的第一条语句。语法如下。

```
do
{
    语句组;
} while( 条件表达式 );
```

参数含义与 while 语句相同，执行的流程如图 4-15 所示。

【实例 4-8】把实例 4-7 改写为使用 do-while 结构，以示两者的区别。

```
01  <script language="javascript">      // 脚本程序开始
02  var num = 1;                        // 定义循环计数变量
03  do                                  // 开始循环
04  {
05  document.write( num + " " );        // 输出计数变量加空格
06  num++;                              // 使 num 自增 1，否则循环无法结束
```

```
07  }
08  while( num < 101 )                         // 当 num>=101 时循环结束
09  </script>                                  // 脚本程序结束
```

打开网页文件运行程序，结果如图 4-16 所示。该代码段第 3～7 行为循环体，其内的语句将得到一次执行的机会，不管 while 后的条件表达式是否成立。

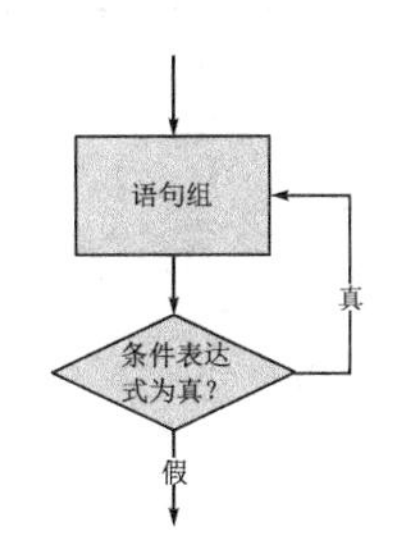

图 4-15　do-while 执行流程

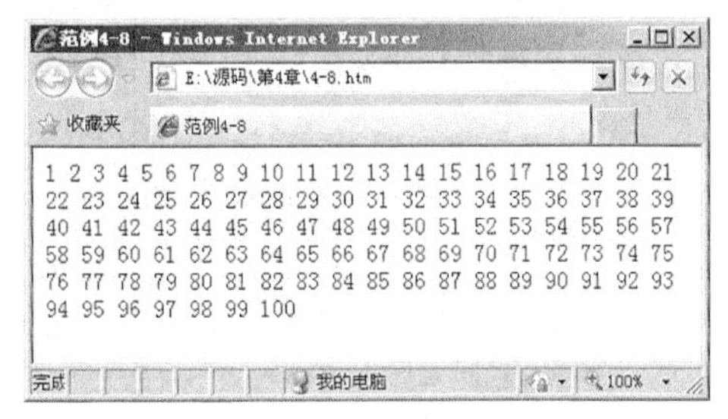

图 4-16　使用 do-while 循环输出

4.2.4　for-in 循环

for-in 语句是 for 语句的一个变体，同样是 for 循环语句，for-in 通常用于遍历某个集合的每个元素。比如数组有很多元素，其元素索引构成了一个集合。使用 for-in 语句可以遍历该集合，进而取得所有元素数据。语法如下。

```
for ( n in set)
{
        语句组;
}
```

n 为集合 set 的一个元素，当 set 元素个数为 0 时不执行循环体。for-in 语句在本书前面的内容中已经多次使用。限于篇幅在此不再举例子。

4.2.5　break 和 continue 跳转

一般情况下，只要条件成立，循环体中的全部语句将得到执行，“停止循环”只会发生在条件表达式不成立时。为了能在循环体中直接控制循环中断或进行下一轮循环，JavaScript 提供了 break 语句和 continue 语句。break 语句将无条件跳出并结束当前的循环结构，continue 语句的作用是忽略其后的语句并结束此轮循环和开始新的一轮循环。这两个语句直接使用在需要中断的地方，没有特别的语法。下面举例说明 break 语句的用法。

【实例 4-9】做一个彩票摇奖程序，号码位数为 3 位，现有一个彩迷所买的号为 352。随机给出中奖号码，输出这位彩迷的号码可以在尝试多少遍后中奖。

```
01  <script language="javascript">                      // 脚本程序开始
02  var time = 0;
03  while( true )                                       // 无限循环
04  {
05  time++;                                             // 次数递增
06  var random  = Math.floor( Math.random() * (1000) ); // 摇奖，随机产生 3 位中奖号码
07  if( random == 352 )                                 // 这位彩票迷的号为：352
08  {
09      alert( "恭喜你，尝试了" + time + "遍，终于中了一次奖（号码：352）"); // 中奖消息
```

```
10      break;                                          // 跳出循环
11   }
12   }
13   </script>                                          // 脚本程序结束
```

打开网页文件运行程序，结果如图 4-17 所示。该代码段第 5 行设定一个 time 变量作为计数器，记录尝试的次数。第 6 行随机产生一个 3 位中奖号，在第 7～11 行判断当前号码是否是题设中的彩迷所买的号，如果是就输出中奖信息并中断循环。

图 4-17　中奖信息

4.2.6　循环语句综合示例

前面几节讲解了 for、for-in、while 和 do-while 循环语句，这些语句用在需要多次重复执行相同动作的场合。下面实现一个简单的程序，提取页面中所有的超链接地址，并显示在对话框中。

【实例 4-10】提示当前页面中所有的超链接名称和网址，做成键值对输出。

```
01   <body>                                        // 脚本程序开始
02   <a href="http://www.cctv.com/default.shtml">
03   <span style="color: #000000">中央电视台</span></a><br />
04   <a href="http://www.sina.com.cn"><span style="color: #000000">新 浪</span>
</a><br />                                         // 链接
05   <a href="http://www.baidu.com/"><span style="color: #000000">百 度</span>
</a><br />                                         // 链接
06   <a href="http://www.163.com/"><span style="color: #000000">网 易</span>
</a><br />                                         // 链接
07   <a href="http://www.china.com"><span style="color: #000000">中 华 网</span>
</a><br />                                         // 链接
08   <a href="http://www.google.cn"><span style="color: #000000">Google</span>
</a>                                               // 链接
09   <script language="javascript">                // 脚本程序开始
10   var adr = "";
11   for( n in document.links )                    // 遍历超链接集合
12   {
13   if( document.links.length == document.links[n] )
                                                   // 忽略第一个元素，因为表示集合的元素个数
14   {
15     continue;                                   // 直接下一轮循环
16   }
17        // 提取链接名和网址，添加到字符串中
18   adr += document.links[n].childNodes[0].childNodes[0].toString()// 将链接名及地址
组合为文本
19              + ": \t"+ document.links[n] + "\n";
20   }
21   alert( adr );                                 // 在对话框输出显示
```

```
22  </script>                                        // 脚本程序结束
23  </body>                                          // 文档体结束
```

打开网页文件运行程序，结果如图 4-18 所示。该代码段第 4～8 行创建数个超链接，第 11～20 行遍历超链接集合 links，这是一个 DOM 对象，第一个元素为集合长度，因此使用第 13～16 行代码忽略它，不添加到输出消息串。第 18 行将每个链接名和网址组合到消息串中，并于第 21 行用消息框输出。

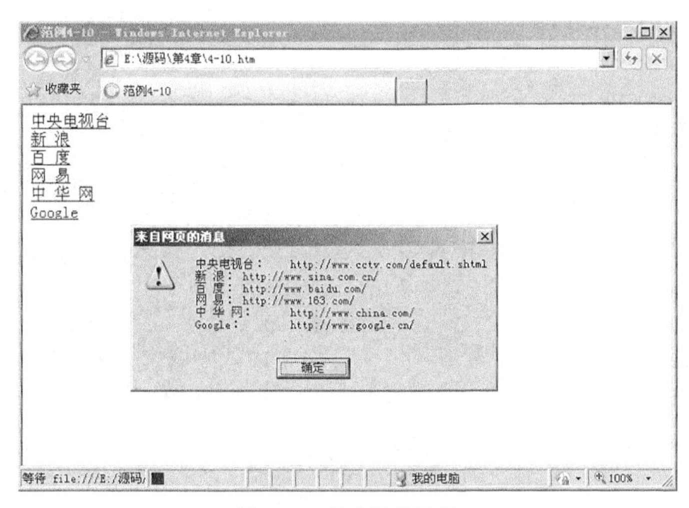

图 4-18　输出链接地址

【提示】在多个循环结构间进行选择时必须考虑其效率问题。

4.3　使用异常处理语句

程序运行过程中难免会出错，出错后的运行结果往往是不正确的，因此运行时出错的程序通常被强制中止。运行时的错误统称为异常。为了能在错误发生时得到一个处理的机会，JavaScript 提供了异常处理语句，包含 try-catch、try-catch-finally 和 throw，本节将逐一讲解。

4.3.1　try-catch 语句

try-catch 语句是一个异常捕捉和处理代码结构，当 try 块中的代码发生异常时，将由 catch 块捕捉并处理，语法如下。

```
try
{
    tryStatements
}
catch(exception)
{
    catchStatements
}
```

参数说明如下。

- tryStatements：必选项。可能发生错误的语句序列。
- exception：必选项。任何变量名，用于引用错误发生时的错误对象。

- catchStatements：可选项。错误处理语句，用于处理 tryStatements 中发生的错误。

编码时通常将可能发生错误的语句写入 try 块的花括号中，并在其后的 catch 块中处理错误。错误信息包含在一个错误对象（Error 对象）里，通过 exception 的引用可以访问该对象。根据错误对象中的错误信息确定如何处理，下面举例说明。

【实例 4-11】 JavaScript 程序运行时，如果有非语法错误便会引发一个异常。这里人为设置一个错误，以演示错误处理代码结构的用法。

```
01  <script language="javascript">                       // 脚本程序开始
02  try
03  {
04  var n = error;                                       // 人为引发一个错误，error 未定义就使用
05  }
06  catch( e )                                           // 捕捉错误
07  {
08  alert( (e.number&0xFFFF) + "号错误：" + e.description ); // 错误处理：仅输出错误信息
09  }
10  </script>                                            // 脚本程序结束
```

打开网页文件运行程序，运行结果如图 4-19 所示。该代码段使用了一个 try-catch 结构处理程序运行时错误，第 4 行人为引发一个错误。第 6～9 行的 catch 块捕捉错误并处理。

图 4-19　输出错误号及其含义

【提示】JavaScript 的错误分为运行时错误和语法错误，语法错误在编译阶段发现；而运行时错误在运行过程中发现，错误处理语句仅能处理运行时错误。

4.3.2　try-catch-finally 语句

try-catch-finally 语句作用与 try-catch 语句一样，唯一的区别就是当所有过程执行完毕，前者的 finally 块被无条件执行。也就是说，无论如何都会执行 finally 块，语法如下。

```
try
{
    tryStatements;
}
catch( exception )
{
    handleStatements;
}
finally
{
    fianllyStatements;
}
```

参数说明如下。

- tryStatements：必选项，可能引发异常的语句。
- handleStatements：可选项，异常处理语句。

● finallyStatements：可选项，在其他过程执行结束后无条件执行的语句。

尽管没有错误发生，finally 块中的语句也会在最后得到执行，通常在此放置资源清理的程序代码。下面举例说明 try-catch-finally 语句的用法。

【实例 4-12】遍历一个有苹果名称的数组时人为引发一个异常，演示 try-catch-finally 语句的用法。

```
01  <script language="javascript">                          // 脚本程序开始
02  try
03  {
04  var fruit = new Array( "鸭梨", "苹果", "葡萄", "李子" );
                                                             // 水果
05  for( n=0; n<fruit.length; m++ )                          // 遍历数组，在此人为引发一个异常
06  {
07  document.write( fruit[n] + " " );                        // 在文档中输出数组元素
08  }
09  }
10  catch( e )                                               // 捕捉异常
11  {
12  alert( (e.number&0xFFFF) + "号错误: " + e.description );
                                                             // 处理异常
13  }
14  finally        // finally 块中清除数组所占的资源
15  {
16  fruit = null;                                            // 断开变量 fruit 的引用
17  alert( "fruit="+fruit+"已经断开 fruit 数组的引用！");      // 输出提示信息
18  }
19  </script>                                                // 脚本程序结束
```

打开网页文件运行程序，结果如图 4-20 和图 4-21 所示。该代码段第 5 行使用一个未定义的变量 m，人为引发一个异常。第 11～13 行捕捉异常并处理。第 14～18 行的 finally 块清理资源，该语句被无条件执行，可以保证 fruit 数组所占资源不被泄露。

图 4-20　0 号错误的含义

图 4-21　断开 fruit 引用

4.3.3　throw 语句

多个异常处理语句可以嵌套使用。当多个结构嵌套时，处于里层 try-catch 语句不打算自己处理异常则可以将其抛出。父级 try-catch 语句可以接收到子级抛出的异常，抛出操作使用 throw 语句。语法如下。

```
throw 表达式;
```

表达式的值是作为错误信息对象传出，该对象将被 catch 语句捕获。throw 语句可以使用在打算抛出异常的任意地方，现在举例说明其用法。

【实例 4-13】通常情况下 0 不能作为除数，因此可以为除数为 0 定义一个异常并抛出。

```
01  <script language="javascript">                  // 脚本程序开始
02  try
03  {
04  var total = 100;                                // 被除数
05  var parts = 0;                                  // 除数
06  if( parts == 0 )                                // 如果除数为 0 则抛出异常
07  {
08  throw "Error:parts is zero";                    // 抛出异常
09  }
10  alert( "每人"+total/parts+"份");                  // 输出提示信息
11  }
12  catch( e )                                      // 此处将捕获 try 块中抛出的异常
13  {
14  alert( e );                                     // 用对话框输出错误对象的信息
15  }
16  </script>
```

打开网页文件运行程序，结果如图 4-22 所示。该代码段演示了 throw 语句的用法。第 8 行抛出异常，表示除数不能为零。第 12 行捕捉 try 块中抛出的异常，并处理。

图 4-22　除数为 0

4.3.4　异常处理语句综合示例

本节学习了异常处理语句，使用异常处理有助于编写更健壮可靠的代码。JavaScript 的异常处理语句在形式上和 C++、Java 等是一样的。下面举一个综合例子，巩固本节所学的知识。

【实例 4-14】做一个搜索页的用户界面，使用图片作为按钮。当鼠标移进、移出按钮时按钮状态发生改变，并且关键字文本框的内容自动被选中。

```
01  <body>                                          // 文档体
02  <script language="javascript">
03  function btnSearch_MouseMove()                  // 鼠标移进图片框时执行
04  {
05  try // 因为更换或加载图片可能出错，因此将代码放在 try 块中
06  {
07      var btnSearch = document.getElementById( "BtnSearch" );
                                                    // 获取图片框和文本框
08      var SchTxt = document.getElementById( "SearchTXT" );
09      var oriPicSrc = btnSearch.src;              // 保存原来的图片
10      btnSearch.src = "icon2.png";                // 切换图片
11      SchTxt.select();                            // 当鼠标移上按钮则自动选择文框中的文字
12  }
13  catch( e )                                      // 捕捉异常
14  {
```

```
15  btnSearch.src=oriPicSrc;                    // 更新失败则换上原来的图片
16  }
17  }
18  function btnSearch_MouseOut()               // 鼠标移出图片框时执行
19  {
20  try                                         // 异常处理块
21  {
22      var btnSearch = document.getElementById( "BtnSearch" ); // 获取图片框和文本框
23      var SchTxt = document.getElementById( "SearchTXT" );
24      var oriPicSrc = btnSearch.src;          // 保存原图
25      btnSearch.src = "icon1.png";            // 切换图片
26  }
27  catch( e )                                  // 捕捉并处理异常
28  {
29  btnSearch.src=oriPicSrc;                    // 更新失败则换上原来的图片
30  }
31  }
32  </script>
33      // 配置用户界面，一文本框一图片框
34  <div style="border-right: #cccccc 1px solid; border-top: #cccccc 1px solid;
left: 153px;                                    // 层
35  border-left: #cccccc 1px solid; width: 235px; border-bottom: #cccccc 1px solid;
36  position: absolute; top: 66px; height: 74px; background-color: #ccffff">
37  <input id="SearchTXT" type="text" style="height:14px; left: 25px;// 按钮
38  position: absolute; top: 29px;" value="搜索关键词"/>
39  <img src="icon1.png" id="BtnSearch" style="width: 24px; height: 24px;

40  left: 187px; position: absolute; top: 27px;"                    // 图片框
41  onmouseout="return btnSearch_MouseOut()"  onmouseover="return btnSearch_
MouseMove()"/>
42  </div>                                      // 层结束
43  </body>                                     // 文档体结束
```

打开网页文件运行程序，结果如图 4-23 所示。该代码段实现了一个漂亮的用户界面。使用图片框鼠标事件处理程序更新按钮状态，第 3～17 行定义了图片框鼠标移入事件处理程序。第 5～12 行将更新图片的代码放入 try 块中，以免加载新图片出错时程序被中断。第 13～16 行捕捉错误并将原图片显示为按钮。第 18～31 行定义鼠标移出事件处理程序，代码功能与移入事件处理程序十分相似。第 33～42 行配置 HTML 元素作为用户界面。

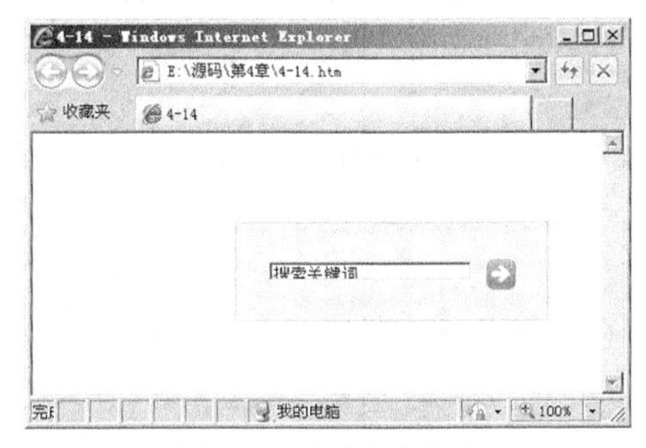

图 4-23　自动选中文本

4.4 小　　结

本章主要学习了 JavaScript 中的流程控制语句，有选择语句和循环语句，选择语句包括 if、switch 两种。if 语句是条件选择语句，switch 是多路选择语句，这两者可以在功能上等价实现对方。循环语句包括 for、for-in、while 和 do-while 等。这些语句都能实现循环功能，应用时根据它们的特点做恰当的选择。使用 try-catch 异常处理语句可以编写更安全、更健壮的代码。throw 语句可以人为抛出异常，巧妙地运用这个机制可以编写技巧性很高的代码。

4.5 习　　题

一、选择题

1. 分析下面的 JavaScript 代码段，输出的结果是（　　）。

```
var a=12.52;
b=10.35;
c=Math.round(a);
d=Math.round(b);
document.write(c+"  "+d)
```

A. 12.5210.35　　B. 13　10　　C. 12　10　　D. 13　11

2. 以下代码中，到第 5 行时，变量 count 的值是（　　）。

```
1 for(var count = 0; ;)
2 if(count < 10)
3 count += 3;
4 else
5 alert(count);
```

A. 0　　B. 3　　C. 11　　D. 12

二、简答题

1. 什么是控制语句？它有哪些形式？
2. 比较选择语句和循环语句的异同。
3. break 和 continue 语句的区别是什么？

三、练习题

1. 在网页设计中，常在客户端验证表单数据的正确性和完整性。在此使用 JavaScript 实现登录表单的数据验证，要求用户名不能为空且不超过 20 个字符，密码不能为空且不能为数字之外的 20 个以内的字符。

【提示】使用 DOM 对象操作表单，获取表单数据并验证，验证操作发生于输入焦点离开当前对象时。这里用到第 2 章讲过的 String 对象来操作字符串，参考代码如下。

```
01  <head>                                              // 文档头
02      <title>练习 5-1</title>                         // 文档标题
03  <script language="javascript" type="text/javascript">// 脚本程序开始
04
05  var isDataOK = false;                               // 开关变量，作为是否发送表单到服务器的依据
```

```
06  function Submit1_onclick()                      // 按钮事件处理
07  {
08      return isDataOK;                            // 直接返回开关值
09  }
10  function onChange( obj )                        // 文本框事件处理
11  {
12      try                                         // 将可能出错的代码放入 try 块中
13      {
14          if( obj == "UserName" )                 // 如果发生焦点改变的对象是“用户名”框
15          {
16              var userObj = document.getElementById(obj);  // 获取用户名文本框对象
17              var user = new String(userObj.value);        // 取得用户名值
18              if( (user.length > 20)||(userObj.value == "") )
                                                         // 如果用户名为空或大于 20 字
19              {
20                  alert( "用户名不符合规则：超过 20 个字符或为空！" );// 警告
21                  userObj.value = "";                 // 清除内容并关掉开关
22                  isDataOK = false;                   // 重置数据是否准备好的标志
23              }
24          }
25          else if( obj == "Password1" )           // 如果焦点改变的对象是密码框
26          {
27              var pwdObj = document.getElementById(obj); // 获取密码框对象
28              var pwd = new String(pwdObj.value);
29              if( (pwd.length > 20) || (pwd=="") )// 判断长度
30              {
31                  alert( "密码不符合规则：超过 20 字符或为空！" ); // 提示不符合规则
32                  pwdObj.value = "";
33                  isDataOK = false;                   // 不符合规则就关掉开关并返回
34                  return;
35              }
36              for( i = 0; i<pwd.length; i++ )  // 长度合格时逐一判断字符是否是 0~9 之间
37              {
38                  for( j = 0; j<10; j++ )         // 与 0~9 比较
39                  {
40                      if( pwd.charAt(i) != j )    // 如果不是 0~9 中的数字
41                      {
42                          if( j==9 )              // 如果已经比较到 9
43                          {
44                              alert( "密码不符合规则：包含非数字字符！" ); // 提示不符合规则
45                              pwdObj.value = "";      // 清文本框数据
46                              isDataOK = false; // 重置数据准备就绪标志
47                              return;             // 程序返回
48                          }
49                          else                    // 还没到 9 则
50                          {
51                              continue;           // 继续判断下一个
52                          }
```

```
53                  }
54                  else
55                  {
56                      break;                   // 只要有一个字符不符合规则就断开循环
57                  }
58              }
59          }
60          isDataOK = true;                     // 所有条件符合了则打开发送表单的开关
61      }
62  }
63  catch( e )
64  {
65      alert("对不起，有错误发生："+e.description); // 如果有错误发生则输出错误信息
66  }
67  }
68  // ]]>
69  </script>
70  </head>
71  <body style="position: relative; background-color: white">
72      // 配置用户截面，并绑定事件处理程序
73      <div style="border-right: silver 1px solid; border-top: silver 1px solid;
  border-left: silver 1px solid;
74          width: 330px; border-bottom: silver 1px solid; height: 137px;
75   background-color: ghostwhite; font-size: 12px; font-style: normal;">
76  <form id="frmLogin" action="#" method="post"style="position:absolute; // 表单
77   left: 17px; top: 22px; width: 320px; height: 104px;">
78      <span style="left: 42px; position: absolute; top: 23px; width: 177px;">
                                                  <!--文本节点：账号-->
79  账号：<input id="UserName" style="height: 13px; width: 134px;" type="text"
80   onchange="onChange(this.id)"/>
81      </span>
82      <br/>
83      <span style="left: 42px; position: absolute; top: 50px">// 文本节点：密码
84  密码：<input id="Password1" style="height: 13px;width:134px;"
85  type="password" onchange="onChange(this.id)"/>
86      </span>
87      <br />
88      <span style="position:absolute; left: 225px; top: 25px; width: 38px;">
                                                           // 配置两个按钮
89          <input id="Reset1" type="reset" value="重设"/>
90          <input id="Submit1" type="submit" value="登录" onclick="return
Submit1_onclick()" />
91      </span>
92      </form>
93      </div>                                             // 层结束
94  </body>                                                // 文档体结束
```

【运行结果】打开网页文件运行程序，结果如图 4-24 所示。

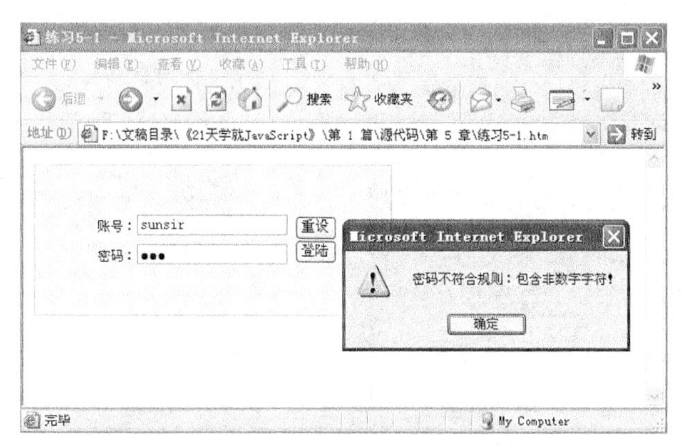

图 4-24　程序运行结果

2. 有的网页不允许使用图片。现在编写一个程序，屏蔽掉网页上所有图片的显示，同时提供启用图片显示的功能，程序可以嵌入到网页中。

【提示】使用 DOM 对象的 images 数组，设置每一个元素的可见性属性（style.visibility:hidden/visible）即可。参考代码如下。

```
01  <body>                                      // 文档体
02                                              // 设置三张图片
03      <img src="icon1.png" style="visibility:visible;"/>
04      <img src="icon2.png" style="visibility:visible;"/>
05      <img src="icon3.png" style="visibility:visible;"/><br />
06      // 设置两个按钮，一个发送“显示”命令，一个发送“屏蔽”命令
07      <input id="Button1" type="button" value="屏蔽" onclick="return Button1_
        onclick('hidden')" />
08      <input id="Button2" type="button" value="显示" onclick="return Button1_
        onclick('visible')" />
09  <script language="javascript">              // 脚本程序开始
10  function Button1_onclick( arg )             // 按钮的单击事件处理程序
11  {
12      try
13      {
14          var imgs = document.images;         // 取得网页中的所有图片
15          for( n in imgs )                    // 遍历图片数组
16          {
17              if( imgs[n] == imgs.length )// 忽略第一个元素，因为其不是图片对象
18              {
19                  continue;                   // 下一轮循环
20              }
21              imgs[n].style.visibility= arg;// 使用传入的参数设置图片可视状态，有 visible
和 hidden
22          }
23      }
24      catch( e )                              // 捕捉异常
25      {
26          alert(e.description);               // 出错时输出出错信息
27      }
28  }
```

```
29  </script>                                    // 脚本程序结束
30  </body>                                      // 文档体结束
```

【运行结果】打开网页文件运行程序，结果如图 4-25 和图 4-26 所示。

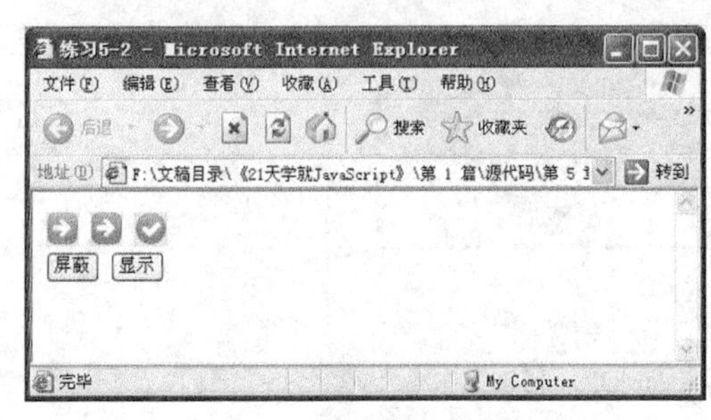

图 4-25　开启图片显示

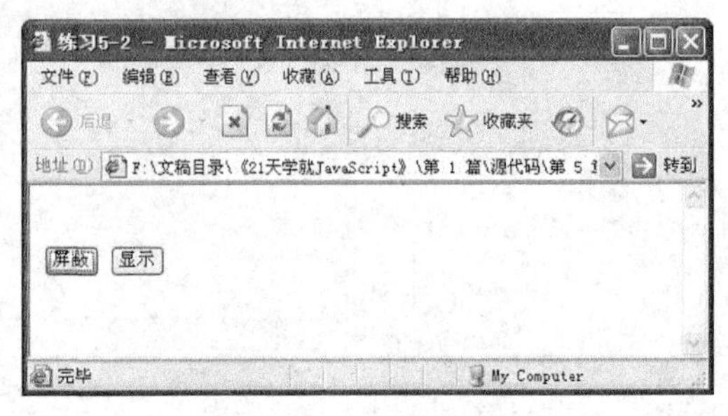

图 4-26　禁用图片显示

第 5 章 函数和数组

函数与数组也是编程语言的重要内容，JavaScript 也提供了对函数与数组的支持。其中函数是完成特定任务的可重复调用的代码段，是 JavaScript 组织代码的单位。前面章节已经学习了数据类型、变量与常量、表达式与运算符和流程控制语句。使用已有的知识，读者可以写出较为简单有用的程序，但是对于功能复杂、代码量大的程序，需要使用 JavaScript 中一些高级的特性。而数组是 JavaScript 程序设计中用得最多的特性之一，通常用来组织存储大量数据。

关于函数与数组本章将逐一详述各个知识点，包括内容如下。

- 函数的定义。
- 函数的返回类型。
- 函数的分类。
- 函数的作用域。
- 数组的定义。
- 创建数组。
- 数组元素的基本操作。
- 数组对象的常见操作。

5.1 函数的定义

使用函数首先要先学会如何定义。JavaScript 的函数属于 Function 对象，因此可以使用 Function 对象的构造函数来创建一个函数。同时，也可以使用 function 关键字以普通的形式来定义一个函数。这两种方式称为普通方式和变量方式，本节后面的内容将分别介绍。

5.1.1 函数的普通定义

普通定义方式使用关键字 function，也是最常用的方式，形式上跟其他编程语言一样。语法格式如下。

```
function 函数名( [参数 1, [参数 2, [参数 N ] ] ] )
{
    [语句组];
    [ return [表达式] ];
}
```

参数说明如下。

- function：必选项，定义函数用的关键字。
- 函数名：必选项，合法的 JavaScript 标识符。
- 参数：可选项，合法的 JavaScript 标识符，外部的数据可以通过参数传送到函数内部。
- 语句组：可选项，JavaScript 程序语句，当为空时函数没有任何动作。
- return：可选项，遇到此指令函数执行结束并返回，当省略该项时函数将在右花括号处结束。
- 表达式：可选项，其值作为函数返回值。

以上是普通函数定义方式的语法，下面举例说明以加深印象。

【实例 5-1】实现一个数值加法函数，返回两个数字的和。要求能进行参数验证，若参数不是数字或为空则抛出异常，如下所示。

```
01  <body>                                          // 文档体
02  <script language="javascript">                  // 脚本程序开始
03      function Sum( arg1, arg2 )                  // 数值加法函数
04      {
05          var sarg1 = new String(arg1);           // 将传入的参数转为字符串以便进行参数
                                                    // 检查
06          var sarg2 = new String(arg2);           // 将参数 2 转换为字符类型
07          if( (sarg1=="") || (sarg2=="") )        // 确保参数不为空
08          {
09              var e0 = new Error();               // 当有参数为空则抛出异常
10              e0.Serial = 1000001;                // 错误编号
11              if( sarg1=="" )                     // 根据为空的参数正确填写错误信息
12              {
13                  e0.message = "Sum 函数参数非法：第 1 个参数为空！";
                                                    // 错误描述信息
14              }
15              else
16              {
17                  e0.message = "Sum 函数参数非法：第 2 个参数为空！";
18              }
19              throw e0;                           // 抛出错误信息
20          }
21          for( i = 0; i<sarg1.length; i++ )       // 参数合法性检查
22          {
23              for( j=0; j<10; j++ )               // 检查所有字符
24              {
25                  if( sarg1.charAt(i)==j )        // 若不是数字则抛出错误信息
26                  {
27                      break;                      // 跳循环
28                  }
29                  else
30                  {
31                      if( j == 9 )                // 当已经查询到数字 9 时
32                      {
33                          var e1 = new Error();       // 错误信息对象
34                          e1.Serial = 1000001;        // 错误编号
```

```
35                              e1.message = "Sum 函数参数："+sarg1+"是非法数字！";
                                             // 错误描述信息
36                              throw e1;
37                         }
38                     }
39                 }
40             }
41             for( k = 0; k<sarg2.length; k++ )  // 检查参数 2 是数字
42             {
43             for( l=0; l<10; l++ )              // 从 0~9 逐一比较
44             {
45                 if( sarg2.charAt(k)==l )       // 如果是 0~9 的数字
46                 {
47                     break;                     // 跳出循环
48                 }
49                 else
50                 {
51                     if( l == 9 )               // 只有包含非数字则抛出错误信息
52                     {
53                         var e2 = new Error();     // 创建错误对象
54                         e2.Serial = 1000001;      // 异常编号
55                         e2.message = "Sum 函数参数："+sarg2+"是非法数字！";
                                                     // 异常描述信息
56                     throw e2;                     // 抛出
57                     }
58                 }
59             }
60         }
61         return Number(arg1) + Number(arg2);  // 参数都正确则返回两个值的和
62     }
63 function Button1_onclick()                   // "计算"按钮的单击事件处理程序
64 {
65     try                                      // 提取用户输入的数据
66     {
67         var Text1 = document.getElementById( "Text1" );
68         var Text2 = document.getElementById( "Text2" );
69         var Text3 = document.getElementById( "Text3" );
70         var sum = Sum( Text1.value, Text2.value ); // 调用函数进行计算
71         Text3.value = sum;                   // 输出计算结果
72     }
73     catch( e )                               // 有错误发生则输出错误信息
74     {
75         alert( e.message );                  // 输出异常中的信息
76         if( e.serial == 1000001 )            // 如果是 1000001 号错误
77         {
78             alert( e.message );              // 输出异常信息
79             e = null;                        // 断开对错误对象的引用
80         }
81     }
```

```
82   }
83   </script>                                          // 脚本程序结束
84                                      // 用户界面，包括三个文本框，一个按钮
85      <input id="Text1" type="text" style="width: 84px" maxlength="20" />
                                                        // 文本框
86     +<input id="Text2" type="text" style="width: 75px" maxlength="20" />
                                                        // 文本框
87     =<input id="Text3" type="text" style="width: 69px" />
                                                        // 文本框
88     <input id="Button1" type="button" value="计算" onclick="return Button1_
       onclick()" />                                    // 按钮
89   </body>
```

【运行结果】打开网页运行程序，其结果如图 5-1 所示。

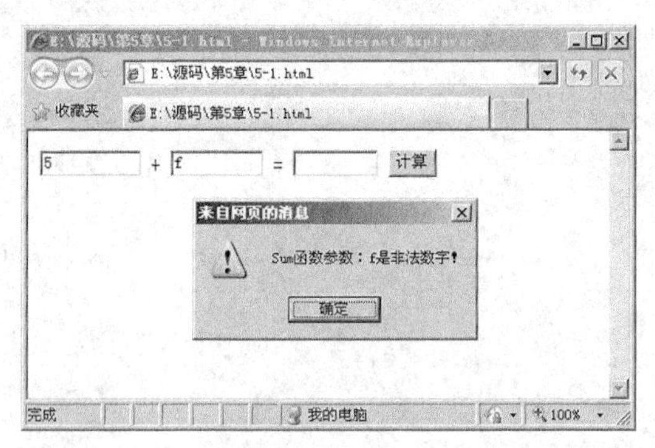

图 5-1　数值加法

【代码解析】该代码段完整地实现了一个数值加法函数 Sum。第 3～62 行是 Sum 函数的定义，第 5～60 行主要实现参数验证的功能，如果传入的数据不是数值型则抛出错误信息。如果参数合法，则在第 61 行返回两个数之和。

【提示】函数可以嵌套定义（即在一个函数内部定义另一个函数），但不推荐这种做法。

5.1.2　函数的变量定义

函数变量定义方式是指以定义变量的方式定义函数，JavaScript 中所有函数都属于 Function 对象。于是可以使用 Function 对象的构造函数来创建一个函数，语法如下。

```
var 变量名 = new Function( [参数 1, [参数 2, [参数 N ] ] ], [函数体] );
```

参数说明如下。

- 变量名：必选项，代表函数名。是合法的 JavaScript 标识符。
- 参数：可选项，作为函数参数的字符串，必须是合法的 JavaScript 标识符，当函数没有参数时可以忽略此项。
- 函数体：可选项，一个字符串。相当于函数体内的程序语句序列，各语句使用分号格开。当忽略此项时函数不执行任何操作。

用这种方式定义的函数，调用方式和普通定义方式的函数一样，都是“函数名（参数）”的形式。下面举例以加深理解。

【实例 5-2】定义一个函数，实现两个数相乘并返回结果，如下所示。

```
01   <script language="javascript">
```

```
02      var circularityArea = new Function( "r", "return r*r*Math.PI" ); // 创建一个
函数对象
03      var rCircle = 2;                                   // 给定圆的半径
04      var area = circularityArea(rCircle);               // 使用求圆面积的函数求面积
05      alert( "半径为 2 的圆面积为: " + area );             // 输出结果
06  </script>
```

【运行结果】打开网页运行程序，其结果如图 5-2 所示。

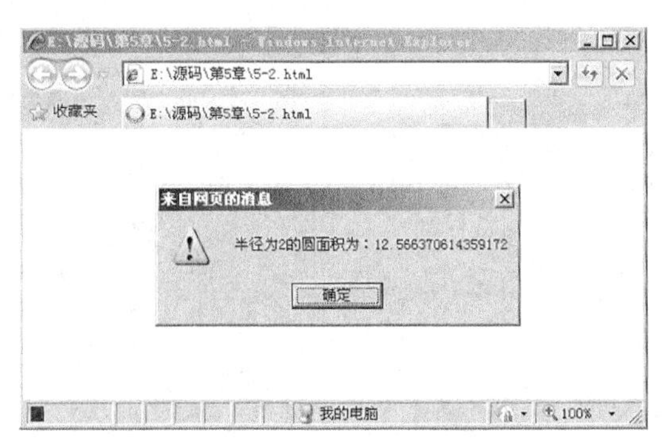

图 5-2　输出面积

【代码解析】该代码段第 2 行使用变量定义方式定义一个求圆面积的函数，第 3～5 行设定一个半径为 2 的圆并求其面积。

直接在 Function 构造函数中输入程序语句创建函数意义不大，函数对象的特点是动态创建函数。程序内部的指令由外部输入并使之得到执行，因此可以做出一些巧妙的设计，请读者自行摸索。

5.1.3　指针调用

除了前面介绍的直接调用函数方法之外，JavaScript 中还有一种重要的、在其他语言中也经常使用的调用形式叫作回调，其机制是通过指针来调用函数。回调函数按照调用者的约定实现函数的功能，由调用者调用。通常使用在自己定义功能而由第三方去实现的场合，下面举例说明。

【实例 5-3】编写一个排序函数，实现数字排序。排序方法由客户函数实现，函数参数个数为两个，两个参数的关系作为排序后的元素间的关系，如下所示。

```
01  <script language="javascript">
02      function SortNumber( obj, func )            // 定义通用排序函数
03      {
04          // 参数验证，如果第一个参数不是数组或第二个参数不是函数则抛出异常
05          if( !(obj instanceof Array) || !(func instanceof Function))
06          {
07              var e = new Error();                // 生成错误信息
08              e.number = 100000;                  // 定义错误号
09              e.message = "参数无效";              // 错误描述
10              throw e;                            // 抛出异常
11          }
12          for( n in obj )                         // 开始排序
13          {
```

```
14              for( m in obj )
15              {
16                  if( func( obj[n], obj[m] ) )  // 使用回调函数排序，规则由用户设定
17                  {
18                      var tmp = obj[n];         // 创建临时变量
19                      obj[n] = obj[m];          // 交换数据
20                      obj[m] = tmp;
21                  }
22              }
23          }
24          return obj;                           // 返回排序后的数组
25      }
26      function greatThan( arg1, arg2 )          // 回调函数，用户定义的排序规则
27      {
28          return arg1 > arg2;                   // 规则：从大到小
29      }
30      try
31      {
32          var numAry = new Array( 5,8,6,32,1,45,7,25 );     // 生成一数组
33          document.write("<li>排序前: "+numAry);            // 输出排序前的数据
34          SortNumber( numAry, greatThan )                   // 调用排序函数
35          document.write("<li>排序后: "+numAry);            // 输出排序后的数组
36      }
37      catch(e)                                              // 捕捉异常
38      {
39          alert( e.number+": "+e.message );                 // 异常处理
40      }
41  </script>
```

【运行结果】打开网页运行程序，其结果如图 5-3 所示。

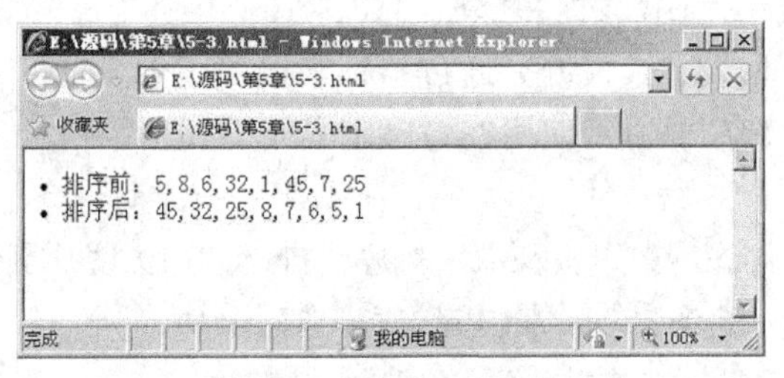

图 5-3　排序前后的数组

【代码解析】该代码段演示了回调函数的使用方法。第 2～25 行定义一个通用排序函数，其本身不定义排序规则，规则交由第三方函数实现。第 26～29 行定义一个函数，其内创建一个从大到小关系的规则。第 32、33 行输出未排序的数组。第 34 行调用通用排序函数 SortNumber，排序规则为回调函数 greatThan。第 37～40 行捕捉并处理可能发生的异常。

5.1.4　函数的参数

函数的参数是函数与外界交换数据的接口。外部的数据通过参数传入函数内部进行处理，同时函数内部的数据也可以通过参数传到外界。函数定义时括号里的参数称为形式参数，调用函数时传递的参数称为实际参数。JavaScript 的函数参数信息由 arguments 对象管理。

5.1.5　arguments 对象

arguments 对象代表正在执行的函数和调用它的参数。函数对象的 length 属性说明函数定义时指定的参数个数，arguments 对象的 length 属性说明调用函数时实际传递的参数个数。arguments 对象不能显式创建，函数在被调用时由 JavaScript 运行时环境创建并设定各个属性值，其中包括各个参数的值。通常使用 arguments 对象来验证所传递的参数是否符合函数要求，下面举例说明。

【实例 5-4】使用 arguments 对象验证函数的参数是否合法，如下所示。

```
01  <script language="javascript">                           // 脚本程序开始
02  function sum( arg1, arg2 )                               // 加法函数
03  {
04      var realArgCount = arguments.length;                 // 调用函数时传递的实参个数
05      var frmArgCount = sum.length;                        // 函数定义时的形参个数
06      if( realArgCount < frmArgCount )                     // 如果实际参数个数少于形参个数
07      {
08          var e = new Error();                             // 定义错误信息，然后抛出
09          e.number = 100001;                               // 错误编号
10          e.message = "实际参数个数不符合要求！";            // 错误消息
11          throw e;                                         // 抛出异常
12      }
13      return arguments[0] + arguments[1];              // 参数符合要求则从 arguments 对象中
                                                         // 提取实参并返回两者的和
14  }
15  try
16  {
17      document.write( "<p><h1>arguments 对象测试</h1></p>" );      // 输出标题
18      document.write( "正确调用的结果：" + sum(10,20) );  // 输出正确调用的结果
19      document.write( "<br>不符合规则的调用结果：" );        // 人为引发一个不符合
                                                             // 规则的调用方式
20      document.write( sum(10) );
21  }
22  catch(e)                                                 // 捕捉错误
23  {
24      alert(e.number+"错误号："+e.message);                 // 输出错误信息
25  }
26  </script>                                                // 脚本程序结束
```

【运行结果】打开网页运行程序，其结果如图 5-4 所示。

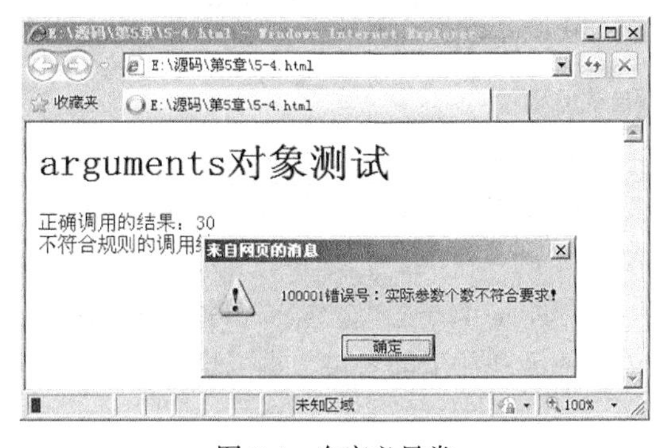

图 5-4　自定义异常

【代码解析】该代码段演示了 arguments 对象的使用方法。第 4～12 行分别判断实参是否符合形参的要求，不符合要求则抛出异常。第 13 行返回两个实参的和，以实现加法功能。第 17～20 行分别进行一次正确调用和不符合规则的调用，通过输出信息以加区别。

【提示】尽可能地在通用函数中检查参数是否符合要求。

5.2 函数的返回类型

函数作为可重复使用的代码段，是一个独立的逻辑部件。可以将数据传入其中处理，也可以从中返回数据。返回形式分两种类型，即值类型和引用类型。值类型使用的是值传递方式，即传递数据的副本；而引用类型则是引用传递方式，即传递数据的地址。本节将分别讲解这两种方式。

5.2.1 值类型

值类型返回的是数据本身的副本，相当于复制了一份传递出去。一般情况下，函数返回的非对象数据都使用值返回方式，如下面的代码所示。

```
01  function sum( a , b )                              // 加法函数
02  {
03      return a + b;                                  // 返回两个数之和
04  }
05  var c = sum( 1, 2 );                               // 测试
```

上面代码中的函数 sum 返回的是一个值，表达式 a+b 的结果为 3，3 将被返回并存储于变量 *c* 中。这是值传递方式，通常使用在返回的数据量比较小的时候，数据量比较大时使用另一种传递方式，即引用。

5.2.2 引用类型

引用类型返回的是数据的地址，而不是数据本身。引用传递的优点是速度快，但系统会为维护数据而付出额外的开销。通常返回复合类型数据时使用引用传递方式，如下面代码所示。

```
01  function getNameList()                                    // 定义函数，以获取名单
02  {
03      var List = new Array( “Lily” , “Petter” , “Jetson” );    // 名单
04      return List;                                            // 返回名单引用
05  }
06  var nameList = getNameList();                               // 测试
07  nameList = null;                                            // 删除引用
```

上面代码中函数 getNameList 创建一个数组对象 List 并将其地址（引用）返回。第 6 行的变量 nameList 将获得数组对象 List 的一个引用，通过变量 nameList 可以操作数组中的数据。第 7 行断开变量 nameList 对数组对象的引用，这一操作将删除数组对象。

【提示】值传递和引用传递的区别在于前者将数据的值复制传递，后者仅传送数据的地址。

5.2.3　使用返回函数

前面讨论的返回值都是数据本身或数据地址，其实函数可以返回一个函数指针。外部代码可以通过指针调用其引用的函数对象，调用方式和一般函数完全一样。一般情况下，私有函数不能被外界直接调用，因此可以将一个私有函数的地址作为结果返回给外界使用，代码如下所示。

```
01  function getSum()                        // 定义加法函数
02  {
03      function sum( a, b )                 // 定义私有函数
04      {
05          return a+b;                      // 返回两个数之和
06      }
07      return sum;                          // 返回私有函数的地址
08  }
09  var sumOfTwo = getSum();                 // 取得私有函数地址
10  var total = sumOfTwo( 1, 2 );            // 求和
```

上面代码中函数 getSum 将其内部的函数 sum 的地址当做返回值返回，第 9 行通过调用 getSum 获得 sum 函数的指针。第 10 行通过指针调用 sum 函数，求两个值的和。

【提示】支持通过指针调用函数，可以做出很巧妙的设计，请读者自行研究。

5.3　函数的分类

在 JavaScript 中可以简单地将函数分为构造函数、有返回值函数和无返回值函数。构造函数与一个特定的对象联系起来，有返回值函数与无返回值函数是常见的普通函数，本节将对这 3 者逐一介绍。

5.3.1　构造函数

构造函数是类用于创建新对象的函数，一般在此函数中对新建的对象进行初始化工作。JavaScript 是基于对象而不是真正面向对象的语言，它没有类的概念，完成一个对象“类”的定义仅仅需要定义一个构造函数即可。如下面的代码所示，定义一个构造函数 Employee 用于创建雇员对象。

```
01    function Employee( name , sex , adr )    // 雇员对象的构造函数
02    {
03       this.name = name;                     // 姓名属性
04       this.sex = sex;                       // 性别属性
05       this.address = adr;                   // 地址属性
06       this.getName = getName;               // 方法：取得雇员姓名
07    }
08    function getName()                       // 定义普通函数作为 Employee 对象的方法
09    {
10       return this.name;                     // 返回当前 name 属性
11    }
```

```
12      var e = new Employee( "sunsir", "男", "贵州贵阳" );
                                                // 使用构造函数创建一个雇员对象
13      var n = e.getName( );                   // 调用雇员对象的方法
```

上面代码演示了如何定义一个对象的构造函数，面向对象的内容可以参见相关内容。

5.3.2 有返回值的函数

有返回值函数是指函数执行结束时将有一个结果返回给调用者的函数，如下面代码中所定义的函数。mul 函数实现求两个数的积的功能，两个数相乘后势必有一个结果值产生，因此函数结束时应该将结果返回给调用者。

```
01  function mul( arg1, arg2 )              // 定义实现乘法的函数
02  {
03      return arg1 * arg2;                 // 返回两个数相乘的积
04  }
```

5.3.3 无返回值的函数

无返回值函数是指函数执行结束后不返回结果的函数。例如，下面的代码中所定义的 setStatusMessage 函数，该函数仅设置浏览器窗口的状态栏文本信息，无须返回结果值。

```
01  function setStatusMessage( text )       // 设置状态栏信息
02  {
03      window.status=text;                 // 设置状态栏信息文本
04  }
```

5.4 函数的作用域

在前面的内容中，讲解了如何定义和调用函数。本节将讲解函数的作用域，函数的作用域是一个较为复杂的问题。每一个函数在执行时都处于一个特定的运行上下文中，该上下文决定了函数可以直接访问到的变量，那些变量所处的范围称为该函数的作用域。这部分内容，仅要求读者适当了解即可。

5.4.1 公有函数的作用域

公有函数定义在全局作用域中，是每一个代码都可以调用的函数。例如，大家公有的物品，理论上谁都可以看得到，每个人都可以去使用。前面的例子代码所定义的函数都是公有函数，每一个地方都可以调用，这也是最常用的方法。下面再举一个例子，帮助说明何为公有函数。

```
01  <script language="javascript">
02    function GetType( obj )           // 本函数处于顶级作用域，用于求操作数的类型
03    {
04        return typeof( obj );                 // 返回对象的类型
05    }
06    function fruit( name, price)              // 水果类构造函数
07    {
08        if( GetType( price ) != "number" )    // 调用顶级作用域中的函数 GetType
09        {
```

```
10              var e = new Error();                    // 定义错误信息对象
11              e.message = "Price if not a number";    // 填写错误描述
12              throw e;                                // 抛出错误对象
13          }
14      }
15      var apple = new fruit( "apple", 2.0 );          // 测试
16  </script>
```

上面代码中定义了函数 GetType。这是一个处于顶级作用域中的函数，任何代码都可以调用它。

【提示】JavaScript 中的函数和其他编程语言中的函数有相同的一面，也有非常难以理解的特性。在此笔者建议读者学习时尽量保持向其他编程语言看齐，这有助于提高学习的效率。

5.4.2　私有函数的作用域

私有函数是指处于局部作用域中的函数。当函数嵌套定义时，子级函数就是父级函数的私有函数。外界不能调用私有函数，私有函数只能被拥有该函数的函数代码调用，下面举例说明。

【实例 5-5】私有函数的使用，如下所示。

```
01  <script language="javascript">                  // 脚本程序开始
02   function a()                                   // a 为最外层函数
03   {
04      function b()                                // b 为第 1 层函数
05      {
06          function c()                            // c 为第 2 层函数
07          {
08              document.write( "<li>C" );          // 输出字符‘C’以示区别
09          }
10          document.write( "<li>B" );              // 输出字符‘B’以示区别
11      }
12      document.write( "<li>A" );
13      b();                                        // a 的代码调用 a 的私有函数 b
14      c();                                        // a 的代码尝试调用 b 的私有函数，将发生一个错误
15   }
16   a();                                           // 调用 a
17  </script>                                       // 脚本程序结束
```

【运行结果】打开网页运行程序，其结果如图 5-5 所示。

图 5-5　违规调用的结果

【代码解析】该代码段第 2～15 行定义了处于顶级作用域的函数 a，其内又定义了一个私有函数 b。第 4～11 行定义函数 b，函数 b 中又定义了属于它的函数 c。第 13 行函数 a 的代码调用了它的私有函数 b，通过结果表明调用关系是正确的。第 14 行代码 a 试图调用函数 b 的私有函数 c，结果引发了一个错误。

5.4.3 使用 this 关键字

this 关键字引用运行上下文中的当前对象，JavaScript 的函数调用通常发生于某一个对象的上下文中。如果尚未指定当前对象，则调用函数的默认当前对象是 Global，使用 call 方法可以改变当前对象为指定的对象，下面举例说明。

【实例 5-6】公园里的椅子都是市民默认使用的公共椅子（公物），提到长椅便想到公园里的长椅。除非指定使用某人家里的长椅，如下所示。

```
01  <body>                                              // 文档体
02  <h1>this 关键字测试</h1>                            // 标题
03  <script language="javascript">
04      var chair = "公园里的椅子";                     // 公物，谁都可以用
05      function TomHome( )                             // 汤姆的家
06      {
07          this.chair = "汤姆家的椅子";                // 汤姆家的椅子
08      }
09      function useChair( )                            // 使用椅子
10      {
11          document.write( "<li>此时使用的是：" + this.chair + "<br>");// 输出当前椅子信息
12      }
13      var th = new TomHome();                         // 生成一个新“家”实例
14      useChair();                                     // 当前所在的场景是公园里
15      useChair.call( th );                            // 当前所在的场景是汤姆家
16  </script>                                           // 脚本程序结束
17  </body>                                             // 文档体结束
```

【运行结果】打开网页运行程序，其结果如图 5-6 所示。

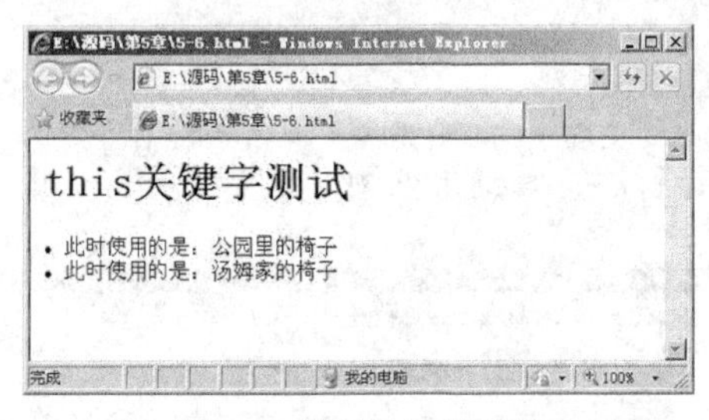

图 5-6　测试 this 的引用

【代码解析】本例形象地说明了 this 的含义。第 4 行定义一个全局变量 chair，其属于 Global 对象的属性。第 5～8 行定义一个构造函数，表示汤姆的家，其中设置椅子一把（变量 chair）。第 9～12 行定义一个函数表示使用椅子的动作，但未指明使用何处的椅子。

第 14 行使用默认的当前对象调用 useChair 函数，因为没有指明当前对象。Global 对象被默认使用，于是产生的效果是使用公园里的椅子。第 15 行指定了当前对象，this 指向“汤姆”的家 th，于是汤姆家中的 chair 变量被使用。

【提示】this 关键字极其重要，使用时必须确定当前上下文对象是什么。

5.5　数组的定义

在实际开发中，总是面临大量数据存储的问题。JavaScript 语言不像 C/C++那样适用于数据结构的设计，因此需要系统内部提供存储大量数据的工具，数组因此而产生。JavaScript 数组的目标是组织存储各种各样的数据，并且访问方式和其他语言一样，特点是能混合存储类型不相同的数据。下面先让读者了解数组的概念。

在本节开篇所述的内容中，读者已经知道 JavaScript 数组产生的背景。JavaScript 数组是指将多个数据对象编码存储、提供一致的存取方式的集合。每个数据对象都是数组的一个元素，通过数组对象的有关方法添加到数组中并为之分配一个唯一的索引号。与其他程序语言不同的是，JavaScript 的数组元素的数据类型可以不相同。

在 JavaScript 中，与数据存储相关的工作几乎都由数组来完成。作为一种常用的数据容器，JavaScript 本身不能完成文件读写的操作，因此选择数组来组织数据比较合适，接下来将逐一介绍数组的相关知识。

5.6　创 建 数 组

数组也属于一种对象，使用前先创建一个数组对象。数组的创建方法和其他对象一样，都使用 new 运算符和对象的构造函数。创建方式主要包括创建一个空数组、通过指定长度创建数组、通过指定元素创建数组和直接创建数组等几种方式，接下来分别讲解。

5.6.1　创建空数组

数组在创建时可以不包含任何元素数据，即空数组。创建后返回一个数组对象，使用该对象可以往数组中添加元素。语法如下。

```
var Obj = new Array();
```

上面语句将创建一个空数组。变量 Obj 引用创建后的数组对象，通过此变量可以操作数组，Array()为数组对象的构造函数。

创建数组的方式多种多样，选择一个合适的方式即可。

5.6.2　指定数组长度创建新数组

数组的元素个数称为数组的长度，数组对象的 length 属性指示数组的长度。在创建数组时可以指定数组的元素个数，通过这种方式可以创建一个有指定元素个数的数组对象。数组的长度信息在需要遍历数组时派上用场，比如有 5 个元素的数组，通过 5 次迭代操作即可读取所有元素。语法如下。

```
var Obj = new Array( Size );
```

Size 指明新建的数组有多少个元素。数组对象的 length 将被设置为 Size，仅指定长度但没有实际填充元素及其数据的数组将得不到数据存储空间。例如，某个人向酒店约定使用 5 个房间，但一直没去用，也没到过酒店。那 5 个房间实际上不会被分配，仅当真正去使用房间时才会发生分配活动。

5.6.3 指定数组元素创建新数组

创建数组的一个最为常用的方法是通过直接指定数组的元素来创建。新建的数组将包含创建时指定的元素，通常用在数据已经准备就绪的场合。语法如下。

```
var Obj = new Array( 元素 1, 元素 2, …, 元素 N );
```

【实例 5-7】 数组善于将每个独立的数据组织起来，提供一致的访问方式。现在创建一个数组用于保存“Peter”“Tom”“Vicky”和“Jet”这几个学生的名字，如下所示。

```
01  <body>                                                          // 文档体
02  <h1>通过指定元素创建数组</h1>                                   // 标题
03  <script language="javascript">                                  // 脚本程序开始
04      var students = new Array( "Peter", "Tom", "Vicky", "Jet" ); // 通过指定元素创建数组
05      for( n in students )                                        // 逐个输出数组中的名字
06      {
07          document.write( students[n] + " " );                    // 将名字写入当前文档流中
08      }
09  </script>                                                       // 脚本程序结束
10  </body>                                                         // 文档体结束
```

【运行结果】打开网页运行程序，其结果如图 5-7 所示。

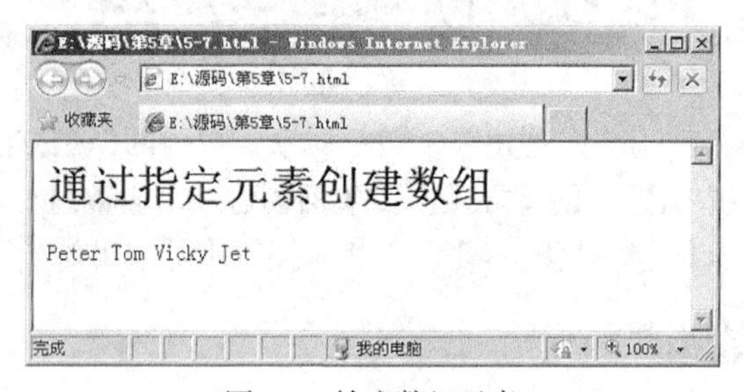

图 5-7　输出数组元素

【代码解析】该代码段演示了通过指定元素创建数组的方法。第 4 行创建新数组时指定了元素数据，第 5～8 行遍历数组并输出每个元素，以验证是否已经创建成功。

5.6.4 直接创建新数组

JavaScript 创建数组的另一种简便方式是使用“[]”运算符直接创建，数组的元素也是创建时被指定的。这种方法的目标也是创建数组，与前面的方法相比仅仅是语法上的不同。语法如下。

```
var Obj = [元素 1, 元素 2, 元素 3, …, 元素 N ];
```

这种方法的语法十分简洁，代码如下。

```
var students = [ "peter", "Tom", "Vicky", "Jet" ];
```

5.7 数组元素的基本操作

程序运行时通常需要读取数组中的数据，有时需要修改数组中的数据。因此，这两者是数组

应用中最基本的操作，本节将讲解如何读取、添加和删除数组元素。

5.7.1　读取数组元素

读取数组元素最简单的方法就是使用“[]”运算符，此运算符在第 4 章已经讲过。使用“[]”运算符可以一次读取一个数组元素，语法如下。

```
数组名[下标索引];
```

目标元素通常由下标索引号决定，如读取第一个元素为“数组名[0]”，依此类推。下面的代码从一个填有商品名字的数组中读出第二种商品的名字。

```
var products = new Array( "洗衣粉", "香皂", "洗洁精" );     // 商品列表
var product = products[ 1 ];                                // 取出第二种商品
```

【提示】使用“[]”运算符，通过递增或递减下标索引即可遍历数组的所有元素，前面的内容中已经多次使用。

5.7.2　添加数组元素

JavaScript 的数组可以动态添加新元素，也可以动态删除原有的元素。添加新元素通常使用 Array 对象的 push 方法，push 方法是将新元素添加到数组的尾部。使用 unshift 可以将指定个数的新元素插入数组的开始位置，形成新的数组。后面的内容将详细介绍这两个方法，下面的代码演示添加元素的一般形式。

```
var students = new Array();                  // 创建一个没有任何元素的数组
students.push( "Lily" );                     // 将 Lily 的名字添加到数组中
```

【提示】也可以使用“[]”运算符指定一个新下标来添加新元素，新元素添加到指定的下标处。如果指定的下标超过数组的长度，数组将被扩展为新下标指定的长度。

5.7.3　删除数组元素

数组元素可以动态删除，余下的元素按原顺序重新组合为新数组，下标也将被重新按从零开始顺序赋予给每个元素。通常使用 delete 运算符删除一个指定的元素，如果需要删除全部元素，只需要删除数组对象即可。使用语法如下。

```
delete 数组名[下标];
```

例如，使用数组作为学生名单，现要删除数组中第一个元素，代码如下。

```
var names = Array( "李莉", "杨杨" );        // 有两个名字的名单
delete names[0];                            // 删除第一个名字“莉莉”
```

5.7.4　获取数组元素的个数

前面提过数组对象的 length（长度）属性，该属性指示了数组元素的个数。通过设定 length 属性可以指定数组的长度。在得知长度情况下可以方便地遍历整个数组，读取数组元素个数的方法如下。

```
var Obj = new Array( 1, 2, 3 );
var count = Obj.length;
```

【提示】尽管指定了数组的 length 属性，真正的有效元素只包含已经存入数据的元素，其他没有真正填充数据的元素仍然为空。

5.8　数组对象的常见操作

数组主要用于组织存储数据，通常都需要对数组中的数据进行操作。系统内建的数组对象（Array）提供了多种操作数组的方法，这些方法可以完成基本的数组操作，例如元素的删除、添加和排序等。用户也可以为数组对象添加方法，以完成更为特殊的功能。Array 对象提供常用的方法包括 toString、join、push、pop、unshift、shift、concat、splice、slice、reverse、sort 和 toLocaleString 等，接下来逐一讲解。

5.8.1　数组转换为字符串

toString 方法将数组表示为字符串，各个元素按顺序排列组合成为字符串返回。这个方法是从 Object 对象继承而来，通常使用在全部输出数组数据的场合，数组中的所有元素按顺序组成一个字符串。语法如下。

```
对象名.toString( [radix] );
```

radix 为可选参数，表示进制。当对象是数字对象时，该参数起作用。对象名是数组对象变量名，方法执行后各元素以“,”隔开按顺序加入字符串中，现举例说明 toString 方法的特性。

【实例 5-8】有数个学生的名字：“Peter”“Vicky”“LuWang”和“HuaLi”。现保存于数组中，要求按顺序输出数组中所有学生的名字，如下所示。

```
01   <body>                                                     // 文档体
02   <h1>toString 方法的使用</h1>                                // 标题
03   <script language="javascript">                            // 脚本程序开始
04       var names = ["Peter", "Vicky", "LuWang", "HuaLi"];     // 名字数组
05       document.write( names.toString() );                    // 输出所有名字
06   </script>                                                  // 脚本程序结束
07   </body>                                                    // 文档体结束
```

【运行结果】打开网页运行程序，其结果如图 5-8 所示。

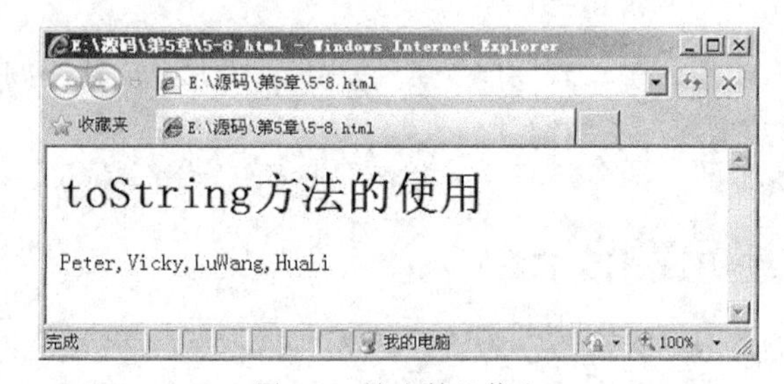

图 5-8　输出数组信息

【代码解析】该代码段展示了 toString 方法应用在数组对象上的效果。第 3 行创建一个数组用于保存学生名字，第 5 行使用 toString 方法将数组元素作为组合字符串并输出。

5.8.2　数组元素连接成字符串

上一节介绍的 toString 方法是将数组所有元素使用“,”分隔符组合为字符串，分隔符固定不

变。如果需要指定连接符号则可以使用 join 方法，该方法同样是将各元素组合为字符串，但连接符号由用户指定。语法如下。

```
数组名.join(分隔符);
```

参数说明如下。

- 数组名：必选项，是一个有效的数组对象名。
- 分隔符：必选项，是一个字符串对象，作为各元素间的分隔字符串。

【实例 5-9】 延用示例 5-8 的情景模型，现改用 “-” 符号分隔输出所有学生名字，如下所示。

```
01  <body>                                                   // 文档体
02  <h1>join 方法的使用</h1>                                 // 标题
03  <script language="javascript">                           // 脚本程序开始
04      var names = ["Peter", "Vicky", "LuWang", "HuaLi"];   // 名字数组
05      document.write( names.join( "-" ) );                 // 输出所有名字
06  </script>                                                // 脚本程序结束
07  </body>                                                  // 文档体结束
```

【运行结果】打开网页运行程序，其结果如图 5-9 所示。

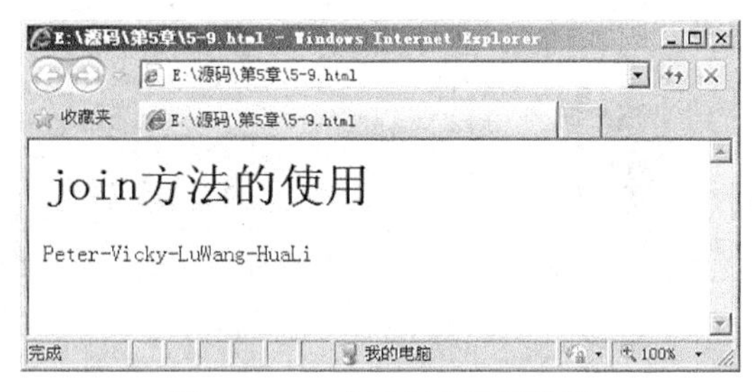

图 5-9　join 方法组合数组数据

【代码解析】该代码段演示了 join 方法的使用方法。第 4 行创建学生名字数组，第 5 行使用 join 方法组合各元素为字符串并输出，使用 “-” 作为分隔符。

5.8.3　在数组尾部添加元素

添加数组元素最直接的办法是使用 push 方法，一次可以添加单个元素或多个元素到数组末端。如果添加的元素是数组，则仅将数组对象的引用添加为原数组的一个元素，而不是将所有元素添加至其中。push 方法很方便地动态添加新元素到数组中，使用语法如下。

```
数组名.push( [元素 1, [元素 2, […, [元素 N ] ] ] ] );
```

参数说明如下。

- 数组名：必选项，有效的数组对象的变量名，新元素将添加到此数组中。
- 元素：可选项，可以是一个或多个 JavaScript 对象，使用 “,” 分隔。

push 是数组动态添加元素的最主要方法，现举例说明其用法，如实例 5-10 所示。

【实例 5-10】 使用数组的 push 方法动态添加新元素。将用户从外部输入的名字添加到名单中，如下所示。

```
01  <body>                                  // 文档体
02  <h1>push 方法的使用</h1>                // 标题
03  <script language="javascript">          // 脚本程序开始
```

```
04  var List = new Array();                          // 创建一个空数组作为名单
05  for( ; ; )                                       // 无限循环
06  {
07      var name = prompt("请输入名字","名字");       // 要求用户输入名字
08      if( name==null )                             // 如果用户取消则退出循环
09      {
10          break;                                   // 跳出循环
11      }
12      List.push( name );                           // 将输入的数据作为数组元素添加到数组
13  }
14  var comList = List.join( " " );                  // 使用空格将各元素隔开，作为字串符输出
15  document.write( comList );                       // 输出组合之后的元素
16  </script>                                        // 脚本程序结束
17  </body>                                          // 文档体结束
```

【运行结果】打开网页运行程序，其结果如图 5-10 所示。

图 5-10　输入数组元素

【代码解析】本示例实现了与用户交互的功能，用户从外部输入数据，程序接收并处理。第 4 行创建一个空数组，作为名单容器。第 5～13 行无限循环要求用户输入直到单击“取消”按钮为止。第 12 行将每一项新输入的数据都作为数组的元素添加到数组中，第 14、15 行将数组中的数据组合输出。

5.8.4　删除数组的最后一个元素

pop 方法的作用是移除数组末尾的一个元素。前面讲过使用 delete 运算符删除指定的元素，与 delete 不同，pop 方法删除最后一个元素后还将其引用返回。堆栈有先进后出（FILO）的特点，pop 通常结合 push 方法一起使用，实现类似堆栈的功能。pop 方法语法如下。

```
数组名.pop();
```

数组名是一个有效的数组对象变量名，必选项，现举例说明 pop 方法的功能。

【实例 5-11】有一箱苹果，N 个人排队分享。按顺序一人一个，当箱里的苹果发完时发出警告，如下所示。

```
01  <script language="javascript">                   // 脚本程序开始
02      var appleBox = new Array();                  // 使用数组作为苹果箱
03      appleBox.push( "红苹果 1", "红苹果 2", "红苹果 3", "红苹果 4", "红苹果 5", "红苹
        果 6" );                                      // 苹果装箱
04      for( ;appleBox.length != 0; )                // 分发苹果，直到箱子是空的
05      {
```

```
06          var handle = appleBox.pop();                  // 从数组（箱）中弹出一个苹果
07          document.write( "<br>已发：" + handle );       // 输出
08      }
09      alert( "苹果已经分光~！" );                        // 分光时
10  </script>                                             // 脚本程序结束
```

【运行结果】打开网页运行程序，其结果如图 5-11 所示。

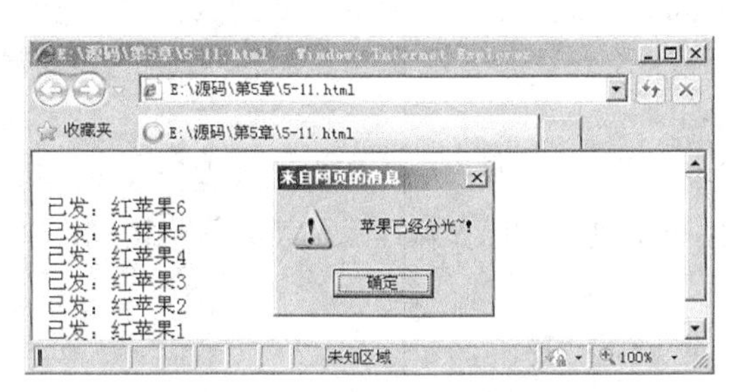

图 5-11　弹出数组中所有元素

【代码解析】本示例演示数组对象 pop 方法的功能。第 2、3 行创建一个数组并将元素压入其中。第 4～8 行循环删除数组末端的数据，当数组为空时发出提示。

5.8.5　其他常见操作

concat 方法可以将多个数组的元素连接在一起成为新的数组，新数组中的元素按连接时的顺序排列。当需要合并多个数组时，此方法比较方便。语法如下。

```
数组名.concat( [ item1, [ item2, [ item3 , [⋯, [ itemN ] ] ] ] ] );
```

参数说明如下。

- 数组名：必选项，其他所有数组要进行连接的 Array 对象。
- item：可选项，要连接到“数组名”引用的数组末尾的其他项目。可以是数组对象也可以是单个数组元素，或者是其他 JavaScript 对象。

将其他对象连接至数组和数组间相连接的方法完全一样。

splice 方法的作用是：从一个数组中移除一个或多个元素。剩下的元素组成一个数组，移除的元素组成另一个数组并返回它的引用。同时，原数组可以在移除的开始位置处顺带插入一个或多个新元素，达到修改替换数组元素的目的。这个操作的效果通常称为接合，使用语法如下。

```
数组名.splice( start, deleteCount, [ item1 [, item2 [ , . . . [ , itemN ] ] ] ] );
```

参数说明如下。

- 数组名：必选项，表示一个有效的数组对象，接合操作将发生在它上面。
- start：必选项，表示从数组中剪切的起始位置下标索引号。
- deleteCount：必选项，表示将从数组中切取的元素的个数。
- item：可选项，表示切取时插入原数组切入点开始处的一个或多个元素，要求为有效的 JavaScript 对象。

slice 方法的作用是切取数组的一段元素，即切取指定下标索引区间中的元素作为新数组返回。功能与 splice 方法相似，使用语法如下。

```
数组名.slice( start, end );
```

参数说明如下。

- 数组名：必选项，作为切取源的数组。
- start：必选项，将要切取的起始下标索引号。
- end：可选项，将要切取的结束下标索引号。如果省略该项，则自动切取到数组的结尾。

slice 方法一直复制到 end 所指定的元素，但是不包括该元素。如果 start 为负，将它作为 length+start 处理，此处 length 为数组的长度。如果 end 为负，就将它作为 length+end 处理，此处 length 为数组的长度。如果省略 end，那么 slice 方法将一直复制到数组的结尾。如果 end 出现在 start 之前，不复制任何元素。

Array 对象的 sort 方法可以将一个数组中的所有元素进行排序。执行时将先调用该方法的数组中的元素，按用户指定的方法进行排序，排序后的所有元素构成一个新数组并返回。通常用来对数据排序，语法如下。

```
数组名.sort( [ sortfunction ] )
```

参数说明如下。

- 数组名：必选项，表示要进行排序的源数组对象。
- sortfunction：可选项。用来确定元素顺序的函数的名称。如果这个参数被省略，那么元素将按照 ASCII 字符顺序进行升序排列。

前面在介绍函数时已经演示过回调函数的使用方法，此处的 sort 方法中也用到了回调函数。上述语法中的参数 sortfunction 就是回调函数的指针，回调函数决定了排序的规则。函数 sortfunction 是一个双参数函数，它必须返回下列值之一。

- 负值：表示传给 sortfunction 两个实参中，第一个的值比第二个的小。
- 零：表示传给 sortfunction 两个实参的值相等。
- 正值：表示传给 sortfunction 两个实参中，第一个的值比第二个的大。

【提示】使用排序规则回调函数，用户可以规定 sort 函数如何对数组中的元素进行排序。

5.9 小　　结

本章主要学习了函数的概念、定义、使用方法和作用域，同时，全面地学习了数组对象。函数的普通定义方法使用得最为普遍，形式上和其他编程语言相近，变量式定义方法可以动态创建函数，用在一些特别的场合。函数通过参数与外界通信，定义时的形参个数由函数的 length 属性说明，运行时的实参个数由 arguments 对象的 length 属性说明。通常使用这两个属性验证参数是否符合要求，函数运行结束时可以返回一个值，传递方式有按值方式和引用方式。

数组对象是 JavaScript 程序设计中使用最多的数据结构。数组对象在使用之前必须先创建，使用 new 运算符调用 Array 构造函数即可。创建的方式有 4 种，分别是创建空对象、指定长度进行创建、通过指定元素进行创建和使用“[]”直接创建。数组对象的 length 属性表明数组元素的个数，通常它来帮助遍历数组中的所有元素。数组的元素属于 Array 对象的动态属性，因此可以使用 delete 运算符进行删除。数组对象 Array 提供了数个方法以操作数组的元素，包括添加（push、unshift）、删除（pop、shift）和修改（splice、slice）等。

5.10 习　　题

一、选择题

1. 以下哪个语句为函数设置返回值？（　　）

   A. this　　B. void　　C. return　　D. var

2. 以下哪项操作删除数组最后一个元素？（　　）

   A. delete()　　B. pop()　　C. push()　　D. join()

二、简答题

1. 简述函数的功能。
2. 简述 argument 对象的用处。
3. 怎样添加元素并生成新数组？
4. 如何将对象转换为本地字符串？

三、练习题

1. 为方便在网吧上网而不能自由访问本地文件的网友学习 JavaScript 程序设计。现在实现一个在线编辑和运行 JavaScript 代码的程序，只要用户打开相应的网页即可使用。

【提示】使用本章所学习的变量式定义函数的方法，将编辑框里的代码创建为一个函数即可实现。JavaScript 可以使用外面的文本动态创建函数并执行。参考代码如下。

```
01  <head>                                                    // 文档头
02      <title>综合练习 6-1</title>                           // 标题
03  <script language="javascript" type="text/javascript">    // 脚本程序开始
04  // <![CDATA[
05  function Button1_onclick()                                // 按钮事件处理程序
06  {
07      try                                                   // 捕捉异常
08      {
09          var cmdWin = document.getElementById("TextArea1"); // 获取文本框的引用
10          var str = "try{" + cmdWin.value + "}catch(e){alert('你的代码有错:
        '+e.description);}";                                  // 构造函数体
11          var cmd = new Function(str);                      // 构造函数
12          cmd();                                            // 调用函数
13      }
14      catch(e)                                              // 异常捕捉
15      {
16          alert("错误: "+e.description);                    // 输出错误信息
17      }
18  }
19  // ]]>
20  </script>                                                 // 脚本程序结束
21  </head>                                                   // 文档头结束
22  <body>                                                    // 文档体
23                                                            // 用户界面
24  <div align="center" style="border-right: #000000 1px solid; // Div层
```

```
25          border-top: #000000 1px solid; border-left: #000000 1px solid;
26          width: 618px; border-bottom: #000000 1px solid; height: 336px;
            background-color: #ffffff">
27          <textarea id="TextArea1" style="width: 612px; height: 300px">
            </textarea>                                        // 文本域
28          <input id="Button2" type="button" value="执行程序" onclick="return
29          Button1_onclick()" style="width: 145px" /></div>
                                                               // 按钮
30   </body>                                                   // 文档体结束
```

【运行结果】打开网页运行程序，结果如图 5-12 所示。

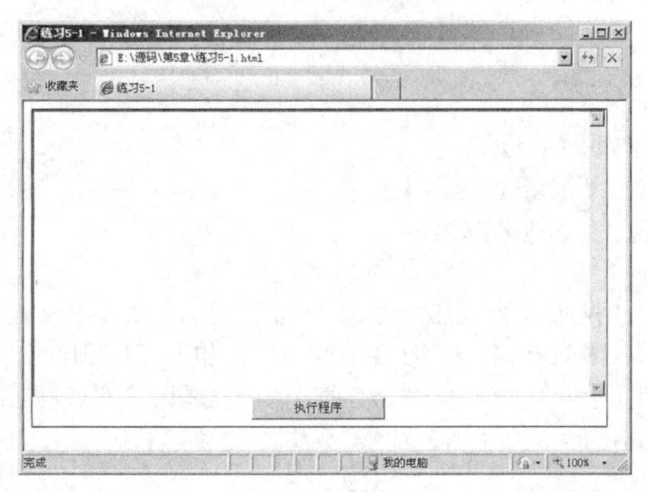

图 5-12　运行结果

2. 现有 5 名学生“John”“Wendy”“Vicky”“Kevin”和“Richard”，各人手中牌号为 4、2、5、1、3。现在要求将他们的名字按牌号排列，排列的规则由用户选定（升序和降序）。

【提示】本题的目的是巩固本章所学的知识，排序规则使用回调函数实现。学生对象使用函数对象实现，每个对象添加两个属性：号数和名字。创建一个文本节点显示结果，设置文本节点的 nodeValue 属性即可。参考代码如下。

```
01   <body>                                          // 用户界面，一个 DIV 层和两个按钮
02   <div id="divNames" style="width: 422px; height: 100px; border-right: blue 1px
solid;                                               // DIV 层
03   border-top: blue 1px solid; border-left: blue 1px solid; border-bottom: blue
1px solid;">
04       </div>                                      // DIV 结束
05       <input id="Button1" type="button" value="升序" onclick="return
         Button_onclick(this.id)" />           <!-- 按钮 -->
06       <input id="Button2" type="button" value="降序" onclick="return
         Button_onclick(this.id)"/>            <!-- 按钮 -->
07   <script language="javascript" type="text/javascript">    // 脚本程序开始
08   // <!CDATA[
09   function Student( name, number )                // 学生对象构造函数
10   {
11       this.name = name;                           // 学生名字属性
12       this.number = number;                       // 学生牌号属性
13   }
```

```
14  var students = new Array( new Student("John",4), new Student("Wendy",2), new
Student("Vicky",5),
15                      new Student("Kevin",1), new Student("Richard",3) );
                                                  // 5 个学生
16  var g_orderRule;                              // 规则开关
17  var names = "";                               // 名字序列
18  for( x in students )                          // 组合排序前的学生名字
19  {
20      names += students[x].name + " ";
21  }
22  tn = document.createTextNode( names );        // 创建文本节点，用于显示结果
23  var div = document.getElementById("divNames");
                                                  // 获取 DIV 层
24  div.appendChild(tn)                           // 将文本节点添加为层的子节点
25  tn.nodeValue = names;                         // 设置文本节点的文字属性
26  function Order( obj, funcRule)                // 排序函数
27  {
28      if( (typeof(funcRule)!="function") || ( funcRule.length<2) ) // 检查参数的正确性
29      {
30          var e = new Error();                  // 不正确则抛出异常
31          e.message = "参数不符合要求";
32          throw e;
33      }
34      for( n in obj )                           // 遍历数据组，按回调函数的规则排序
35      {
36          for( m in obj )                       // 两两比较
37          {
38              // funcRule 为外部回调函数，用户可在回调函数中实现自己的排序规则
39              if( funcRule( obj[n].number, obj[m].number ) )
40              {
41                  var tmp = obj[n];             // 建立临时存储单元
42                  obj[n] = obj[m];              // 交换变量值
43                  obj[m] = tmp;
44              }
45          }
46      }
47      names = "";
48      for( x in obj )
49      {
50          names += obj[x].name + " ";           // 组合排序后的名字
51      }
52      tn.nodeValue = names;                     // 设置排序结果
53  }
54  function funcRule( arg1, arg2 )               // 排序规则回调函数
55  {
56      if( (typeof(arg1) != "number")||(typeof(arg2) != "number") )  // 参数检查
57      {
58          var e1 = new Error();                 // 创建异常对象
59          e1.message = "学生的序号属性为非数字";    // 填写异常信息
60          throw e1;                             // 抛出异常
```

```
61          }
62          if( g_orderRule )                              // 根据用户的选择设置排序规则
63          {
64              return arg1<arg2;                          // 升序
65          }
66          else
67          {
68              return arg1>arg2;                          // 降序
69          }
70      }
71      function Button_onclick( objID )                   // 按钮单击事件处理程序
72      {
73          if( objID=="Button1" )                         // 如果单击的是“升序按钮”
74          {
75              g_orderRule = true;                        // 设置升序或降序开关
76          }
77          else
78          {
79              g_orderRule = false;                       // 设置升序或降序开关
80          }
81          try
82          {
83              Order( students, funcRule );               // 排序并输出
84          }
85          catch( e )                                     // 捕捉异常
86          {
87              alert(e.message);                          // 处理异常
88          }
89      }
90      // ]]>
91      </script>                                          // 脚本程序结束
92      </body>                                            // 文档体结束
```

【运行结果】打开网页运行程序，结果如图 5-13 所示。

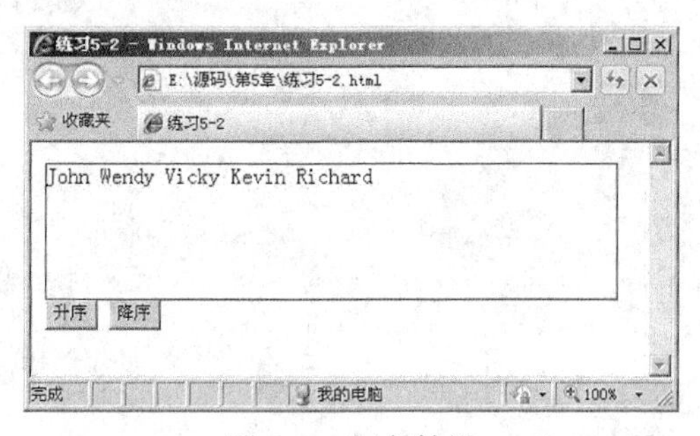

图 5-13　运行结果

3. 编写程序，实现一个从小到大的数字排序函数，函数的参数个数不定。用户可以往函数中传送任意多个参与排序的数字，函数返回一个数组，其中填充排序后的数字。程序的最后要求将数字“5、1、6、3、2、9、7”排序后输出结果。

【提示】使用 arguments 对象和数组对象，两者结合即可实现。通过 arguments 对象获得传递

给排序函数的实参，将实参压入数组对象。使用数组对象的 sort 方法进行排序后返回，参考代码如下。

```
01  <script language="javascript">                    // 脚本程序开始
02      function mySort( )                            // 不定参数个数的排序函数
03      {
04          var args = new Array();                   // 使用数组作为参数存储容器
05          for( n = 0; n < arguments.length; n++ )   // 提取各实参
06          {
07            args.push( arguments[n] );              // 将实参压入数组
08          }
09          for( i = 0; i < args.length; i ++ )       // 逐一比较，从小到大进行排序
10          {
11              for( j = 0; j < args.length; j ++ )
12              {
13                  if( args[i] < args[j] )           // 两两比较
14                  {
15                      var tmp = args[i];            // 小的数换到大的数前面
16                      args[i] = args[j];
17                      args[j] = tmp;
18                  }
19              }
20          }
21          return args;                              // 返回已经排序的数组
22      }
23      var result = mySort( 5, 1, 6, 3, 2, 9, 7 ); // 对题设中的数字进行排序
24      alert( result );                              // 显示结果
25  </script>                                         // 脚本程序结束
```

【运行结果】打开网页运行程序，结果如图 5-14 所示。

图 5-14　程序运行结果

第 6 章 JavaScript 的调试与优化

本书的主要任务是讲解 JavaScript 语言的特性，所有例子都比较简单。但是，应用开发所编写的程序在功能和代码结构上都比较复杂。因此，需要有一个高效的开发和调试工具。JavaScript 代码运行在客户端浏览器中，执行方式是逐行解释执行。解释执行的速度相比编译执行要慢，为了提高运行速度，需要对 JavaScript 代码进行优化。本章将介绍 JavaScript 的开发工具、调试和代码优化。

- 了解 JavaScript 开发工具。
- 了解 Microsoft Visual Studio 2010，并能在实际开发中运用。
- 掌握使用 Microsoft Visual Studio 2010 调试 JavaScript 代码的方法。
- 掌握 JavaScript 代码优化的常见方法。

以上几点是对读者所提出的基本要求，也是本章希望达到的目的。读者在学习本章内容时可以将其作为学习的参照。

6.1 JavaScript 开发工具深入剖析

JavaScript 代码不需要编译，也无须引入复杂的外部源程序。程序的编写过程非常简单，使用一个文本编辑工具即可完成工作。但事实表明，有一个强大的开发工具可以大大提高开发效率。于是各种各样辅助开发的工具由此产生，本节将向读者介绍一款强大的开发工具，即 Microsoft Visual Studio 2010（下文简称 VS2010），它是一套功能强大的开发套件，对 Web 开发也提供了强大的支持。

编辑 HTML 文件时，VS2010 提供源代码和可视化两种编辑方式，同时提供了一个功能强大的 CSS 编辑器。使用 VS2010 创建一个 HTML 文件，一般操作步骤如下。

（1）选择菜单栏“文件”|“新建”|“文件”命令，打开“新建文件”对话框，如图 6-1 所示。选择“已安装的模板”列表框中的“Web”项目，再双击右侧列表框中的“HTML 页”项目。新创建的 HTML 网页以源代码的方式打开于源代码编辑器中。

（2）在代码编辑窗口中书写程序代码。在编辑窗口底端有两个模式切换的按钮“源”和“设计”，分别对应着两种编辑模式。在“源”方式下输入 HTML 代码和 JavaScript 代码可以得到自动完成提示，在可视化模式下双击控件标签时，可以自动添加事件处理程序。需要插入 HTML 控件标签时可以双击“工具箱”面板里对应的项目，即可在插入点插入控件代码。

（3）保存 HTML 文件。网页文件编辑完成以后需要将结果保存起来，选择菜单栏“文件”|“另存为”命令，打开“另存为”对话框。在“另存为”对话框中填写相关信息，再单击“保存”按钮即可。

VS2010 功能极其丰富。以上是创建一个 HTML 文件的一般过程，本节先让读者对其有个大致的印象，在下一节介绍代码调试时再进一步深入了解。

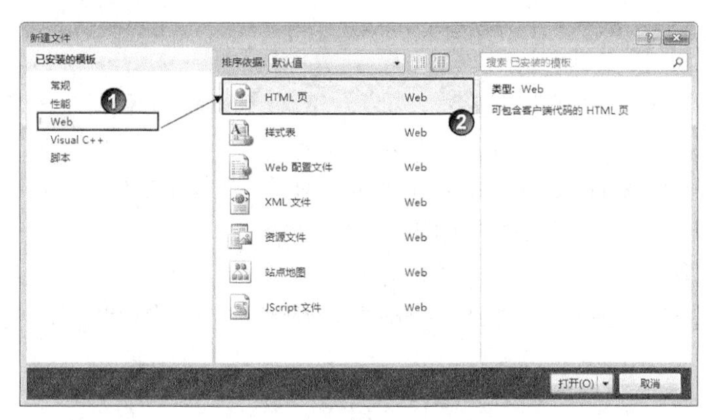

图 6-1　新建 HTML 文件

6.2　JavaScript 的调试简介

一个功能完整、行为可靠的软件产品在开发的过程中，需要进行大量的调试工作。JavaScript 编程也不例外，通过反复的调试才能发现明显的错误和潜在漏洞。调试工作往往占用全部开发时间的 50%左右，可见调试是一件非常重要的事情，本节将向读者介绍调试 JavaScript 代码的方法。

6.2.1　调试前的准备工作

本书所有代码均运行于 Windows 平台的 IE 浏览器中，调试工具是 VS2010 和 IE8 浏览器。在开始进行调试之前请将 IE 浏览器的调试功能打开，操作步骤如下。

（1）打开 IE 浏览器，选择菜单栏“工具”|“Internet 选项”命令，打开“Internet 选项”对话框。

（2）单击“高级”选项卡，拖动“设置”列表框的垂直滚动条。在“设置”列表框中找到两个“禁用脚本调试”复选框，将它们前面的钩去掉。最后单击“确定”按钮确认修改并退出，如图 6-2 所示。

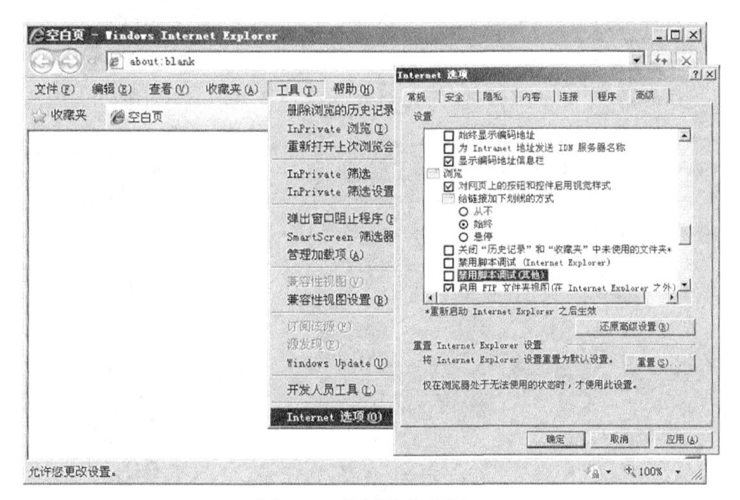

图 6-2　启用脚本调试

【提示】读者可以尝试其他的调试工具，但和 IE 结合比较好的是 VS2010。

6.2.2 进行调试

正确安装 VS2010 和设置 IE 浏览器后，可以开始调试 JavaScript 程序。把要调试的 JavaScript 程序加载到 IE 浏览器中，再启动调试，操作步骤如下。

（1）在 IE 中打开包含 JavaScript 程序的 HTML 网页，选择菜单栏“工具”|“开发人员工具”命令，打开“开发人员工具”对话框，如图 6-3 所示。

【提示】以上工具只有在 IE8 以上版本中才有。

（2）在工具栏中选择“脚本”调试，单击“启动调试”按钮进行调试。

图 6-3 选择调试引擎

一般都在 JavaScript 程序代码中添加“debugger”语句来激活程序的调试，当浏览器执行到 debugger 语句时便启动调试，接下来举例说明。

【实例 6-1】学习使用“debugger”语句设置程序调试断点，如下所示。

```
01  <script language="javascript">                    // 程序开始
02      var balance = 200.0;                          // 当前余额
03      var willPay = 20.0;                           // 当前该付金额
04      function pay( _balance, _pay )                // 付账动作
05      {
06          return _balance - _pay;                   // 从余额中减去该付的数额
07      }
08      function ShowBalance()
09      {
10          debugger;                                 // 设置断点，激活调试
11          var blnc = pay( balance, willPay );       // 付账
12          alert( "当前余额：" + blnc );              // 输出余额
13      }
14      ShowBalance();                                // 显示余额
15  </script>                                         // 程序结束
```

【运行结果】打开网页运行程序，其结果如图 6-4 和图 6-5 所示。

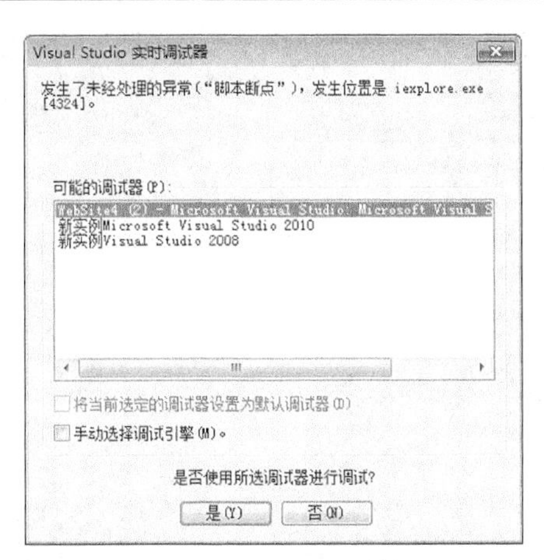

图 6-4　选择调试引擎

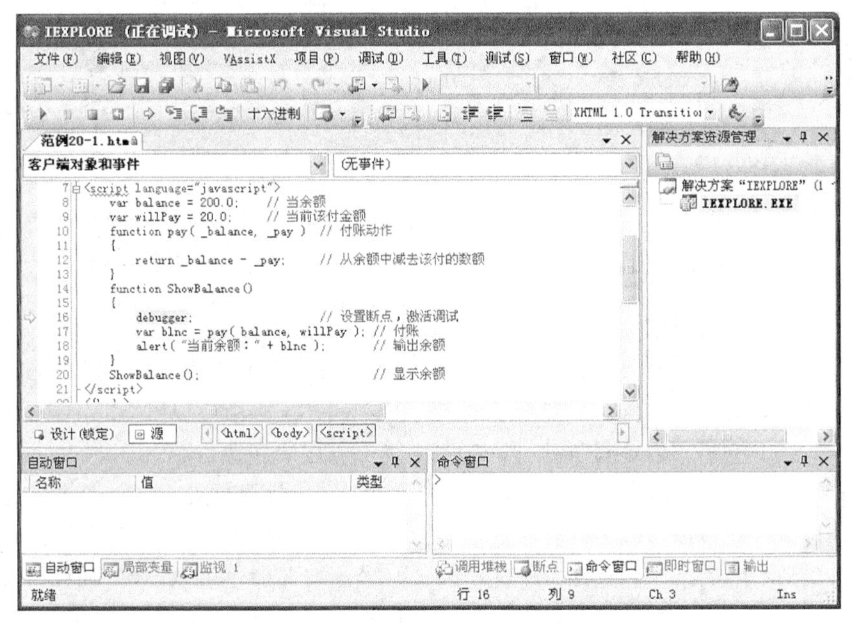

图 6-5　正在调试

【代码解析】该代码段第 10 行使用了一个“debugger”断点语句，在 IE 浏览器允许脚本调试的情况下激活调试程序。

【提示】将鼠标指针移到变量名上可以查看当前变量的值。

6.2.3　跟踪代码

调试的主要工作是反复地跟踪代码，找出错误并修正。在实例 6-1 中，程序进入调试状态以后，VS2010 自动调出与程序调试相关的主要窗口。代码编辑器窗口用于显示程序源代码，如图 6-6 所示。“局部变量”窗口显示当前执行上文中相关变量的值，如图 6-7 所示。“调用堆栈”窗口显示代码间的调用关系，如图 6-8 所示。

当程序处于调试状态时，按 F9 键在当前光标处设置或移除断点。程序运行到断点处被挂起，也就是说，使程序暂停执行但并不将它关闭，以方便查看程序的各个状态，设置断点的具体操作如下。

```
范例20-1.htm
客户端对象和事件                    (无事件)
1  <!DOCTYPE html PUBLIC "-//W3C//DTD XHTML 1.0 Transitional//EN" "http://www.w3.org/TR/xhtml1/DTD/xhtml1-transitional.dtd">
2  <html xmlns="http://www.w3.org/1999/xhtml" >
3  <head>
4      <title>JavaScript调试</title>
5  </head>
6  <body>
7  <script language="javascript">
8      var balance = 200.0;     // 当余额
9      var willPay = 20.0;      // 当前该付金额
10     function pay( _balance, _pay )  // 付账动作
11     {
12         return _balance - _pay;     // 从余额中减去该付的数额
13     }
14     function ShowBalance()
15     {
16         debugger;                       // 设置断点，激活调试
17         var blnc = pay( balance, willPay ); // 付账
18         alert( "当前余额：" + blnc );       // 输出余额
19     }
20     ShowBalance();                      // 显示余额
21 </script>
22 </body>
23 </html>
24
设计(锁定)  源  <html> <body> <script>
```

图 6-6　代码编辑窗口

图 6-7　局部变量窗口

图 6-8　调用堆栈窗口

（1）在代码编辑器窗口中，将光标移动到需要添加断点的行上。

（2）按一次 F9 键，当前行的背景色变为红色，并且在窗口左边界上标上红色的圆点。

当程序在断点处暂停的时候，只要按一下 F5、F10 或 F11 键就可以继续向下执行，根据具体的需要来操作。按 F10 键可以逐过程执行，按 F11 键可以逐语句执行。

（3）将鼠标移动到源代码编辑窗口中的变量名上时，在鼠标光标处将显示变量当前时刻的值。单击变量信息框中的变量值可以修改变量的当前值，如图 6-9 所示。尝试将变量 balance 的值改为其他数字，将得到不同的结果。选择菜单栏“调试”|“窗口”命令可以调出其他与调试相关的窗口，读者可根据需要操作。程序调试没有一定的过程和规则，读者可根据需要来选择。

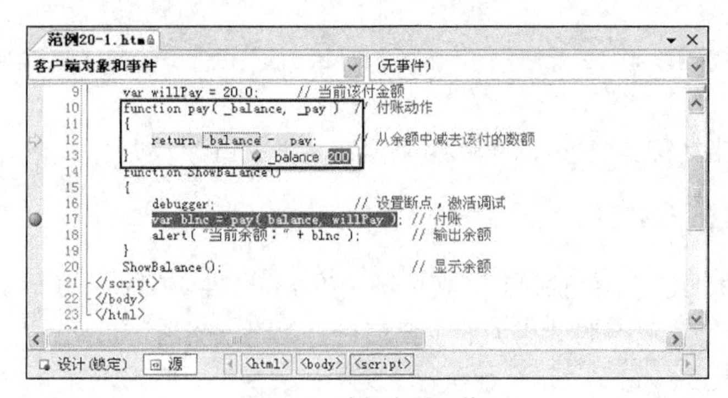

图 6-9　编辑变量的值

VS2010 的调试功能非常强大，操作比较人性化，文档也非常丰富。本节主要让读者大致了解 VS2010 的程序调试功能，其中细节由读者结合 MSDN（微软知识库）文档进一步深入学习。下一节将讲解以日志的方式记录程序运行过程中的重要信息。

【提示】调试工作基本上都是反复跟踪代码执行的过程，请读者多加练习。

6.3 输出日志

程序运行过程中，有些中间数据需要记录，以便检查程序运行的状态。在 JavaScript 中可以以日志的形式记录需要记录的中间数据，再发送到服务器上保存起来。日志记录的内容可以是任意的信息，根据开发者的需要而定，下面举个简单的例子来说明如何实现，不过这不是唯一的办法。

【实例 6-2】实现一个简单的日志对象，记录日志信息。该日志对象保存记录对象信息，提供添加记录对象和显示记录信息的方法，如下所示。

```
01 <head>                                                   // 文档头
02 <title>范例 6-2</title>                                  // 文档标题
03 <script language="javascript">                           // 程序开始
04          function Logger()                               // 日志对象构造函数
05          {
06              function Record( _Serial, _Message)         // 记录对象构造函数
07              {
08                  this.Serial = _Serial;                  // 记录编号
09                  this.LogMessage = _Message;             // 记录信息
10                  this.date = new Date();                 // 记录时间
11              }
12              this.RecordList = new Array();              // 创建数组容器
13              this.Index = 0;                             // 记录索引
14              this.Log = function( info )                 // "添加日志"函数
15              {
16                  var newLog = new Record( ++this.Index, info );
                                                            // 创建一个新记录对象
17                  this.RecordList.push( newLog );         // 将记录对象压入数组
18              }
19              this.ShowLog = function( _mode )            // 显示记录信息
20              {
21                  var info = "";                          // 日志信息文本
22                  for ( n in this.RecordList )            // 逐一分析记录数组
23                  {
24                      if( _mode == 0 )                    // 显示模式 0
25                      {
26                          info += "<li>" + this.RecordList[n].Serial + "("
27                                    + this.RecordList[n].date.toLocaleString()
                                +")："
28                                    + this.RecordList[n].LogMessage + "<br>";
                                                            // 格式化信息
29                          if( n == (this.RecordList.length-1) )
30                          {
31                              document.write( info );// 在当前文档输出
```

```
32                      }
33                  }
34                  else if( _mode == 1 )           // 显示模式 1
35                  {
36                      info += "#" + this.RecordList[n].Serial + "("
37                              + this.RecordList[n].date. toLocaleString()
                                +"): "
38                              + this.RecordList[n].LogMessage + "\n";
                                                    // 格式化信息
39                      if( n == (this.RecordList.length-1) )
40                      {
41                          alert( info );          // 以对话框的形式输出
42                      }
43                  }
44              }
45              return info;                        // 将信息返回给调用者
46          }
47      }
48      var g_log = new Logger();                   // 全局日志对象
49  </script>
50  </head>
51  <body>
52  <script language="javascript">
53      var balance = 200.0;                        // 当前余额
54      g_log.Log( "balance:" + balance );          // 添加日志
55      var willPay = 20.0;                         // 当前该付金额
56      g_log.Log( "willPay:" + willPay );
57      function pay( _balance, _pay )              // 付账动作
58      {
59          g_log.Log( "_balance:" + _balance );
60          g_log.Log( "_pay:" + _pay );
61          return _balance - _pay;                 // 从余额中减
62      }
63      function ShowBalance()
64      {
65          var blnc = pay( balance, willPay );     // 付账
66          g_log.Log( "blnc:" + blnc );
67          document.write( "当前余额: " + blnc );   // 输出余额
68      }
69      ShowBalance();                              // 显示余额
70      g_log.ShowLog(1);                           // 输出日志信息
71  </script>                                       // 程序结束
72  </body>                                         // 文档体结束
```

【运行结果】打开网页运行程序，其结果如图 6-10 所示。

【代码解析】本示例实现了一个简单的日志对象，可以使用该对象来记录程序运行时的信息。第 4～47 行定义日志对象的构造函数。第 6～11 行定义日志记录对象的构造函数，该对象包含记录号、信息和记录日期 3 个字段。第 14～18 行实现日志对象的添加记录功能。第 19～47 行实现日志对象显示日志信息的功能。

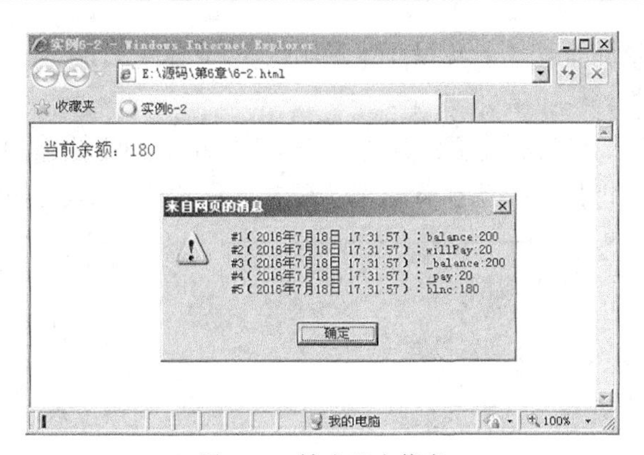

图 6-10　输出日志信息

显示分 3 种模式，模式 0 是在当前文档中输出日志内容，模式 1 在对话框中输出日志内容，其他模式为读取已经格式化的日志内容，格式为“行号：信息”。第 48 行定义一个全局的日志对象，以便在后文中使用。第 52～68 行在一个示例代码中测试日志对象的功能。

【提示】日志的内容可以发送到服务器保存起来，也可以使用本地文件组件（FSO）写入本地文件中。

6.4　优化代码

JavaScript 程序代码编写出来后，主要是交给机器去运行，但也需要人们阅读修改。在机器上运行的代码总是希望其速度越快越好，阅读维护时希望其可读性、可理解性最好。因此在编写代码时，应该注意几个问题，尽量满足运行效率和可读性的要求。

程序编写时，就面临可读性的问题。笔者建议，程序书写风格要遵循“标识符短而含义清晰”“代码缩进对齐”和“尽可能注释”等几大原则。同时，尽可能避免使用全局变量，全局变量将大大增加程序阅读的难度。

关于“标识符短而含义清晰”，就是说变量名或函数名尽可能简短，意思明确。JavaScript 的代码是解释执行，每一行代码都临时翻译执行。执行时系统为标识符付出存储空间和解析时间，过长的标识符将加大这两者的开销。但也不能过短，过短的标识符意思不明确，不便于阅读。因此需要在这两者间适当地平衡。

关于“代码缩进对齐”，这点直接关系到代码的可读性。所有的 JavaScript 代码可以写在一行里，但这不是好主意，基本上没法读下去。建议将代码适当分行并且严格缩进对齐，对比下面的代码。

代码片段 1：

```
function getMod( num, n ){if( typeof( num ) !=="number" ){return -1;}return num%n;}
```

代码片段 2：

```
01  function getMod( num, n )                               // 无注释的程序片段
02  {
03      if( typeof( num ) !=="number" )
04      {
05          return -1;
06      }
07      return num%n;
08  }
```

以上两段代码的功能完全相同。片段 1 中的函数代码写在一行中，片段 2 中的函数代码严格缩进对齐，可读性非常好。

关于“尽可能注释”，如果没有注释的代码，其作者在数月后回头再读也很难理解代码的含义。因此要养成注释的习惯，即便代码现在看起来已经很容易理解。将前述的代码片段改写如下。

```
01      /*------------------------------------------
02       -名称：getMod
03       -功能：求余数
04       -参数：num,n
05       -num：为被除数
06       -n：除数
07       -返回：成功时返回模值，失败时返回-1
08       ------------------------------------------*/
09      function getMod( num, n )               // 取模函数
10      {
11          if( ( typeof( num ) != "number") ||
12              ( typeof( n ) != "number" ) )   // 检查参数是否都是数字
13          {
14              return -1;                      // 非数字则返回-1
15          }
16          return num%n;                       // 返回余数
17      }
```

经过注释以后的代码，可读性大大增加。以上几大原则都是为了便于代码的后期阅读维护。但是对于机器，写在一行和多行中的代码差不多完全一样，因此主要还是考虑运行效率的问题。为了提高运行效率，人们在优化算法以求高效的同时也要在代码书写上下工夫。JavaScript 的应用开发者所能做的就是尽量避免不恰当的语言使用方式，而真正能解决运行效率的还是语言解释器厂商。接下来给读者几点建议。

JavaScript 使用是自动内存管理机制，但不意味着用户完全不用操心内存的使用。解释器回收内存的原则是，当内存不够用或机器空闲时运行内存管理程序。当对象引用链断开，也就是已经不再使用时就回收其所占的内存空间。因此，开发者应该在对象不再被使用时（也就是说没必要再保留下去了）给引用对象的变量赋予“null”值，表明对象已经不再使用，如下所示。

```
01  var name = new String("Peter");         // 人名
02  alert( name.length );                   // 输出长度
03  name = null;                            // 删除引用
```

在以上代码中，name 所引用的 String 对象不再使用以后给它赋予“null”值。当下一次内存回收程序运行时该对象的内存就被回收。当数据量很大的时候，内存消耗是相当快的，希望读者引起注意。

在程序中尽量删除无用的空白字符，和其他字符一样每一个空格都会占用存储空间。执行时解释程序同样要对空格字符进行分析。因此，为了节约存储空间和运行时间，尽量删除不必要的空格。变量名等标识符尽量简洁，以缩短词法分析所占用的时间。

其他和效率相关的主要是算法，举个简单的例子。在场地中间有 3 个人，分别是 A、B 和 C，两两距离相等，现 A 要将球传给 C，可以使用如下代码表示。

```
01  var A = ball;                           // 接得到球
02  var B = A;                              // A 传给 B
03  var C = B;                              // B 传给 C
```

从 A 从传到 B，再从 B 传到 C，虽然能达到从 A 传到 C 的目的。但中途经过 B 显然是不必要的。为提高传送的效率，故将代码改写如下。

```
01  var A = ball;                                    // 在A手中
02  var C = A;                                       // 传给C
```

这是效率问题中的最简单的模型，读者在编写程序之前，请先设计好算法。明确代码要做什么，怎么做，如何做效率才更高，这些都得在算法上下工夫。通常情况下，线性数组中所有数据都是按顺序紧密存储在一起的。同样是将一个元素添加到数组中，但添加到数组是末尾和中间的效率是完全不同的。添加到末尾时仅将元素接在数组末尾即可。插入中间却先将数组切分成两段后再将新元素接在第一段末尾，最后将两段接合，此时操作上的差别会带来效率问题。当然，JavaScript 数组的存储结构类似于 C++中的泛型数据结构，内部的基础数据结构并不是线性数组。读者不必担心插入中间会带来明显的性能损失。

【提示】经验是在成长过程中慢慢积累而来，要写出好的代码需要不断的探索实践。

6.5　小　　结

本章向读者介绍了 Microsoft Visual Studio 2010 开发套件，以及如何使用它作为 JavaScript 的开发工具。

通过 IE 浏览器和 VS2010 的结合可以调试 JavaScript 程序，VS2010 的调试功能十分强大。当然也可以使用其他调试工具，读者在今后的开发当中会碰到。JavaScript 程序的运行效率远比编译型的语言慢，因此在编码时应该注意算法和代码的效率。标识符应当意思明确而简短，对象不再使用时就断开引用收回其内存，这样可以节省代码的空间开销。

6.6　习　　题

一、选择题

1. JavaScript 中设置断点语句是（　　）。

   A. alert　　　　B. debugger

   C. try　　　　D. write

2. 以下哪项不是代码编写时需要注意的问题？（　　）

   A. 代码缩进清晰　　　　B. 代码中使用注释

   C. 标识符含义清晰　　　　D. 使用优美字体

二、简答题

1. 简述调试前准备工作的基本步骤。
2. 为什么要调试？调试有什么意义？

三、练习题

在 VS2010 中创建一个 HTML 文件，输入如下程序。最后启动程序调试，按 F11 键单步执行程序，在局部变量窗口中观察变量的值。

```
01  <script language="javascript">                   // 程序开始
```

```
02      function getSum( arrayObj )                       // 求数组中所有数字元素之和
03      {
04          var sum=0;                                    // 保存各数的和
05          for( n in arrayObj )                          // 遍历数组
06          {
07              if( typeof(arrayObj[n])=="number" )// 只加数字
08              {
09                  sum += arrayObj[n];                   // 将当前数字与前面的数的和相加
10              }
11          }
12          return sum;                                   // 给调用者返回所求之和
13      }
14      debugger;                                         // 启动调试
15      var Pay_List = new Array( 105, 20.3, 90, 55, 1000 );
                                                          // 表示支付列表
16      var total = getSum( Pay_List );                   // 求支付列表中所有项之和
17      alert( total );                                   // 显示出总和
18  </script>                                             // 程序结束
```

【提示】结合本章所学的知识，可知调试前设置 IE 的调试选项。使用 IE 打开网页文件，当遇到“debugger”语句时弹出选择调试引擎的对话框。在其中启动 VS2010 调试上述程序，在 VS2010 中的“调试”主菜单可以打开各个调试窗口。

【运行结果】启动调试时，局部变量窗口如图 6-11 所示，程序运行结果如图 6-12 所示。

【提示】如果创建的对象数量很大时一定要在不使用时将其释放，否则浏览器的内存使用率将剧增。

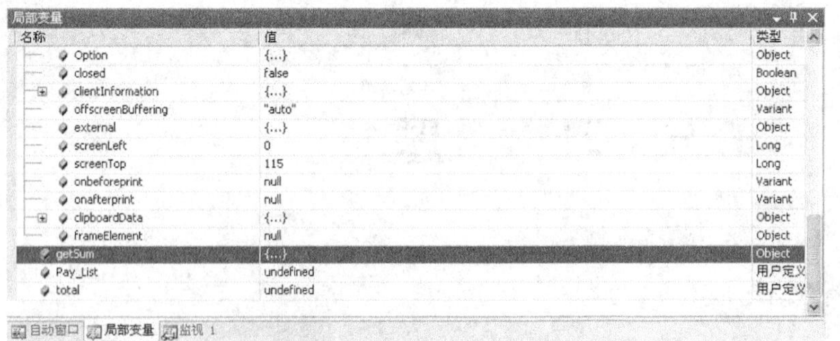

图 6-11　局部变量窗口

图 6-12　程序运行结果

第 2 篇　JavaScript 面向对象基础

第 7 章　面向对象编程

学习了前面章节的内容，读者已经打下了编写完整的 JavaScript 程序的基础。从本章开始，将学习 JavaScript 应用开发层面的知识，主要包括一些常用对象的使用方法。

这里引入了一个新的概念，即面向对象。虽然在前面已经使用过很多对象，但没有对这个概念进行专门的讲解。面向对象设计方法是早在二三十年前，为了解决“软件危机”而被提出来的。如今很多优秀的设计方法都基于面向对象的设计方法，面向对象设计方法能更好地实现复杂系统的组织和代码复用。

JavaScript 是十几年前才被设计出来的语言，它的一些语言特性支持以面向对象的方法进行系统设计，甚至其内置的功能都是以对象的形式提供的。本章将带领读者学习 JavaScript 面向对象的特性，目标如下。

- 了解面向对象的基本概念。
- 掌握对象的定义和使用方法。
- 掌握 JavaScript 的对象层次结构。
- 掌握事件概念和使用方法。

以上几点是对读者所提出的基本要求，也是本章希望达到的目的。读者在学习本章内容时可以将其作为学习的参照。

7.1　面向对象的定义

早期面向结构的设计方法最经典的一句话是“自顶向下，逐步细化”，说明了设计的一般过程。以数据为中心，以分层的方法组织系统。与面向过程相联系的是一套相关的设计方法论，其中包含了许许多多的概念和术语。

面向对象设计方法被提出以后，随之而来的也是一整套设计方法。一切基于对象，是面向对象的核心，接着引入了很多早期开发者闻所未闻的新概念。学习面向对象设计方法，首先应该引入新的设计理念。这些基本的设计理念都体现在语言特性中，如封装、聚合、继承和多态等。对于 JavaScript 的初级用户，只在需要自定义新类型时能定义自己的类型并将其实例化，使应用的结构因为它而变得更清晰、易于维护即可。

7.2 对象应用

严格地讲，JavaScript 不是一种面向对象的语言，因为它没有提供面向对象语言所具有的一些明显特征，如继承和多态。因此，JavaScript 设计者把它称为“基于对象”，而不是“面向对象”的语言。在 JavaScript 中仅将相关的特性以对象的形式提供，开发者一般只需要掌握内置对象的使用方法和构造简单的对象即可。本节将介绍如何使用对象。

7.2.1 对象声明和实例化

每一个对象都属于某一个类，类是所有属于该类的对象所具有的属性和方法的抽象描述。例如一条金鱼就是属于鱼类，所以得到一只具体的金鱼前首先要明确鱼类。

JavaScript 中没有类的概念，创建一个对象只要定义一个该对象的构造函数并通过它创建对象即可。使用函数对象的 this 指针可以为函数对象动态添加属性。这里的对象的属性和方法也是通过 this 指针动态添加的。

例如，欲创建一个 Card（名片）对象，每个对象又有这些属性：name（名字）、address（地址）和 phone（电话），则在 JavaScript 中可使用自定义对象，下面分步讲解。

（1）定义一个函数来构造新的对象 Card，这个函数称为对象的构造函数。

```
01  function Card( _name, _address, _phone )              // 定义构造函数
02  {
03      this.name=_name;                                  // 初始化“名字”属性
04      this.address=_address;                            // 初始化“地址”属性
05      this.phone=_phone;                                // 初始化“电话”属性
06  }
```

【提示】this 关键字表示当前对象，即由函数创建的那个对象。

（2）在 Card 对象中定义一个 printCard 方法，用于输出卡片上的信息。

```
01  function printCard()                                  // 打印信息
02  {
03      line1="Name:"+this.name+"<br>\n";                 // 读取 name
04      line2="Address:"+this.address+"<br>\n";           // 读取 address
05      line3="Phone:"+this.phone+"<br>\n"                // 读取 phone
06      document.writeln(line1,line2,line3);
07  }
```

（3）修改 Card 对象，在 Card 对象中添加 printCard 函数的引用。

```
01  function Card(name,address,phone)        // 构造函数
02  {
03      this.name=name;                      // 初始化 name、address、phone
04      this.address=address;
05      this.phone=phone;
06      this.printCard=printCard;            // 创建 printCard 函数的定义
07  }
```

（4）实例化一个 Card 对象并使用。

```
01  Tom=new Card( "Tom", "BeiJingRoad 123", "0851-12355" );  // 创建名片
```

```
02   Tom.printCard();                                        // 输出名片信息
```

上面分步讲解是为了更好地说明一个对象的产生过程，但真正的应用开发则是一气呵成的。其中有太多的地方需要运用编程技巧，并灵活设计。将上述几步合成，如下例所示。

【实例 7-1】创建一个卡片对象，卡片上标有“名字”“地址”和“电话”等信息。名片对象提供一个方法以输出这些信息，如下所示。

```
01   <script language="javascript">                        // 脚本程序开始
02   function Card( name,address,phone )                    // 构造函数
03   {
04           this.name=name;                                 // 初始化名片信息
05           this.address=address;
06           this.phone=phone;
07           this.printCard=function()                       // 创建 printCard 函数的定义
08           {
09                line1="Name:"+this.name+"<br>\n";              // 输出名片信息
10                line2="Address:"+this.address+"<br>\n";        // 读取地址
11                line3="Phone:"+this.phone+"<br>\n"             // 读取电话信息
12                document.writeln(line1,line2,line3);           // 输出
13           }
14   }
15   Tom=new Card( "Tom","BeiJingRoad 123","0851-12355" );      // 创建 Tom 的名片
16   Tom.printCard()                                            // 输出名片信息
17   </script>                                                  // 脚本程序结束
```

【运行结果】打开网页文件运行程序，其结果如图 7-1 所示。

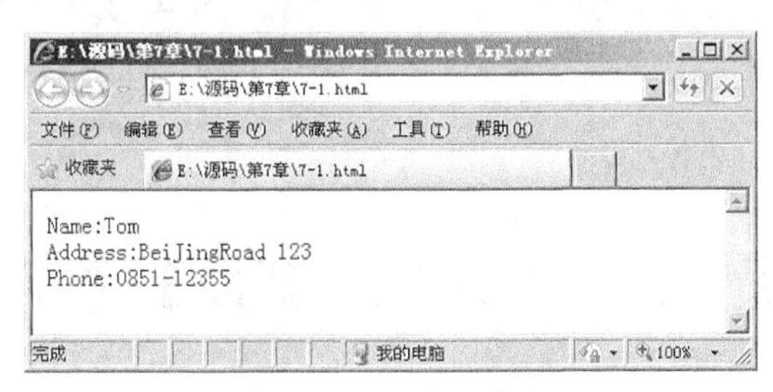

图 7-1　输出名片信息

【代码解析】该代码段是声明和实例化一个对象的过程。代码第 2～14 行，定义了一个对象类构造函数 Card（名片）。名片包含 3 种信息，即 3 个属性，以及一个方法。第 15、16 行创建一个名片对象并输出其中的信息。

7.2.2　对象的引用

前面进行变量的介绍时，读者已经知道变量的一个用途是引用内存中的对象，并可以通过变量操作对象。对象被“new”运算符创建出来以后要由一个变量引用，才可以对其进行调用操作。在实例 7-1 中变量 Tom 就引用了一个 Card 对象实例。

对象的引用其实就是指对象的地址，通过那个地址可以找到对象所在。对象的来源有如下几种方式，通过取得它的引用即可对它进行操作，如调用对象或读取或设置对象的属性等。

- 引用 JavaScript 内部对象。
- 由浏览器环境中提供。

- 创建新对象。

也就是说，一个对象在被引用之前，这个对象必须存在，否则引用将毫无意义，还可能出现错误信息。从上面可以看出 JavaScript 引用对象可通过两种方式获取，要么创建新的对象，要么利用现存的对象。

【实例 7-2】创建一个内置的日期对象，输出当前的日期信息，如下所示。

```
01  <script language="javascript">              // 脚本程序开始
02        var date;                                // 声明变量
03        date=new Date();                         // 创建日期对象
04        date=date.toLocaleString( );             // 将日期置转换为本地格式
05        alert( date );                           // 输出日期
06  </script>                                    // 脚本程序结束
```

【运行结果】打开网页文件运行程序，结果如图 7-2 所示。

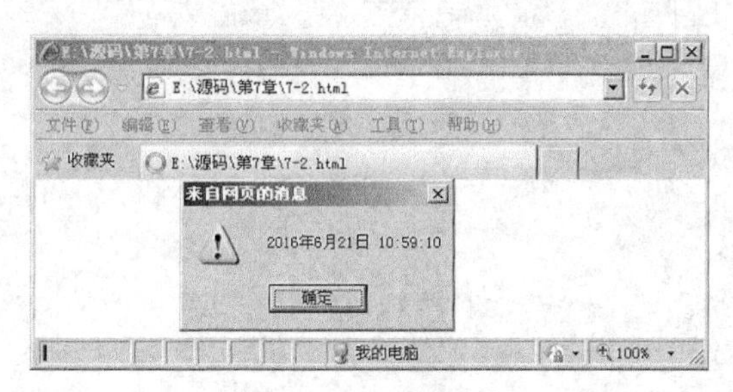

图 7-2　输出当前日期

【代码解析】第 3 行变量 date 引用了一个日期对象。第 4 行通过 date 变量调用日期对象的 toLocaleString 方法将日期信息以一个字符串对象的引用返回，此时 date 的引用已经发生了改变，指向一个 String 对象。

7.3　JavaScript 的对象层次

JavaScript 的对象结构包含几大部分，包括语言核心、基本的内置对象、浏览器对象和文档对象，这几大部分各完成不同的功能。JavaScript 编程所使用到的语言特性也是这些。本节将让读者对这些对象有一个宏观的印象，有关浏览器对象和文档对象的具体内容将在后面的章节中介绍。

7.3.1　JavaScript 对象模型结构

前面介绍 JavaScript 对象的结构包含几大部分，JavaScript 对象模型的示意图，如图 7-3 和图 7-4 所示。这几大部分及其包含的子级内容如下。

- 语言核心（变量常量、运算符、表达式、数据类型和控制语句等）。
- 基本内置对象（string、date、math 等）。
- 浏览器对象（window、navigator、location 等）。
- 文档对象（document、form、image 等）。

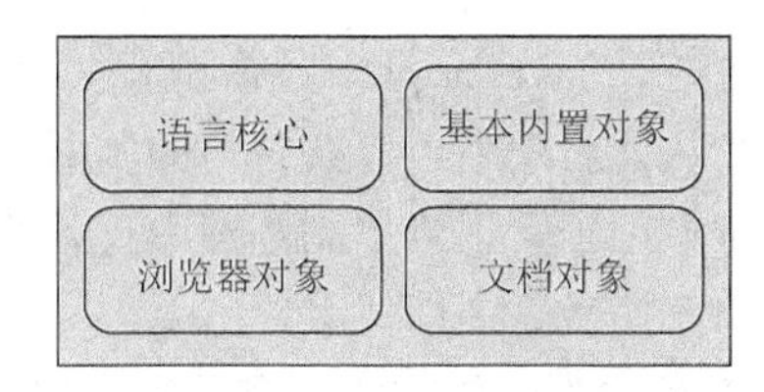

图 7-3　JavaScript 组成

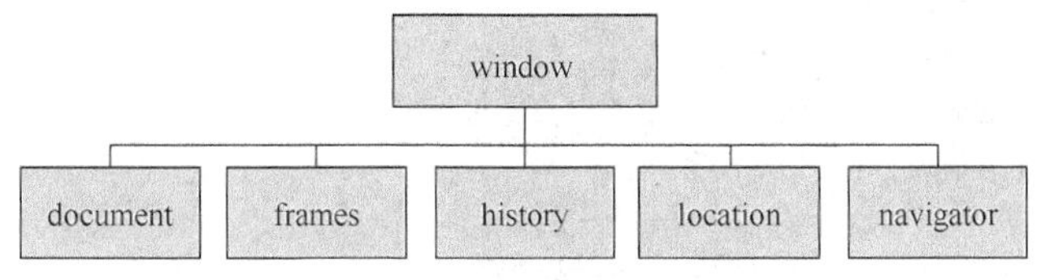

图 7-4　浏览器对象模型

7.3.2　客户端对象层次

JavaScript 客户端对象以树状的层次结构组织起来，window 对象处于最顶层，也就是树根。window 对象聚合其他子级对象实现整个客户端的功能，组织结构如图 7-5 所示。

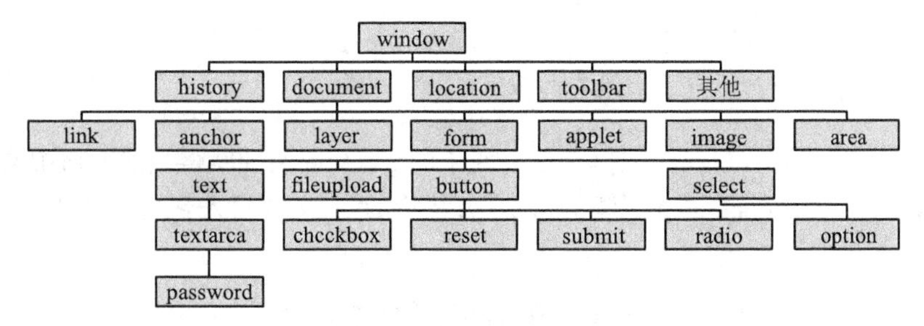

图 7-5　客户端层次图

图 7-5 中的 document 对象已经成为实际标准，因为所有主流浏览器都统一实现了它。在 W3C 规范中称为第 0 级 DOM，因为它们构成了文档功能的基本级别，在所有浏览器中都可以应用该级别。

7.3.3　浏览器对象模型

在 7.3.1 小节中，图 7-4 已经展示了浏览器对象模型。它主要由 window、frames、history、location 以及 navigator 组成，其中 window 对象所包括的 document 对象又包括文档对象模型。window 对象定义了与浏览器对象相关联的属性和方法。下面列出浏览器对象的核心对象。

- window：关联当前浏览器窗口。
- document：包含各类（X）HTML 属性与文本片段的对象。
- frames[ ]：window 对象包含的框架数组，每个框架依次引用另外的 window 对象，该对象可包含更多的框架。
- history：包含了当前窗口的历史记录列表，即用户最近浏览的各类 URL 信息记录。
- location：包含一个 URL 及其片断表单中的可见文本。
- navigator：描述浏览器的基本特征（类型、版本等）的对象。

通过以上 3 节的内容，读者已经对 JavaScript 对象模型有一个大概的认识。window 对象用于管理所有与浏览器相关联的对象，从该对象中可以获知与浏览器相关的信息或对浏览器进行操作等。window 对象下的 document 对象用于管理当前浏览器中打开的文档，通过该对象可以获得文档信息和操作文档。现举例说明如何使用这一层关系。

【实例 7-3】通过使用浏览器对象模型，输出当前浏览器窗口中打开的文档的 URL 信息，并将它显示在窗口当中，如下所示。

```
01  <script language="javascript">
02       window.document.write("这个网页文件来自: ".bold());
03       window.document.write( window.location.toString() );
04  </script>
```

【运行结果】打开网页文件运行程序，结果如图 7-6 所示。

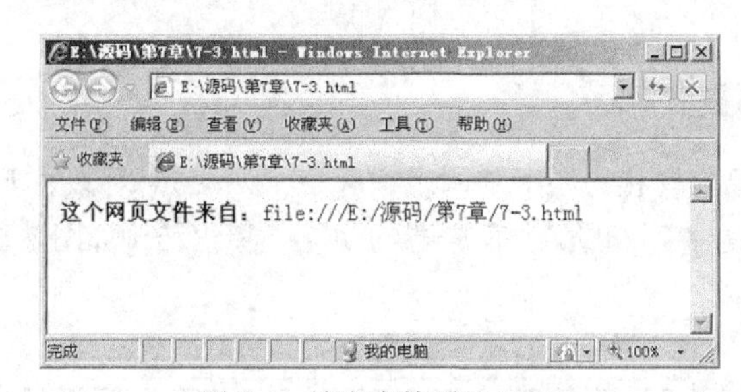

图 7-6　输出当前页的 URL

【代码解析】该代码段第 3 行调用 window 对象的 location 属性获得当前窗口中文档的 URL，再调用 window 对象下的 document 对象的 write 方法将 URL 文本写入到当前文档中。

7.4　事件驱动与事件处理

事件是一些特定动作发生时所发出的信号。在 Web 页中，可以使用 JavaScript 程序响应这些事件。预定义事件有很多种，当页面加载完成时发生“onload”事件，当用户单击鼠标或敲击键盘时激发一些输入事件等。重要的是，可以使用 JavaScript 处理这些事件。本节将介绍如何驱动事件及响应事件。

7.4.1　详解事件与事件驱动

事件是一些事物发生的信号，如用户在一个按钮上单击鼠标或按下键盘上的某个键。使用一些特定的标识符来标识这些信号，单击鼠标使用“onclick”，键盘按下使用“onkeydown”等。这些事件在发生前是不可预料的，但发生时可以有一次处理它的机会，于是产生“发生¯ 处理”这样的模式。

Web 页中存在很多“发生-处理”这样的关系，比如一个文本框突然没有了焦点或字符数量改变了，当发生事件时系统就调用监听这些事件的函数。因此，整个系统可以使用事件的发生来驱动运作，这就是所谓的事件驱动。下面举例说明如何处理事件。

【实例 7-4】响应编辑框的“onkeyup”事件，当用户按 Enter 键时将文本框中的内容显示在对话框中，如下所示。

```
01  <html>                                          // 文档开始
02  <head>                                          // 文档头
03  <title>实例 7-4</title>                         // 标题
04  <script language="JavaScript">                  // 脚本程序开始
05  function OnKeyUp(_e)                            // 释放按键事件处理程序
06  {
07      var e = _e?_e:window.event;                 // 获取有效的事件对象
08      if( event.keyCode == 13 )                   // 按下的是否是回车键
09      {
10          alert( "您输入的内容是: "+Text1.value );// 将文本框中的内容显示在消息框中
11      }
12  }
13  </script>                                       // 脚本程序结束
14  </head>                                         // 文档头结束
15  <body>                                          // 文档体
16      <h1>事件处理示例</h1><br />                 // 标题
17      // 通过文本框中的 onkeyup 属性绑定释放按键事件处理程序
18      <input id="Text1" type="text" onkeyup="OnKeyUp()" style="width: 423px; height:
178px" />
19  </body>                                         // 文档体结束
20  </html>                                         // 文档结束
```

【运行结果】打开网页文件运行程序，结果如图 7-7 所示。

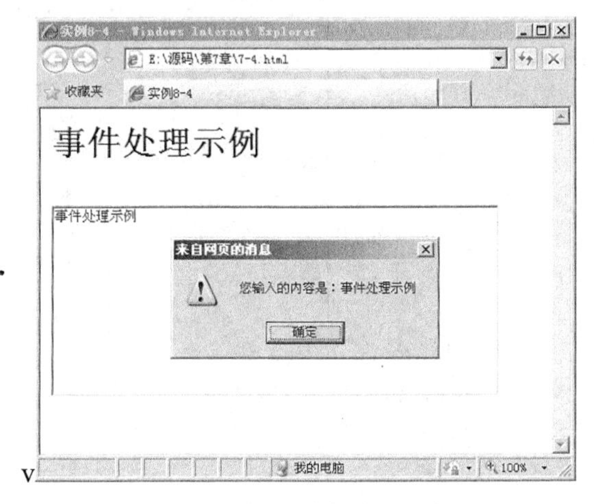

图 7-7　输出文本框中的文本

【代码解析】第 5～12 行定义一个函数用于处理按键释放事件，如果按下的是 Enter 键则显示文本框中的字符。第 18 行将之前定义的事件处理函数与文本框关联起来。

7.4.2　掌握事件与处理代码关联

在实例 7-4 中演示了如何处理事件，读者也看到了将事件处理程序与发生事件的对象关联起来的方法。将事件处理程序与事件源对象关联起来的方法不只一种，现在总结如下。

- 在 HTML 标签属性中指定相应事件及其处理程序。
- 在 JavaScript 程序中设置对象的事件属性。

- 在<script>标签对中编写元素对象的事件处理程序代码。使用<script>标签的 for 属性指定事件源并用 event 属性指定事件名，通常运用于网页文档中的各种控件对象的事件处理程序。

【实例 7-5】演示将事件与处理代码关联的几种方法。在页面中屏蔽右键菜单，当单击鼠标右键时显示一个信息框，如下所示。由于这段代码都很重要，因此不做加粗处理，读者需着重学习。

```
01  <html>                                          // 文档开始
02  <head>                                          // 文档头
03  <script language="javascript">                  // 脚本程序开始
04  function hideContextmenu1()                     // 隐藏右键菜单
05  {
06      alert("1，这时静态绑定的鼠标右键单击事件处理程序");// 显示信息，以表示已经执行这个程序
07      window.event.returnValue = false;               // 将返回值设置 false 表示事件未处
理，使下一个处理程序有机会执行
08      document.oncontextmenu = hideContextMenu2; // 再次动态绑定一个右键单击事件处理
程序
09  }
10  </script>
11  <script language="javascript">                      // 脚本程序结束
12  function hideContextMenu2()
13  {
14      alert("2，动态设定的右键单击事件处理程序");         // 显示信息
15      window.event.returnValue = false;               // 返回 false 表示事件未处理
16  }
17  </script>                                           // 脚本程序结束
18  // 直接设置元素对象的事件属性
19  <script language="javascript" for="document" event="oncontextmenu">
                                                        // 脚本程序开始
20       window.event.returnValue=false;
21       document.oncontextmenu = hideContextMenu2; // 绑定一个右键单击事件处事程序
22       alert("3，通过在<script>标签中指定右键单击事件处理程序"); // 输出提示
23  </script>                                                 // 脚本程序结束
24  </head>
25  // 静态绑定的鼠标右键单击事件处理程序
26  <body oncontextmenu="hideContextmenu1()">           // 文档体
27  已经屏蔽了鼠标右键菜单，请单击鼠标右键
28  </body>                                             // 文档体结束
29  </html>                                             // 文档结束
```

【运行结果】打开网页文件运行程序，结果如图 7-8 所示。

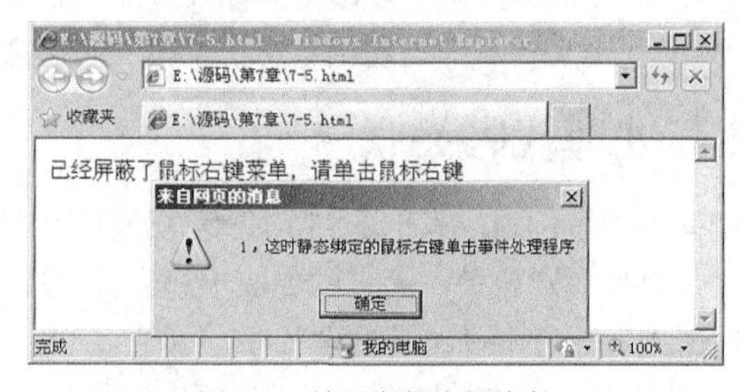

图 7-8　处理鼠标右键事件

【代码解析】该段代码第 4～9 行定义一个函数作为右键单击事件处理程序，其中动态添加一个新的处理程序并使之得到执行。第 12～16 行是为动态添加右键单击事件处理程序而准备的函数。第 19～23 行在“<script>”代码对中创建用于静态绑定处理右键单击事件的函数，它的优先级比第 26 行通过标签属性静态绑定的处理程序低，因此在本例中它得不到执行的机会。

7.4.3　函数调用事件

响应事件的编程在代码层面有 3 种方式。第 1 种是将一个函数作为事件处理程序，第 2 种是直接在对象事件属性字符串中编写 JavaScript 代码，第 3 种是在 JavaScript 代码中动态绑定处理程序。下面介绍第 1 种方式，形式如下面代码所示。

```
01  <script language="javascript">                          // 脚本程序开始
02      function eventHandler()                             // 事件处理程序
03      {
04                                                          // 程序语句
05      }
06  </script>                                               // 脚本程序结束
07  // onclick 事件发生时直接调用 eventHandler 函数
08  <input type="button" onclick="eventHandler()"/> // 按钮
```

上面代码中，当按钮发生 onclick 事件时，eventHandler 函数将被调用。在该函数中完成事件处理工作，这是调用函数的事件，也是绑定事件处理程序的方式之一。JavaScript 中有很多事件，表 7-1 列出了常用事件，以便读者编程时查阅。

表 7-1　　JavaScript 中常用的事件

事件	描述
onBlur	对象失去焦点，可以是某文字或文字区
onchange	对象改变，可以是某文字或文字区
onclick	鼠标单击某按钮
onfocus	对象获得焦点，可由键盘或鼠标所引起
onload	载入某网页，能产生此事件的 window 及 document 对象
onmouseovwer	鼠标移至某对象上
onmouseout	鼠标移离对象
onselect	选取某对象，如文字或文字区
onsubmit	提交表单，能产生此事件的有表单对象
onunload	卸载某网页，能产生此事件的有 window 及 document

7.4.4　代码调用事件

上一节中介绍的调用函数的事件处理方法是使用得最多的事件处理方法。使用该方法的代码可读性比较强，并且在函数中可以输入多个 JavaScript 语句，能完成拥有复杂功能的程序。但是，有些时候事件所激发的响应比较简单，这时就可以将响应的代码直接写在事件中。也就是说，JavaScript 中的代码不一定都得放在“<script>”标签对中。

【实例 7-6】在标签的事件属性字符串中编写程序，检查用户输入的密码明文，如下所示。

```
01  <body>                                                    // 文档体
02  <form id="form1" name="form1" method="post" action="">   // 表单
03      <label>姓名:                                          // 姓名标签
04          <input type="text" name="textfield" />         // 按钮
05      </label>                                              // 标签结束
06      <p>                                                   // 段落
07      <label>密码:                                          // 密码标签
08          <input type="password" id="password" name="textfield2" />    // 密码框
09      </label><p>
10      <input type="submit" name="Submit" value="查看密码和姓名"  // 按钮
11          onclick="javascript:alert('姓名：'+form1.textfield.value+'\n 密码：
'+form1.password.value);"/>
12      </p>
13  </form>                                                   // 表单结束
14  </body>                                                   // 文档体结束
```

【运行结果】打开网页文件运行程序，结果如图 7-9 所示。

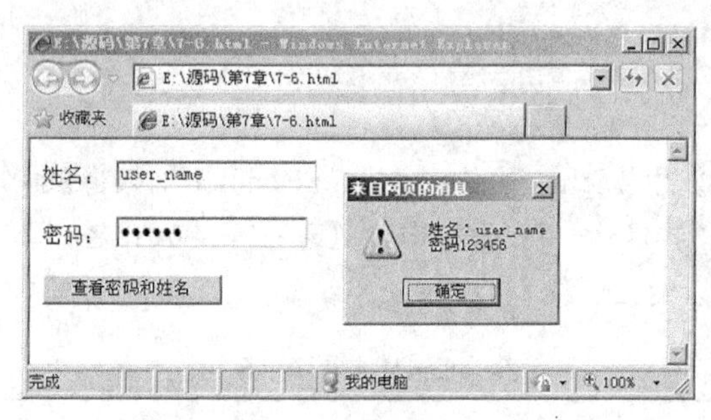

图 7-9　输出密码明文

【代码解析】本代码段是调用代码的事件的例子。关键是代码第 11 行，onclick 事件调用代码："javascript:alert('姓名：'+form1.textfield.value+'\n 密码：'+form1.password.value);"，这样看起来比较简洁。这种方法在实际使用时比较常见，以后的例子中也可以见到。

7.4.5　掌握设置对象事件的方法

事件处理程序可以在程序代码中给对象绑定，属于动态绑定的方式。这种方式灵活性比较大，根据任务的需要添加或移除不同的处理程序。这种方法通常结合 DOM 对象一起使用，通过 DOM 对象才能设置对象的事件属性，下面举例说明。

【实例 7-7】设置对象事件的方法，如下所示。

```
01  <html>                                            // 文档开始
02  <head>                                            // 文档头
03  <title>实例 7-7</title>                           // 标题
04  <script language="javascript">                    // 脚本程序开始
05  function  HandleAllLinks()                        // 处理所有链接
06  {
07      for(var i = 0; i < document.links.length; i++)
                                  // 为每一个超链接对象添加单击事件处理程序
08      {
```

```
09          document.links[i].onclick = HandleLink;// 添加事件处理程序
10      }
11  }
12  function HandleLink()                          // 定义事件处理函数
13  {
14      alert("即将离开当前页面! ");               // 提示消息
15  }
16  </script>                                      // 脚本程序结束
17  </head>
18  <body onload=" HandleAllLinks ()">             // 文档体
19  <li><a href=" 7-1.html">实例 7-1</a></li>      // 链接
20  <li><a href=" 7-2.html">实例 7-2</a></li>      // 链接
21  </body>                                        // 文档体结束
22  </html>                                        // 文档结束
```

【运行结果】打开网页文件运行程序，结果如图 7-10 所示。

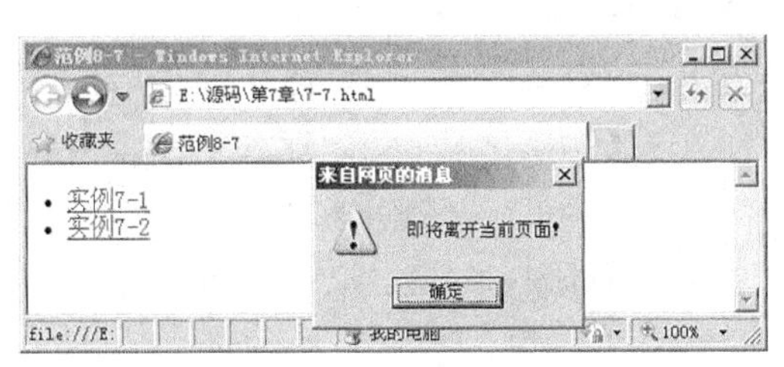

图 7-10　处理对象单击事件

【代码解析】该代码段第 18 行绑定了一个“onload”事件处理程序，在页面加载完毕时调用第 5～11 行定义的函数，其中逐一设置页面上所有超链接对象的单击事件处理程序。

7.4.6　掌握显式调用事件处理程序

在发生事件时，浏览器通常会调用绑定在对象相应事件属性上的处理程序。而在 JavaScript 中，事件并不是一定要由用户激发，也可以通过代码直接激发事件。当真的很需要事件发生时，可以通过人为的代码激发，使相应的处理函数得以执行。下面举例说明。

【实例 7-8】设置对象事件的方法，如下所示。

```
01  <body>                                         // 文档体
02  <form name="myform" method="post" action="">   // 表单
03      <input type="submit" name="mybutton" value="提交" onclick=" clickHandler()">
                                                   // 按钮
04  </form>                                        // 表单结束
05  <script language="javascript">                 // 脚本程序开始
06  function clickHandler()                        // “提交”按钮单击事件处理程序
07  {
08      alert("即将提交表单! ");                   // 提示信息
09      return true;                               // 返回真表示可以发送表单
10  }
11  myform.mybutton.onclick();                     // 主动激发“onclick”事件
12  </script>                                      // 脚本程序结束
13  </body>                                        // 文档结束
```

【运行结果】打开网页文件运行程序，其结果如图 7-11 所示。

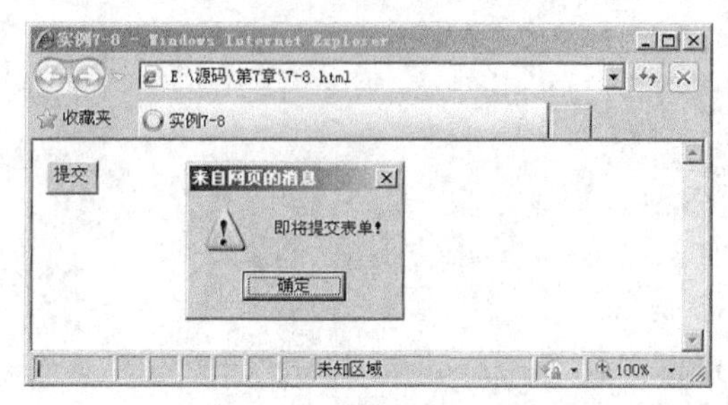

图 7-11　表单提交前提示

【代码解析】该代码段第 3 行给“提交”按钮绑定单击事件处理程序，第 11 行主动激发该按钮的单击事件而不需要用户使用鼠标单击按钮。

7.4.7　事件处理程序的返回值

在 JavaScript 中，并不要求事件处理程序有返回值。如果事件处理程序没有返回值，浏览器就会以默认情况进行处理。但是，在很多情况下程序都要求事件处理程序有一个返回值，通过这个返回值来判断事件处理程序是否正确处理，或者通过这个返回值来判断是否进行下一步操作。在这种情况下，事件处理程序返回值都为布尔值，如果为 false 则阻止浏览器的下一步操作，如果为 true 则进行默认的操作。

【实例 7-9】使用事件处理程序的返回值，求用户输入的数的累加值，如下所示。

```
01  <html><head><title>实例 7-9</title>                    // 文档开始
02  <script language="javascript">                         // 脚本程序开始
03  function SetNumber(n)                                  // 处理数字序列
04  {
05      var NumArr = new Array();                          // 创建数字数组
06      for(var i=0;i<=n;i++)                              // 逐一添加到数组
07      {
08          NumArr[i]=i;                                   // 给数组赋值
09      }
10      return NumArr;                                     // 返回数组的值
11  }
12  function GetSum()                                      // 求累加
13  {
14      var n=prompt("请输入您的值","1");                    // 取得输入值
15      if(n<-1)                                           // 判断输入值是否符合要求
16      {
17          alert("您输入的值不合法，请重新输入!");            // 提示
18          GetSum();                                      // 递归调用
19      }
20      if(n!=null)                                        // 输入有效时
21      {
22          var NumArr = new Array();                      // 创建数组
23          var sum=0;
24          NumArr = SetNumber(n);                         // 取得函数返回值
```

```
25              for(num in NumArr)                          // 逐一求和
26              {
27                  sum=sum+NumArr[num];                    // 求和
28              }
29            alert("从 0 到"+n+"的和为:"+sum);              // 输出结果
30        }
31        else
32        {
33            return;                                       // 直接返回
34        }
35    }
36    </script>                                             // 脚本程序结束
37    </head>                                               // 文档头结束
38    <body>                                                // 文档体
39    <input name="" type="Submit"  value="求和" onClick="GetSum()" />  // 按钮
40    </body></html>                                        // 文档结束-->
```

【运行结果】打开网页文件运行程序，其结果如图 7-12 所示。

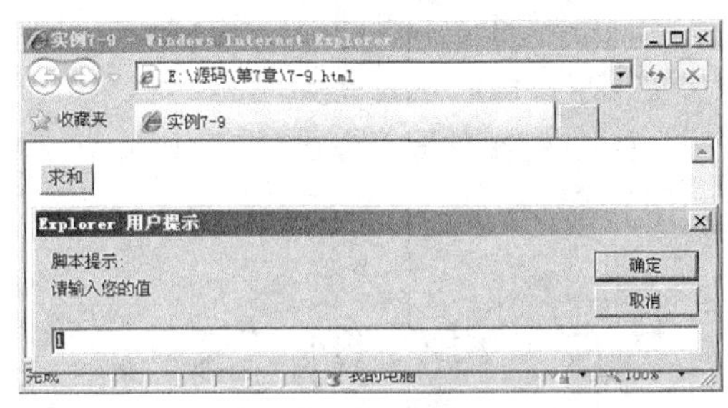

图 7-12　输入进行累加的数字

【代码解析】本代码段返回一个数组对象，这个数组已经赋过值，然后访问其中的元素以求和。程序比较简单，SetNumber 函数就是给一个数组赋值的过程，它返回一个数组 arr。

7.4.8　事件与 this 运算符

由于事件通常会调用一个函数，因此在函数体中处理数据时，常常需要用到一些与对象相关的参数。此时可以通过 this 运算符来传递参数。this 运算符代表的是对象本身。

【实例 7-10】通过给事件处理程序传递 this 参数，获取事件源对象的引用。单击提交按钮时在信息框中显示用户输入的字符，如下所示。

```
01    <head>                                                // 文档头
02    <meta http-equiv="Content-Type" content="text/html; charset=gb2312" />// -元数据
03    <script language="javascript">                        // 脚本程序开始
04    function mymethod(str)                                // 事件处理程序
05    {
06        alert("您输入的是: "+str)                         // 显示用户输入的语句
07    }
08    </script>                                             // 脚本程序结束
09    </head>                                               // 文档头结束
10    <body>                                                // 文档体
11    <form action="" method="get">                         // 表单
```

```
12  // 调用 mymethod() 函数用 this.value 取得当前对象的值做参数
13  <input type="text" name="text" onChange="mymethod(this.value)"/> // 文本框
14  <input type="submit" name="button" value="提交" />          // 按钮
15  </form>                                                        // 表单结束
16  </body>                                                        // 文档体结束
```

【运行结果】打开网页文件运行程序，其结果如图 7-13 所示。

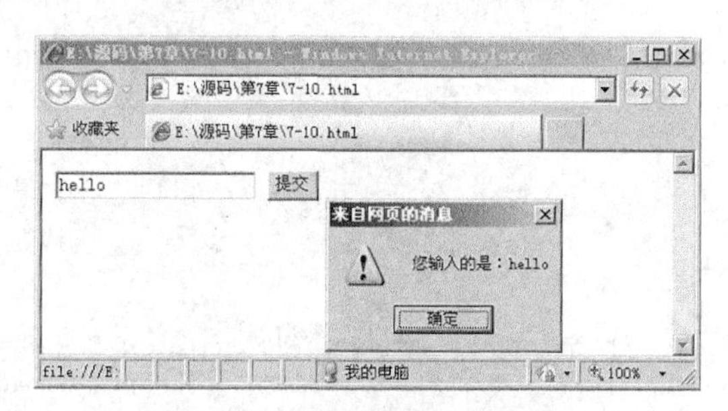

图 7-13　读取文本框中的文本

【代码解析】代码第 13 行中的 this.value 给事件处理程序传递引用事件源对象的 this 参数及其属性，以便在事件处理函数中使用事件源对象的特性。

【提示】这个方法可以很方便地获得事件源对象的信息，因此可以使用一个处理程序处理多个对象的事件。

7.5　常 用 事 件

浏览器中可以产生的事件有很多，不同的对象能产生的事件也有所不同。例如，文本框可以产生 focus（得到输入焦点）事件，而图像就不可能产生该事件。本节将介绍常用的事件及可以触发这些事件的对象。

7.5.1　浏览器事件

事件通常都是由浏览器所产生，而不是由 JavaScript 本身所产生。因此，对于不同的浏览器来说，可以产生的事件有可能不同。即使是同一种浏览器，不同版本之间所能产生的事件都不可能完全相同。例如，在 IE 6.0 中可以产生 activate 事件，而在 Netscape 6.0 中和 IE 5.0 中都不能产生该事件。

7.5.2　鼠标移动事件

鼠标移动事件包含 3 种，分别对应着 3 个状态，分别为移出对象、在对象上移动和移过对象。事件名称分别为 mouseout、mousemove 和 mouseover，事件源是鼠标。移动事件使用的方法如下所示。

```
01  <body onMousemove="javascript:this.style.background='#ffCCff';">      // 文档体
02      <li onMouseOut="javascript:this.style.background='#ff66ff';"      // 列表项
03          onMouseOver="javascript:this.style.background='#00CCC0';">
04      鼠标移过来
05      </li>                                    // 列表项结束
06  </body>                                      // 文档体结束
```

7.5.3　鼠标单击事件

鼠标单击事件分为单击事件（click）、双击事件（dblclick）、鼠标键按下（mousedown）和鼠标键释放（mouseup）4 种。其中，单击是指完成按下鼠标键并释放这一完整的过程后产生的事件；双击是指完成连续两次按下鼠标键这一个完整的过程后产生的事件；mousedown 事件是指在按下鼠标键时产生事件，并不去理会有没有释放鼠标键；mouseup 事件是指在释放鼠标键时产生的事件，在按下鼠标键时并不会对该事件产生影响。

【实例 7-11】处理文本框的鼠标事件，判断鼠标的状态，如下所示。

```
01  <title>鼠标单击事件</title>                      // 标题
02  <script language="javascript">                   // 脚本程序开始
03  function dclick()                                // 双击事件处理程序
04  {
05      form1.text.value="您双击了页面！";            // 设置文本框中显示的内容
06  }
07  function Click()                                 // 单击事件处理程序
08  {
09      form1.text.value+="您单击了页面";             // 设置文本信息
10  }
11  function down()                                  // 鼠标按下事件处理程序
12  {
13      form1.text.value="您按下了鼠标";              // 设置文本信息
14  }
15  function up()                                    // 鼠标键释放事件处理程序
16  {
17      form1.text.value="您释放了鼠标";              // 设置文本信息
18  }
19  </script>                                        // 脚本程序结束
20  </head>
21  <body  onDblclick="dclick()"  onMousedown="down()"  onMouseup="up()"  onClick=
"Click()" >                                          // 文档体
22  <form id="form1" name="form1" method="post" action="">   // 表单
23    <label>                                        // 标签
24    <textarea name="text" cols="50" rows="2"></textarea>   // 文本域
25    </label>                                       // 标签结束
26  </form>                                          // 表单结束
27  </body>                                          // 文档体结束
```

【运行结果】打开网页文件运行程序，结果如图 7-14 所示。

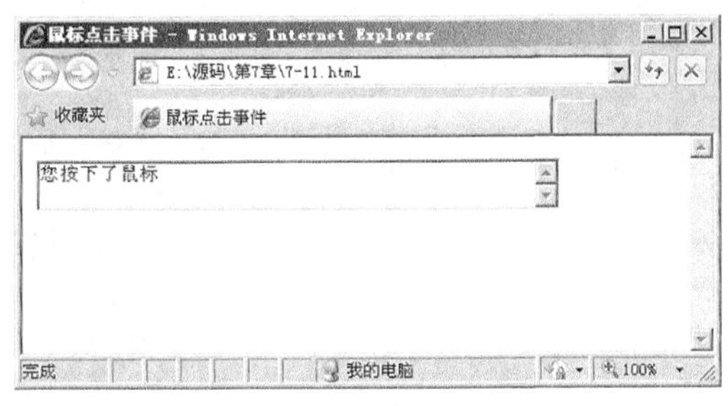

图 7-14　检测鼠标状态

【代码解析】本例演示鼠标事件使用方法。代码第 21 行是指当发生这些事件时，调用相应的函数处理，并将结果显示在文本框中。

7.5.4 加载与卸载事件

加载与卸载事件比较简单，分别为 load 与 unload。其中，load 事件是在加载网页完毕时产生的事件，所谓加载网页是指浏览器打开网页；unload 事件是卸载网页时产生的事件，所谓卸载网页是指关闭浏览器窗口或从当前页面跳转到其他页面，即当前网页从浏览器窗口中卸载。以下代码是在网页关闭时显示一个消息框。

```
<body onload="alert('welcome'); " unload="alert('see you');">// 文档加载完毕时显示消息
```

7.5.5 得到焦点与失去焦点事件

得到焦点（focus）通常是指选中了文本框等，并且可以在其中输入文字。失去焦点（blur）与得到焦点相反，是指将焦点从文本框中移出去。在 HTML4.01 中规定 A、AREA、LABEL、INPUT、SELECT、TEXTAREA 和 BUTTON 元素拥有 onfocus 属性和 onblur 属性。但是在 IE 6.0 与 Netscape 7.0 中都支持 body 元素的 onfocus 和 onblur 属性。下面的代码分别处理了得失焦点事件。

```
<input type="text" name="text" onblur="alert('失去焦点');" onfocus="alert('得到焦点');"
/>// 文本框失去焦点时提示
```

7.5.6 键盘事件

键盘事件通常是指在文本框中输入文字时发生的事件，与鼠标事件相似，键盘事件也分为按下键盘键事件（keydown）、释放键盘键事件（keyup）和按下并释放键盘键事件（keypress）3 种。3 种事件的区别与 mousedown 事件、mouseup 事件和 click 事件的区别相似。

在 HTML 4.01 中规定 INPUT 和 TEXTAREA 元素拥有 onkeydown 属性、onkeyup 属性和 onkeypress 属性。但是在 IE 6.0 与 Netscape7.0 中都支持 body 元素 onkeydown 属性、onkeyup 属性和 onkeypress 属性。

【实例 7-12】处理文本框的键盘事件，在文本框中显示键盘的按键状态，如下所示。

```
01  <title>键盘事件</title>                            // 标题
02  <script language="javascript">                  // 脚本程序开始
03  function press()                                // 击键事件处理程序
04  {
05      form1.text.value="这是 onKeypress 事件";     // 设置文本框提示信息
06  }
07  function down()                                 // 键按下事件处理程序
08  {
09      form1.text.value="这是 onKeydown 事件";      // 设置文本框提示信息
10  }
11  function up()                                   // 键释放事件处理程序
12  {
13      form1.text.value="这是 onKeyup 事件";        // 设置文本框提示信息
14  }
15  </script>                                       // 脚本程序结束
16  </head>
17  <body onkeydown="down()" onkeyup="up()" onKeypress="press()" >// 绑定事件处理程序
```

```
18  <form id="form1" name="form1" method="post" action="">   // 表单
19    <label>                                    // 标签开始
20    <textarea name="text" cols="50" rows="2"></textarea>   // 文本域
21    </label>                                   // 标签结束
22  </form>                                      // 表单结束
23  按键盘触发键盘事件
24  </body>                                      // 文档体结束
```

【运行结果】打开网页文件运行程序，结果如图 7-15 所示。

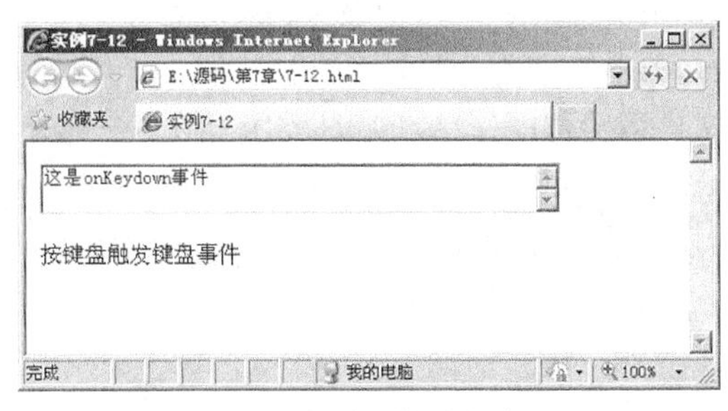

图 7-15　检测键盘状态

【代码解析】这个例子是对键盘事件应用的举例，键盘事件与鼠标事件相似。

7.5.7　提交与重置事件

提交事件（submit）与重置事件（reset）都是在 form 元素中所产生的事件。提交事件是在提交表单时激发的事件，重置事件是在重置表单内容时激发的事件。这两个事件都能通过接收返回的 false 来取消提交表单或取消重置表单。在实际应用中，这两个事件用得最多。在这里就不举例子了。

7.5.8　选择与改变事件

选择事件（select）通常是指文本框中的文字被选择时产生的事件。改变事件（change）通常在文本框或下拉列表框中激发。在下拉列表框中，只要修改了可选项，就会激发 change 事件；在文本框中，只有修改了文本框中的文字并在文本框失去焦点时才会被激发。

【实例 7-13】处理选择事件，检查用户所选择的城市，并在文本框中显示用户在下拉列表框中选择的选项，如下所示。

```
01  <script language="javascript">              // 脚本程序开始
02  function strCon(str)                         // 连接字符串
03  {
04        if(str!='请选择')                      // 如果选择的是默认项
05        {
06              form1.text.value="您选择的是："+str;  // 设置文本框提示信息
07        }
08        else                                   // 否则
09        {
10              form1.text.value="";             // 设置文本框提示信息
11        }
12  }
```

```
13  </script>                                               // 脚本程序结束
14  <form id="form1" name="form1" method="post" action="">   // 表单
15  <label>
16  <textarea name="text" cols="50" rows="2" onSelect="alert('您想复制吗? ')">
    </textarea>
17  </label><p><label><select name="select1" onchange="strCon(this.value)" >
18  <option value="请选择">请选择</option><option value="北京">北京</option> // 选项
19  <option value="上海">上海</option><option value="武汉">武汉</option>    // 选项
20  <option value="重庆">重庆</option><option value="南京">南京</option>    // 选项
21  <option value="其他">其他</option></select></label></p>                // 选项
22  </form>                                                 // 表单结束
```

【运行结果】打开网页文件运行程序，结果如图 7-16 所示。

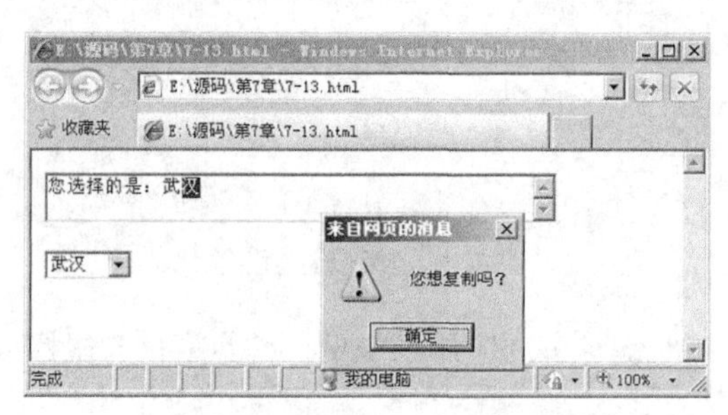

图 7-16　处理下拉列表框事件

【代码解析】第 2～12 行定义函数处理下拉列表框的选择事件，当选择一个有效项时在对话框中输出该值。第 16 行绑定程序处理文本框的选择事件，当选择其中的文本时输出提示信息。

7.6　小　　结

本章主要介绍了 JavaScript 基于对象的特性及对象的层次结构，要求读者了解面向对象的一些基本术语，对面向对象有一定的认识，重点把握对象和事件的概念。JavaScript 之所以可以与用户互动，是因为 JavaScript 的事件驱动与事件处理机制。事件驱动是由浏览器所产生的，不同的浏览器可以产生的事件是不相同的。本章介绍了 HTML 标准中所规定的几种事件，这几种事件都是在 JavaScript 编程中常用的事件，希望读者可以熟练掌握。

7.7　习　　题

一、选择题

1. 以下处于客户端对象顶级的是（　　）。

   A. document　　B. body　　C. window　　D. histroy

2. 页面加载时执行下面哪个事件？（　　）

   A. onunload()　　B. onload()

   C. onclick()　　D. onselect()

二、简答题

1. 常用的事件有哪些?
2. 请写出对象的声明和实例化的过程。
3. 简述 JavaScript 的事件驱动与事件处理机制。

三、练习题

建立两个菜单。要求菜单 a 为学生身份，有 3 项内容，分别为小学生、中学生和大学生。菜单 b 为学生的课程，它能智能响应菜单 a 的请求。如菜单 a 选择了小学生则菜单 b 自动显示小学课程（小学数学、小学语文、小学英语）。最后将所选择的信息收集起来，用对话框或文本框显示出来，中学课程（中学数学、中学物理、中学英语……），大学课程（大学物理、大学数学、大学政治……）。最后的效果如图 7-17 所示。

【提示】本题有一点综合，首先要创建一个二维的数组，用于存放数据，这个数组也就是一个对象，同时还要创建两个菜单栏，根据第 1 个菜单栏的选项确定第 2 个中的内容。参考代码如下。

```
01  <script language="javascript">                                // 脚本程序开始
02  var selItm = new Array(4);                                    // 列表框上选择数组
03  for (i=0; i<4; i++){                                          // 每一个元素引用一个数组
04      selItm[i] = new Array();                                  // 创建数组
05  }
06  selItm[0][0] = new Option("请选择", " ");                      // 定义基本选项
07  selItm[1][0] = new Option("小学数学", "小学数学");               // 选项
08  selItm[1][1] = new Option("小学语文", "小学语文");               // 选项
09  selItm[1][2] = new Option("小学英语", "小学英语");               // 选项
10  selItm[2][0] = new Option("中学数学", "中学数学");               // 选项
11  selItm[2][1] = new Option("中学物理", "中学物理");               // 选项
12  selItm[2][2] = new Option("中学语文", "中学语文");               // 选项
13  selItm[2][3] = new Option("中学英语", "中学英语");               // 选项
14  selItm[2][4] = new Option("中学政治", "中学政治");               // 选项
15  selItm[3][0] = new Option("大学数学", "大学数学");               // 选项
16  selItm[3][1] = new Option("大学物理", "大学物理");               // 选项
17  selItm[3][2] = new Option("大学语文", "大学语文");               // 选项
18  selItm[3][3] = new Option("大学英语", "大学英语");               // 选项
19  selItm[3][4] = new Option("大学政治", "大学政治");               // 选项
20  function OnS1Change(x){                                       // 处理下拉列表框 1 的事件
21      var temp = document.form1.sel12;                          // 列表框 1 引用
22      for (i=0;i<selItm[x].length;i++){                         // 遍历
23          temp.options[i]=new Option(selItm[x][i].text,selItm[x][i].value);
                                                                  // 实例化对象
24      }
25      temp.options[0].selected=true;                            // 显示菜单 1 的初始值
26  }
27  function OnS2Change(str1,str2){
28      if(str1>0){
29          switch(str1){                                         // 识别身份
30              case 1:str1="小学生";break;                        // 小学生
31              case 2:str1="中学生";break;                        // 中学生
```

```
32                  case 3:str1="大学生";break;          // 大学生
33              }
34              alert("您的身份是: "+str1+"\n 您最喜欢的科目是: "+str2); // 输出信息
35          }
36          else
37              alert("您没有选择身份");                      // 提示
38      }
39      </script>                                         // 脚本程序结束
40      <form name="form1" method="post" action="">       // 表单
41      <label>您的身份是: <select name="sel1" onChange="OnS1Change(this.value)">// 标签
42      <option value="0">请选择</option><option value="1">小学生</option> // 选项
43      <option value="2">中学生</option><option value="3">大学生</option> // 选项
44      </select>您最喜欢的科目: </label><label>           // 标签
45      <select name="sel12"/></label><label>             // 按钮
46      <input type="submit" name="Submit" value=" 确 定 " onClick="OnS2Change(sel1.
value,sel12.value)">
47      </label></form>                                   // 表单结束
```

【运行结果】打开网页文件，运行结果如图 7-17 所示。

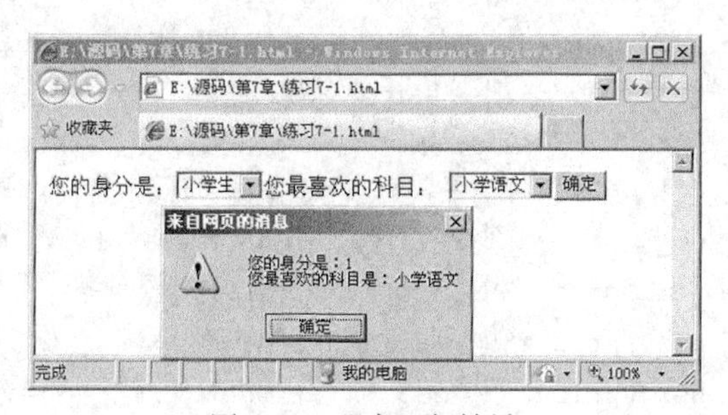

图 7-17　程序运行结果

第 8 章 屏幕和浏览器对象

screen 对象也称为屏幕对象，是一个由 JavaScript 自动创建的对象，用来描述屏幕的颜色和显示信息。navigator 对象也称为浏览器对象，用来描述客户端浏览器的相关信息。通过使用这两个对象可以进行与显示和浏览器相关的操作，本章将分别对它们进行讲解，目标如下。

- 学习屏幕对象并掌握其基本运用方法。
- 掌握浏览器对象及相关子对象的基本运用。
- 能在网页程序开发中熟练使用这两个对象来解决实际问题。

以上几点是对读者所提出的基本要求，也是本章希望达到的目的。读者在学习本章内容时可以将其作为学习的参照。

8.1 认识屏幕对象

屏幕对象（screen）提供了获取显示器信息的功能，显示器信息的主要用途是确定网页在客户机上所能达到的最大显示空间。很多情况下，用户的显示器尺寸不同，以同一尺寸设计的网页往往得不到期望的效果，为此需得知用户显示器的信息，在运行时确定网页的布局。

8.1.1 检测显示器参数

检测显示器参数有助于确定网页在客户机上所能显示的大小，主要使用 screen 对象提供的接口。显示的参数一般都包括显示面积的宽度、高度和色深等，其中宽度、高度是比较有意义的，直接与网页布局有关，色深只是影响图形色彩的逼真程度。下面举例演示如何检测显示器参数，下一节将开始针对显示器中各参数进行单独讲解。

【实例 8-1】检测用户显示器的参数，并在当前文档中输出结果，如下所示。

```
<script language="javascript">                          // 程序开始
with (document)                                         // 用 with 语句引用 document 的属性
{
    write ("您的屏幕显示设定值如下：<p>");                           // 输出提示语句
    write ("屏幕的实际高度为", screen.availHeight, "<br>");   // 输出屏幕的实际高
    write ("屏幕的实际宽度为", screen.availWidth, "<br>");    // 输出屏幕的实际宽
    write ("屏幕的色盘深度为", screen.colorDepth, "<br>");    // 输出屏幕的色盘深度
    write ("屏幕区域的高度为", screen.height, "<br>");        // 输出屏幕的区域高度
    write ("屏幕区域的宽度为", screen.width);                 // 输出屏幕的区域宽度
```

```
}
</script>                                                   // 程序结束
```

【运行结果】打开网页文件运行程序，结果如图 8-1 所示。

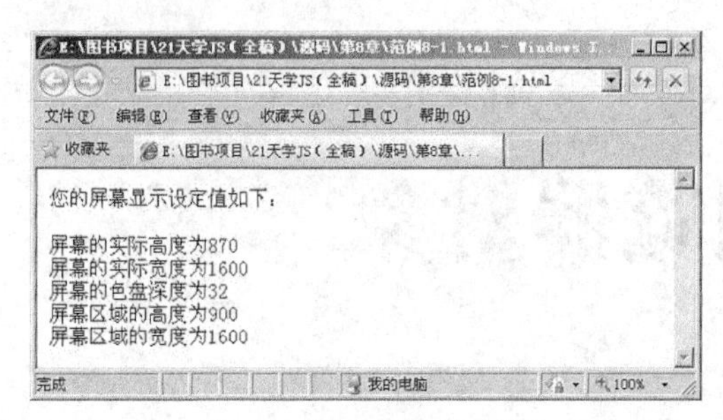

图 8-1　用户显示器参数

【代码解析】代码段中第 4～9 行将用户显示器的各参数输出在当前文档中。

【提示】实际宽度、高度（有效宽度、高度）是指除去系统固定占用的区域后的宽度、高度。

8.1.2　检测客户端显示器屏幕分辨率

显示器分辨率是指显示器所能显示的宽度和高度，通常以像素（pixel）为单位，如笔者的显示器的分辨率为 1600 × 900。在实际应用中，为了使制作的网页能适应不同的浏览器环境，最好使用 JavaScript 程序对用户的显示器进行检测，动态调整网页的布局。

【实例 8-2】检查用户的显示器分辨率，确定是否是浏览本网页所要求的分辨率（800 × 600），如下所示。

```
<script language="javascript">                              // 程序开始
var width=800;                                              // 宽 800 像素
document.write("您的屏幕分辨率是"+screen.width+" * "+screen.height);
                                                            // 屏幕分辨率
if(screen.width!=screen)                                    // 不是所要求的宽度
{
      document.write(",不是最佳分辨率，建议您将屏幕分辨率调整为 800*600。");// 提示
}
else
{
      document.write("，符合本站最佳浏览环境。");              // 提示
}
</script>                                                   // 程序结束
```

【运行结果】打开网页文件运行程序，结果如图 8-2 所示。

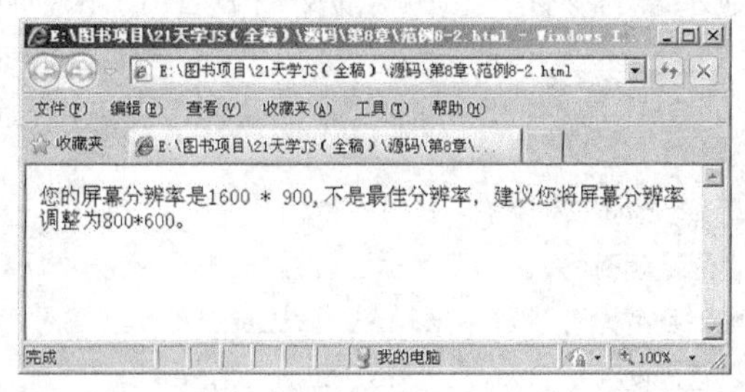

图 8-2　建议修改分辨率

【代码解析】代码段第 2 行设置本站所要求的屏幕宽度。第 3 行则取得用户当前浏览器的分辨率，然后将取得的数值和事先设定的数值相比较，从而确定用户的浏览环境是否为最佳。

8.1.3　检测客户端显示器屏幕的有效宽度和高度

有效宽度和高度是指打开客户端浏览器所能达到的最大宽度和高度。在不同的操作系统中，操作系统本身也要固定占用一定的显示区域，那么在浏览器窗口最大化打开时，也不一定占满整个显示器屏幕。也就是说，有效宽度和高度就是指浏览器窗口所能占据的最大宽度和高度。

【实例 8-3】检测当前客户端显示器屏幕的有效宽度和高度，如下所示。由于这段代码很重要，因此不做加粗处理，读者需着重学习。

```
01  <html>                                                    // 文档开始
02  <head></head>                                             // 文档头
03  <body>                                                    // 文档体
04  <script language="javascript">                            // javascript 开始
05  with(document)                                            // 设置上下文
06  {
07       writeln(" 网页可见区域宽: "+ document.body.clientWidth+"<br>");
                                                              // 网页可见区域宽
08       writeln( " 网页可见区域高: "+ document.body.clientHeight+"<br>");
                                                              // 网页可见区域高
09       writeln(" 网页可见区域宽: "+ document.body.offsetWidth + "(包括边线和滚动条的
宽)"+"<br>");
10       writeln( " 网页可见区域高: "+ document.body.offsetHeight + "(包括边线的
宽)"+"<br>");
11       writeln(" 网页正文全文宽: "+ document.body.scrollWidth+"<br>");
                                                              // 网页正文全文宽
12       writeln(" 网页正文全文高: "+ document.body.scrollHeight+"<br>");
                                                              // 网页正文全文高
13       writeln( " 网页被卷去的高(ff): "+ document.body.scrollTop+"<br>");
                                                              // 网页被卷去顶部分(ff)
14       writeln(" 网页被卷去的高(ie): "+ document.documentElement.scrollTop+ "<br>");
15       writeln( " 网页被卷去的左: "+ document.body.scrollLeft+"<br>");
                                                              // 网页被卷去左部分
16       writeln( " 网页正文部分上: "+ window.screenTop+"<br>");     // 网页正文部分上
17       writeln( " 网页正文部分左: "+ window.screenLeft+"<br>");    // 网页正文部分左
18       writeln( " 屏幕分辨率的高: "+ window.screen.height+"<br>");     // 分辨率高
19       writeln(" 屏幕分辨率的宽: "+ window.screen.width+"<br>");   // 分辨率宽
20       writeln(" 屏幕可用工作区高度: "+ window.screen.availHeight+"<br>");
                                                              // 有效工作区高度
21       writeln( " 屏幕可用工作区宽度: "+ window.screen.availWidth+"<br>");// 有效工作
区宽度
22  }
23  </script>                                                 // 程序结束
24  </body>                                                   // 文档体结束
25  </html>                                                   // 文档结束
```

【运行结果】打开网页文件运行程序，其结果如图 8-3 所示。

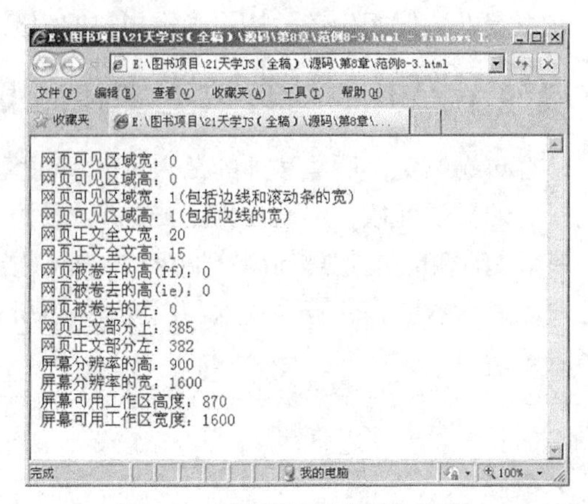

图 8-3　屏幕的有效宽度和高度

【代码解析】代码段第 5 行用 with 语句将 document 对象设置为其块中的上下文默认对象。代码第 7～21 行分别获取了显示器屏幕的有效高度和宽度，将屏幕的各属性全部输出。

8.1.4　网页开屏

网页开屏是一种特效，在网页打开时，窗口由小变大逐渐展开到最大，增强视觉效果。使用脚本程序操作本文介绍的 screen 对象即可实现这种效果。方法是在打开新窗口时，将其尺寸设置为最小，然后通过用定时器逐渐增加其尺寸，当增加到一个合适的尺寸时移除定时器即可。下面通过一个简单的例子来演示。

【实例 8-4】实现网页开屏效果，打开新窗口时其从小逐渐变大，如下所示。

```
01  <script language="javaScript">                          // 程序开始
02  var x=10;                                               // 窗口的初始高宽为 10
03  var y=window.screen.availHeight;                        // 最终高为显示器实际可用高
04  var dx=5;                                               // 定义每次增量 dx;
05  var newFrm=window.open("","newForm","menubar=0,toolbar=0");  // 打开新窗口
06  newFrm.resizeTo(x,y);                                   // 将窗口缩放到指定大小
07  var intervalID=window.setInterval("active()",100);
                                                            // 设置定时调用一次 active
08  function active()
09  {
10      if(newFrm.closed)                                   // 如果 newFrm 关闭
11      {
12          clearInterval(intervalID);                      // 移除定时器
13          return;                                         // 返回
14      }
15      if(x<screen.availWidth)
16           x+=dx;                                         //当 x 小于屏幕可用工作区宽度时
17      else
18           clearInterval(intervalID);                     // 移除定时器
19      newFrm.resizeTo(x,y);                               // 窗口改变到指定大小
20  }
21  </script>                                               // 程序结束
```

```
22  <input type="button"  value="stop" onClick="clearInterval(intervalID);newFrm.
    close();">
```

【运行结果】打开网页文件运行程序，其结果如图 8-4 所示。

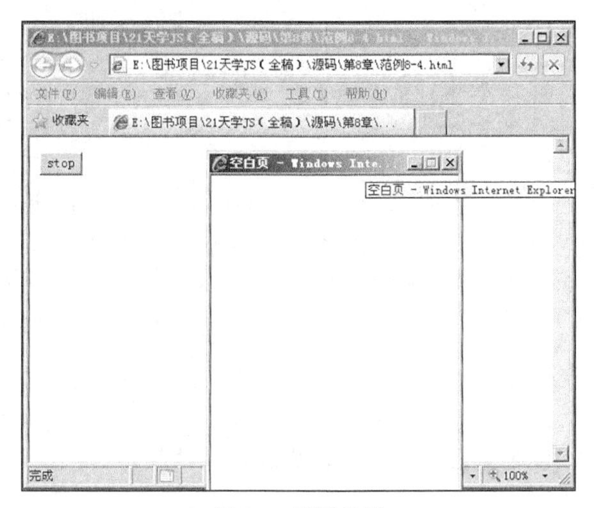

图 8-4　开屏效果

【代码解析】该代码段第 3～5 行设置新打开窗口的初始状态，第 6、7 行创建一个新窗口并移到指定位置，然后再设置每隔 0.1s 调用一次 active 函数。第 9～21 行实现窗口的缩放功能。

【提示】读者可以使用 screen 对象的 availHeight 和 availWidth 属性尝试实现网页动态布局设计。

8.2　认识浏览器对象

JavaScript 中使用 navigator 对象（浏览器对象）来操作浏览器，其包含了浏览器的整体信息，如浏览器名称、版本号等。早期的 Netscape 浏览器称为 Navigator 浏览器，navigator 对象是在 Navigator 浏览器之后命名的。后来，navigator 对象成为一种标准，IE 浏览器也支持 navigator 对象。但是，不同的浏览器都制定了不同的 navigator 对象属性，使得 navigator 对象属性并不统一。

8.2.1　获取浏览器对象

在进行 Web 开发时，通过 navigator 对象的属性来确定用户浏览器的版本，进而编写有针对某一浏览器版本的代码。因为当前流行着几大浏览器，并且各浏览器对 W3C 的 Web 规范的实现都有区别，在编程时有必要识别不同的浏览器。navigator 的常用属性如下。

- appCodeNam，浏览器的代码名称。
- appName，浏览器的实际名称。
- appVersion，浏览器的版本号和平台信息。

这些都是在 Web 开发中经常用到的属性。例如，XMLHttpRequest 对象创建方式，在 IE 浏览器中和其他浏览器是不同的，因此需要通过读取 navigator 对象的 appName 属性来确定是不是在 IE 浏览器中。

【实例 8-5】使用 navigator 对象，输出当前浏览器的信息，如下所示。

```
01  <body>                                              // 文档体
02  <Script language="javascript">                      // JavaScript 标签
03  with (document)                                     // 用 with 语句引用 document 的方法
04  {
05        write ("你的浏览器信息：<OL>");                  // 输出浏览器信息
06        write ("<LI>代码："+navigator.appCodeName); // 输出浏览器代码
07        write ("<LI>名称："+navigator.appName);     // 输出浏览器名称
08        write ("<LI>版本："+navigator.appVersion);  // 输出浏览器版本
09        write ("<LI>语言："+navigator.language);    // 输出浏览器语言
10        write ("<LI>编译平台："+navigator.platform);// 输出浏览器编译平台
11        write ("<LI>用户表头："+navigator.userAgent);// 输出浏览器用户表头
12  }
13  </script>                                           // 程序结束
14  </body>                                             // 文档体结束
```

【运行结果】打开网页文件运行程序，其结果如图 8-5 所示。

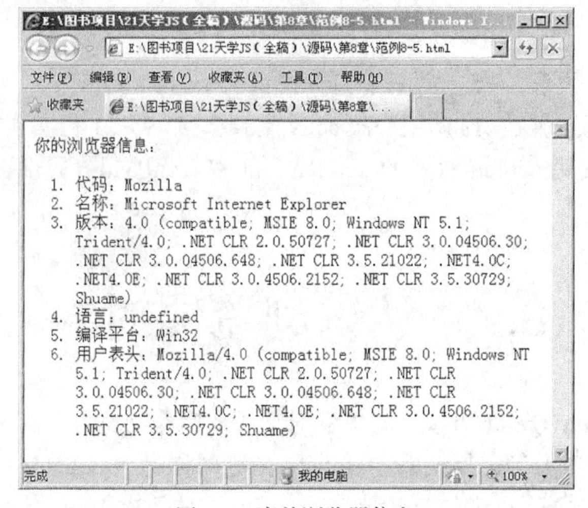

图 8-5　当前浏览器信息

【代码解析】本例演示了浏览器对象的属性的使用方法，代码第 5～11 行分别打印出了浏览器的代码、名称版本、语言、编译平台和用户表头。

8.2.2 MimeType 对象

MimeType 对象提供当前浏览器所支持的 MIME 类型信息，其中 MIME 类型信息以数组的形式保存。Plugin 主要管理当前浏览器中已经安装的插件或外挂程序的信息，在应用中该对象非常重要。例如，检测当前浏览器是否已经安装 Flash 播放器插件，如果还没有则可以提醒用户下载并安装，这对包含 Flash 内容的网页非常重要。下面通过例子说明如何枚举浏览器所支持的 MIME 类型。

【实例 8-6】检查浏览器支持 MIME 类型的种类和当前已安装的外挂程序，如下所示。

```
01  <script language="javascript">                      // 程序开始
02  var count = navigator.mimeTypes.countgth;           // 取得 MIME 数量
```

```
03  with (document)                                        // 改变上下文对象
04  {
05       write ("当前浏览器共支持" + count + "种 MIME 类型: ");
06       write ("<TABLE BORDER>")                          // 输出表格
07       write ("<CAPTION>MIME type 清单</CAPTION>")        // 输出标题
08       write ("<TR><TH> <TH>名称<TH>描述<TH>扩展名<TH>附注")
09       for (var i=0; i<count; i++)                       // 遍历 MIME 数组
10       {
11           write("<TR><TD>" + i + "<TD>" + navigator.mimeTypes[i].type +
                                                           // 输出各项的值
12           "<TD>" + navigator.mimeTypes[i].description +"<TD>" +
13           navigator.mimeTypes[i].suffixes + "<TD>" +
14           navigator.mimeTypes[i].enabledPlugin.name);   // 输出插件名
15       }
16  }
17  </script>                                              // 程序结束
```

【运行结果】打开网页文件运行程序，结果如图 8-6 所示。

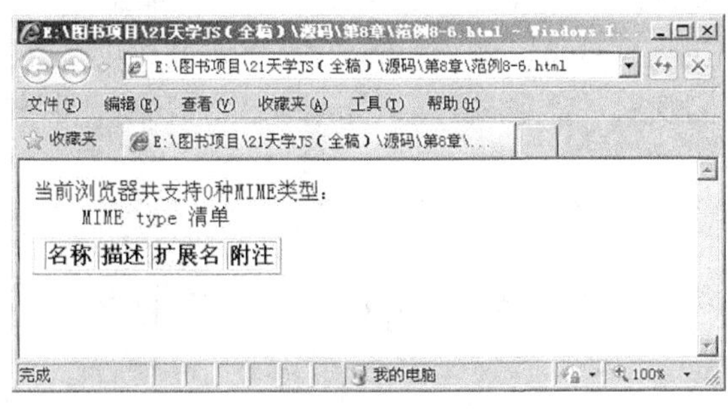

图 8-6　MIME 类型信息

【代码解析】该代码段第 5～8 行是控制在浏览器中显示的形式（表格形式）。代码第 9～15 行读取 MimeType 对象相关属性并输出。

8.2.3　浏览器对象的 javaEnabled 属性

javaEnabled 方法用于判断当前浏览器是否已经启用 Java 支持功能。该方法对于包含 JavaApplet 程序的网页非常有用，由此方法得出的结果可以确定是否使用 Java 程序。它对于不包含 Java 程序的网页意义不大，调用方法如下。

```
navigator.javaEnabled()
```

【实例 8-7】检查浏览器是否已经启用 Java 支持功能，如下所示。

```
01  <script language="javascript">                    // JavaScript 开始
02       document.write("navigator 对象的方法"+"<br>")
03       if(navigator.javaEnabled())                   // 浏览器是否支持 Java 的方法
04       {
05            document.write("浏览器支持并启用了 Java 的方法!") ;
06                                                     // 提示用户支持 Java 方法
07       }
08       else                                          // 不支持时
09       {
```

```
10            document.write("浏览器不支持或没有启用 Java 的方法! ")
11                                                   // 提示用户不支持 Java 方法
12        }
13    </script>                                      // 程序结束
```

【运行结果】打开网页文件运行程序，结果如图 8-7 所示。

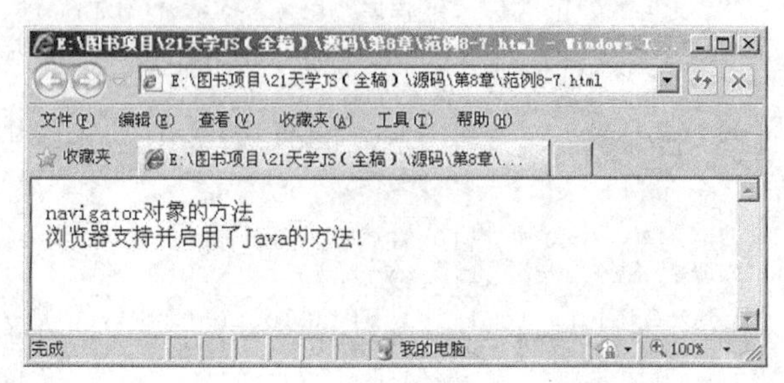

图 8-7　当前浏览器支持 Java

【代码解析】该代码段第 3 行通过调用 navigator 对象的 javaEnabled 方法来确定是否已经开启 Java 支持功能。返回 true 则表示已经开启，返回 false 表示未开启。

【提示】在互联网技术刚刚兴起时，JavaApplet 在 Web 页中的交互性特别强大，很受用户欢迎。浏览器技术也正好刚刚发展，于是内建了与 Java 相关的功能，本文介绍的 javaEnabled 就是其一。

8.3　小　　结

本章介绍了 screen 对象和 navigator 对象，其中 screen 对象主要描述客户端的显示器信息，如屏幕的分辨率、可用屏幕宽度和高度和可用颜色数等。navigator 对象主要描述浏览器的整体信息，如浏览器名称、版本号等。这两个对象在应用开发中比较重要，通常用来实现与网页布局相关的功能，navigator 对象提供插件检测的功能，检测某一插件是否已经安装，对依赖于某一插件的 Web 页意义重大。

8.4　习　　题

一、选择题

1. 以下哪项用于获取显示器宽度？（　　）

   A. screen.width　　B. screen.height

   C. screen.availHeight　　D. screen.availWidth

2. 以下能够获取浏览器名称的是（　　）。

   A. navigator.language

   B. navigator.appVersion

   C. navigator.appName

   D. navigator.appCodeName

二、简答题

1. 列举屏幕和浏览器对象的一些常用方法与属性。

2. 如何检验用户的分辨率?

三、练习题

1. 编写程序，使用户可以定制窗口的背景色、窗口大小和字体颜色。

【提示】结合本章和前面所学的知识，使用 Window 对象的 resizeTo 方法操作窗口的尺寸。通过修改 document 对象的 bgColor 和 fgColor 属性来更改网页背景色和字体颜色，参考代码如下。

```
01  <script language="JavaScript">                              // 程序开始
02  function Apply()                                            // 应用更改
03  {
04      document.bgColor=BGCLR.value;                           // 设置背景色
05      document.fgColor=FTCLR.value;                           // 设置字体颜色
06      window.resizeTo(parseInt(WIDTH.value), parseInt(HEIGHT.value));
                                                                // 设置窗口尺寸
07  }
08  </script>                                                   // 程序结束
09  背景颜色：<input type="text" value="#333333" id="BGCLR"><br>    // 背景
10  字体颜色：<input type="text" value="#000000" id="FTCLR"><br>    // 字体
11  窗口宽度：<input type="text" value="400" id="WIDTH"><br>        // 宽度
12  窗口高度：<input type="text" value="600" id="HEIGHT">           // 高度
13  <input type="button" value="应用更改" onClick="Apply()">        // 按钮
```

【运行结果】打开网页文件运行程序，其效果如图 8-8 所示。

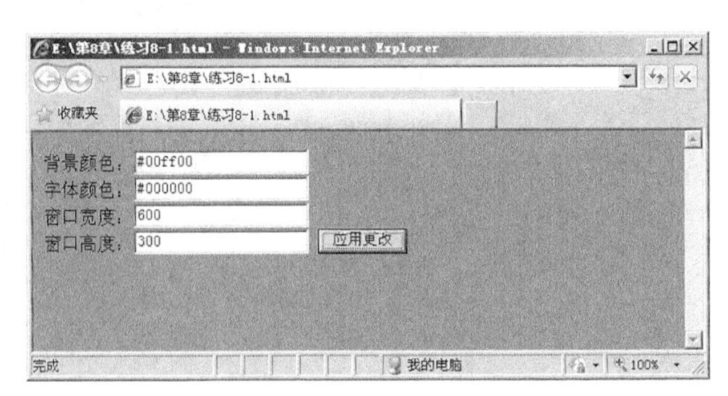

图 8-8　定制网页视觉效果

2. 实现打字机式字符输出效果，将"学 JavaScript，乐趣无穷！"用打字效果输出。

【提示】使用定时器实现打字延迟，使用获取子串的方式从完整的字符消息串中提取文本，逐串增加字符。参考代码如下。

```
01  <SCRIPT language="JavaScript">                              // 程序开始
02      var str = "学 JavaScript，乐趣无穷！";                    // 信息文本
03      var wrt = "";var index=0;                               // 初始变量
04      function OnTime()                                       // 时钟事件
05      {
06          wrt = str.substring( 0, (++index)%str.length );     // 取子串
07          VP.innerHTML = wrt;                                 // 设置文本
08      }
```

```
09      setInterval( " OnTime()", 300 );                    // 设置定时器
10  </SCRIPT>
11  <DIV id="VP"></DIV>                                     // 信息层
```

【运行结果】打开网页运行程序，将出现图 8-9 所示的打字效果。

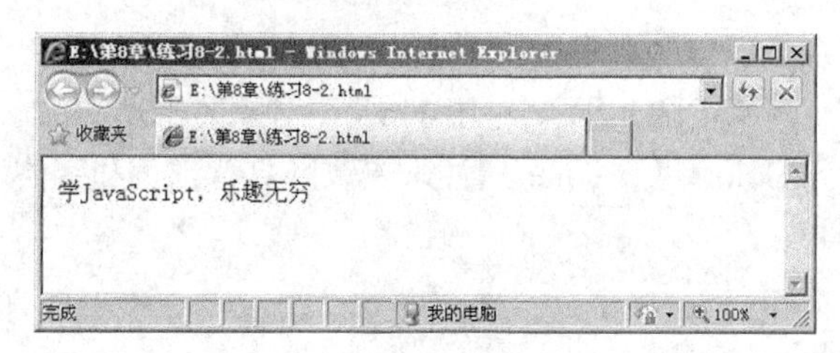

图 8-9　打字效果

第 9 章 文档对象

前面的内容已经大量使用过 document 对象，本章将对其进行专门讲解。document 是一个文档的逻辑对象，管理与一个文档相关的信息并提供操作文档的接口，在 JavaScript 中称它为文档对象。document 对象是 window 对象的一个子对象，window 对象代表浏览器窗口，而 document 对象代表了浏览器窗口中的文档，本章目标如下。

- 理解并掌握 document 对象，并在应用开发中灵活运用。
- 理解并掌握图像对象的特性及应用。
- 理解并掌握锚对象的链接对象的特性及运用。

以上几点是对读者所提出的基本要求，也是本章希望达到的目的。读者在学习本章内容时可以将其作为学习的参照。

9.1 认识文档对象

document 对象代表一个浏览器窗口或框架中显示的 HTML 文件。浏览器在加载 HTML 文档时，为每一个 HTML 文档创建相应的 document 对象。JavaScript 通过 document 对象来操作 HTML 文档，如创建节点、改变文档显示的内容等。

文档对象即 document 对象，它为操作 HTML 文档提供接口。document 拥有大量的属性和方法，其组合了大量的子级对象，如图像对象、超链接对象和表单对象等。这些子对象可以用来控制 HTML 文档中的图片、超链接和表单元素等。document 对象为操作文档提供一个统一的接口，其负责管理下级子对象的关系信息。HTML 文档中相当多的功能是由子级对象提供的，document 对象对这些功能进行组合抽象。

document 对象不需要手工创建，在文档初始化时就已经由系统内部创建，直接调用其方法或属性即可，通常在程序中使用，如文档 URL、最后修改日期和超链接颜色等属性。结合配置文件可以实现文档定制的功能，调用语法如下。

```
01  document.location=";          // 设置链接
02  document.lastModfied;         // 查看文档最后修改时间
```

使用形式和其他对象没有区别，下面通过例子来加深认识。

【实例 9-1】使两个文本框中的文字内容保持一致，在一个文本框中输入字符，另一个也发生相应的变化，如下所示。

```
01  <html>
```

```
02   <head><title>实例 9-1</title></head>        // 文档头和标题
03   <body ><p>                                   // 文档体
04   <form name="first" >                         // 第 1 个表单
05       文本框 1:
06                                                // 用表单名引用表单及元素
07   <input type="text" onKeyPress="document. second.elements[0].value=this.value;
"value="在这里输入内容" >
08   </form>
09   <form name="second">                         // 第 2 个表单
10       文本框 2:
11                                                // 绑定事件处理程序
12   <input type=text onKeyPress="document.forms[0].elements[0].value=this.value; "
value="在这里输入内容 13">                        // 触发 onKeyPress 事件的文本框
13   </form>
14   </body>
```

【运行结果】打开网页文件运行程序，在其中一个文本框中输入内容，另外一个也跟着变化，效果如图 9-1 所示。

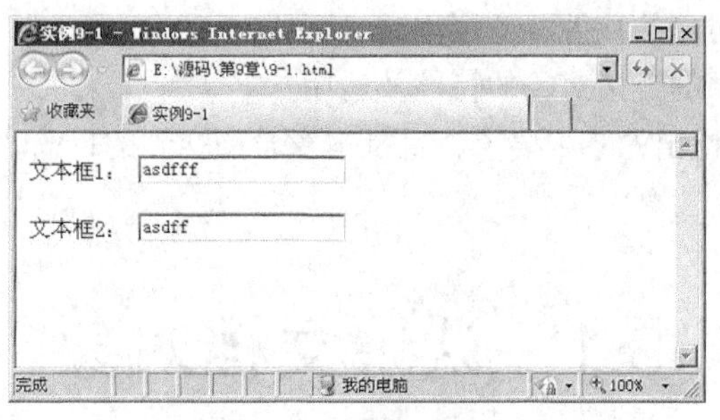

图 9-1　两个文本框内容一致

【代码解析】该代码段第 7、12 行在 HTML 标签中嵌入 JavaScript 程序，其保持当前文本框的内容与另一个文本一致。即在第 1 个表单中输入值时，触发键盘事件，执行嵌入在 HTML 标签中的 JavaScript 程序，使得表单 2 中的文本框中的文本与文本框 1 中的一样。

【提示】document 对象的内容非常多，涉及文档操作的各个方面，读者需要在应用中慢慢积累。

9.2　操作文档对象

前面介绍了文档对象及如何使用这个对象，本节将讨论它的一些应用。由于 document 对象的属性和方法比较多，而且在实际应用中使用也比较广泛，是 JavaScript 中最重要的一个对象。下面通过一些例子来介绍这些应用。

9.2.1　设置超链接的颜色

在一个网页中，通常会有很多链接，因此也有很多的链接文本。在默认情况下，未访问过的文本呈蓝色，已访问过的和正在访问的则为暗红色。但是，如果所有的链接都千篇一律地使用这一种风格，有时可能会使页面显得很单调。

为了解决这个问题，document 对象提供了 vlinkColor 属性、linkColor 属性和 alinkColor 属性。这 3 个属性可以分别设置文档中未访问过的超链接的颜色、已访问过的超链接的颜色和正在访问的超链接的颜色。这样就可以使页面的色彩更加丰富。

【实例 9-2】 设置超链接的颜色，使得超链接文本在访问前后字体发生变化，如下所示。

```
01  <html>
02  <head>                                                      // 文档的头
03  <Script Language="JavaScript">                              // JavaScript 开始
04  function setcolor()
05  {
06      document.vlinkColor="blue";                             // 未访问过的超链接的颜色
07      document.linkColor="green";                             // 已访问过的超链接的颜色
08      document.alinkcolor="red";                              // 访问过的超链接的颜色
09  }
10  </script>                                                   // JavaScript 结束
11  </head>                                                     // 文档头的结束
12  <body >                                                     // 主体
13  <A href="http://www.baidu.com" onMouseOver="setcolor()"> 到百度查询</a>
                                                                // 链接
14  </body>                                                     // 主体结束
15  </html>
```

【运行结果】打开网页文件运行程序，结果如图 9-2 所示。

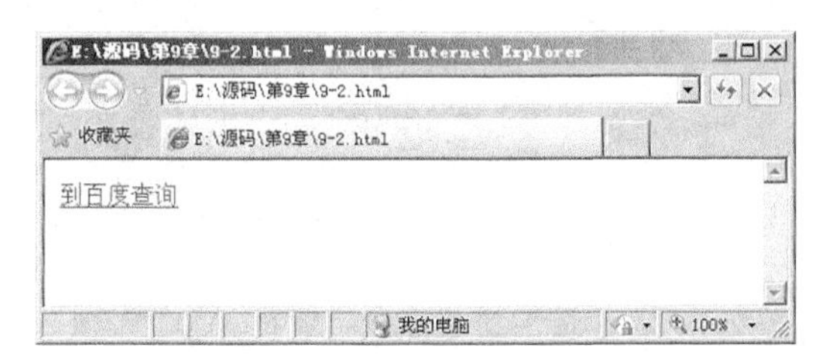

图 9-2 链接颜色

【代码解析】该代码段第 6～8 行设置了超链接在访问前、访问后和正在访问时的颜色。其中，将访问前的颜色设置为 blue，访问中的颜色设置为 green，而访问后的颜色则设置为 red。

【提示】本例比较精简。但这几个属性在实际应用中比较实用，建议读者最好能记下来自己去推敲。

9.2.2 设置网页背景颜色和默认文字颜色

document 对象中包含保存网页背景和文档默认字体颜色的属性，背景颜色属性为 bgColor，默认字体颜色属性为 fgColor，两者都是可读写的。通过更改这两个属性的值可以改变网页背景色和字体颜色，效果与在“<body>”标签中设定的一样。下面通实例的形式来加深读者印象。

【实例 9-3】 使用 bgColor 属性和 fgColor 属性来设置网页背景颜色和默认文字颜色，如下所示。

```
01  <html>
02  <head>                                          // 文档的头
```

```
03  <title>实例 9-3</title>                        // 文档的标题
04  <script language="JavaScript">                 // JavaScript 开始
05  document.bgColor="black" ;                     // 设置背景颜色
06  document.fgColor="white"                       // 设置字体颜色
07  function changeColor()                         // 自定义一个改变颜色的函数
08  {
09      document.bgColor="";                       // 设置背景颜色
10      document.body.text="blue"     ;            // 设置字体颜色
11  }
12  function outColor()                            // 当鼠标移开时调用下面这个函数
13  {
14      document.bgColor="pink";                   // 设置背景颜色
15      document.body.text="white";                // 设置字体颜色
16  }
17  </script>                                      // JavaScript 结束
18   </head>                                       // 头的结束
19   <body>                                        // 主体
20   <h1 onMouseOver="changeColor()" onMouseOut="outColor()">玉楼春</h1>
                                                   // 1 级题
21   <P onMouseOver="changeColor()" onMouseOut="outColor()"> 晚妆初了明肌雪， 春殿
嫔娥鱼贯列。</P>
22   <P onMouseOver="changeColor()" onMouseOut="outColor()"> 凤箫吹断水云闲， 重按
霓裳歌遍彻。</P>
23   <P onMouseOver="changeColor()" onMouseOut="outColor()"> 临风谁更飘香屑， 醉拍
阑干情味切。</P>
24   <P onMouseOver="changeColor()" onMouseOut="outColor()"> 归时休放烛花红， 待踏
马蹄清夜月。</P>
25   </body>                                       // 主体结束
26   </html>
```

【运行结果】打开网页文件运行程序，结果如图 9-3 所示。

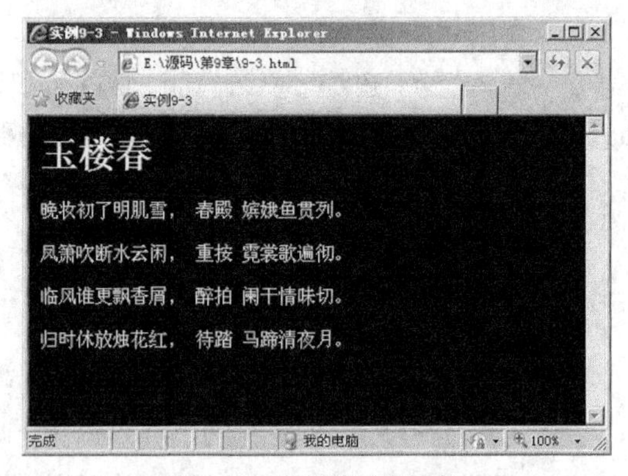

图 9-3　改变网页背景色

【代码解析】该代码段第 7～11 行自定义一个变色函数，其中第 9、10 行分别是设置网页的背景色和文字的颜色。第 12～16 是当鼠标移开文字时将其背景色设为 pink，字体颜色设为 white。

【提示】在设计网页时，需要设置背景色和前景色，这时可以用实例 9-3 的方式来调试这两种颜色的设置，这样可以找到一组最佳的颜色组合。

9.2.3 设置文档信息

浏览器中的每一个 HTML 文档都包含最后修改日期、标题和 URL 地址等信息，于是在 document 对象中也有相应的属性保存这些信息。通过读取 lastModified、title 和 url 属性即可获得，其中 url 属性比较常用，它表明了文档的来源。在 HTML 文件的最下方输出这些信息，可以方便用户查看文档是否已经更新，也可以根据这些信息来确定是否需要重新打印文档。

【实例 9-4】使用 document 对象来显示文档的信息，如下所示。

```
01  <html>
02  <head>                                          // 文档的头
03  <title>实例 9-4</title>                          // 文档的标题
04  </head>                                         // 文档头的结束
05  <body>                                          // 文档主体
06  <script language="JavaScript">                  // JavaScript 开始
07        with(document)                            // 访问 document 对象的属性
08        {
09              writeln("最后一次修改时间: "+document.lastModified+"<br>");
                                                    // 显示修改时间
10              writeln("标题:"+document.title+"<br>");    // 显示标题
11              writeln("URL:"+document.URL+"<br>");       // 显示 URL
12        }
13   </script>                                      // 结束 JavaScript
14   </body>                                        // 文档主体结束
15  </html>
```

【运行结果】打开网页文件运行程序，结果如图 9-4 所示。

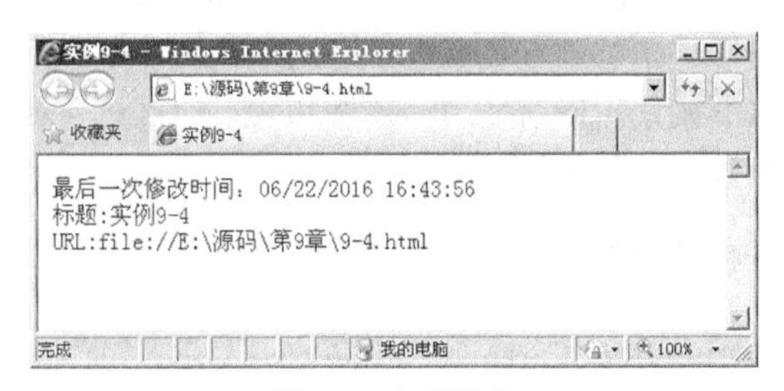

图 9-4 文档信息

【代码解析】该代码段第 7～12 行读取一些文档信息属性的值，并输出文档的标题、最后一次的修改时间和文档的地址。

【提示】文档的属性有很多，这里只列举了 3 个，有兴趣的读者可以去查找相关资料查阅。

9.2.4 在标题栏中显示滚动信息

网页中经常可以看到滚动显示信息的“跑马灯”程序，这些程序通常用在状态栏里，其实这种程序不只是用在状态栏中，也可以用在标题栏中。将 document 对象的 title 属性与 window 对象的 setInterval 方法相结合，可以在浏览器窗口显示动态标题，也就是可以在标题栏里实现信息的滚动。

【实例 9-5】在标题栏中显示滚动信息，如下所示。

```
01  <script>                                       // JavaScript 程序
02  var str="欢迎光临本站!"                        // 给字符串赋初值
03  function titleMove()
04  {
05      str=str.substring(1,str.length)+str.substring(0,1);
                                                   // 设置当前标题栏和状态栏中要显示的字符
06      document.title=str;                        // 重新设置文档的标题
07      status=str;                                // 设置状态栏的信息
08  }
09  if(str.length>20)str="欢迎光临本站!";          // 如果字符数大于指定的长度，让它变成初始状态
10          setInterval("titleMove()",100);        // 调节滚动速度
11  </script>                                      // JavaScript 结束
```

【运行结果】打开网页文件运行程序，结果如图 9-5 所示。

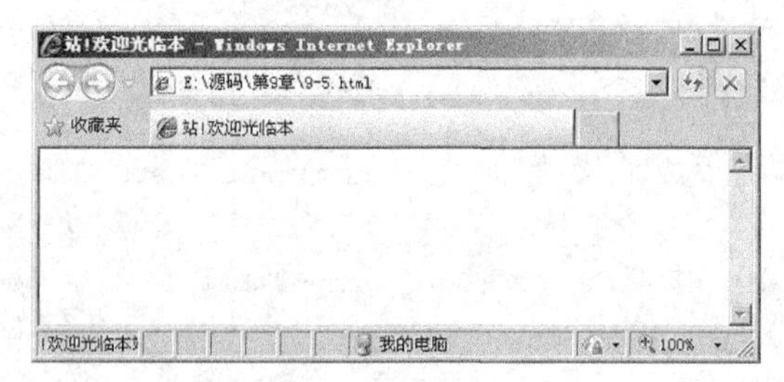

图 9-5　状态栏信息

【代码解析】该代码段第 3～8 行的作用是重新设置标题栏中的信息，而每次信息都不一样。代码第 9、10 行是利用 setInterval 方法，以指定的周期（以毫秒计）来调用函数或计算表达式。setInterval 方法每隔 0.1 秒调用一次函数。代码第 5 行运用 substring（N1,N2）这个常用的字符串处理函数，截取不同的字符串。再利用 title 属性显示出来，就可以做出滚动效果。

【提示】setInterval 方法的使用。同时使用标题栏和状态栏虽然显示的空间比较小，但是加以合理利用后，也会给网页增添一分艺术效果。

9.2.5　其他文档对象常见操作

使用 document 对象的 write 方法和 writeln 方法除了可以在当前文档中输出内容，还可以在其他浏览器窗口的文档中输出内容。在介绍如何在其他文档中输出内容之前，先介绍 document 对象中的另外两个方法，调用方法如下。

```
document.open()
document.close()
```

这两个方法在前面已经介绍过，但在这里又会用上。

到目前为止，打开一个新的 HTML 文档对读者来说已经不是什么难事了，但有时想打开的并不是一个 HTML 文档，就得考虑怎样输出一个非 HTML 文档。

使用 open 方法可以打开一个文档流，在默认情况下将会打开一个新的 HTML 文档。如果要想打开的不是 HTML 文档，就要给 open 方法传递一个参数。

9.3 图像对象

图像在网页设计中有很重要的用途，它是美化网页的关键，通过一些 jpg、Gif 类图像，可以为网页带来视觉享受，也可以让用户有更直观的感受，还可以产生很大的视觉冲击力。因此，图像对象在网页中的使用也是非同寻常的。本节将会介绍 Image 对象及其使用方法。

9.3.1 图像对象概述

Image 对象又称为图像对象。它是一个特殊数组中的元素，这个数组就是 document 对象的 images 属性的返回值。这个数组中的每一个元素都是一个 Image 对象用来设置图片的属性、方法和事件等。

在 HTML 文档里，有可能会存在多张图片，JavaScript 在加载 HTML 文档时，就会自动创建一个 images[]数组，这些数组就是图像对象。数组中的元素个数由 HTML 文档中的<img>标签决定。JavaScript 为每一个<img>标签在 images 数组中创建一个元素。因此，images[]数组的每一个元素都代表着 HTML 文档中的一张图片，通过对 images[]数组元素的引用，可以达到引用图片的目的。

9.3.2 创建和使用图像对象

若要使用图像对象，首先要知道如何创建一个图像对象。创建一个对象的方法与第 8 章中所介绍的方法一样。这是一个内置对象，可以直接创建，方法如下。

```
newImg = new Image()
```

可以通过改变所创建对象的方法和属性来调整图像的显示。

【实例 9-6】创建一个图像对象并显示图片，如下所示。

```
01  <html>
02  <head><title>实例 9-6</title>                       // 文档的头
03  <script language = "JavaScript">                  // JavaScript 开始
04  function changeImg()
05  {
06        newImage = new Image();                     // 创建一个图像对象
07        newImage.src = "flower.jpg";                // 设置图像对象的 src 属性
08  }
09  </script>
10  </head>
11  <body onLoad="javascript:changeImg()">            // 调用 changeImg
12  <a href="#" onMouseOver="javascript:document.img01.src='flower.jpg'">
                                                      // 响应鼠标事件的链接
13  <img name="img01" src="flower1.jpg"></a>          // 图片标签
14  </body>
15  </html>
```

【运行结果】打开网页文件运行程序，其结果如图 9-6 所示。

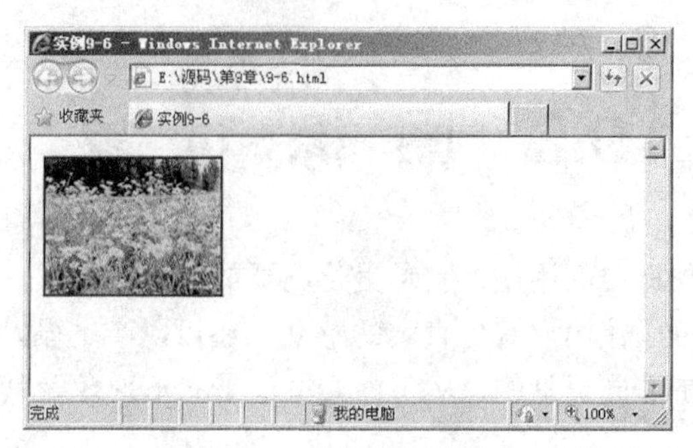

图 9-6　示例运行结果

【代码解析】该代码段第 4～8 行创建一个图像对象，同时对这个对象的 src 属性进行设置。代码第 12 行则用了一个嵌入 HTML 的 JavaScript 程序，这个链接响应 onMouseOver 事件。因此，当鼠标移到图像上时，就会自动调用程序，将原来的图片换成另一幅图片。

9.3.3　掌握图像对象的 onerror 事件

在实际开发设计的过程中，有时会在网页上显示无效图片，对一个网站来说也算是大煞风景的事。当然，在操作中错误是难免的，但如果错误能以友好的方式告诉用户图片无效，而不是直接给用户看默认的红叉就更好了。为了解决上述问题，可以在图片的 onerror 事件中将图片的 src 属性设置为网站上已存在的有效图片。

【实例 9-7】防止网页上出现无效图，当图片无效时，显示一幅特定的图片，如下所示。

```
01  <head>
02  <title>实例 9-7</title>                           // 文档标题
03  </head>
04  <body>
05  <script language="javascript">
06  delay = 1000;                                     // 设置图片显示的时间间隔
07  imageNum = 1                                      // 将变量 imageNum 的初值设为 1
08  theImages = new Array()                           // 创建一个 Image 对象，并给数组赋值
09  for(i = 1; i < 7; i++)
10  {
11       theImages[i] = new Image()                   // 创建一个新的 Image 对象
12       theImages[i].src = "pic/pic" + i + ".jpg"
13  }
14  function animate()
15  {
16       document.animation.src = theImages[imageNum].src    // 显示图片
17       imageNum++                                   // 图片索引
18       if(imageNum >6)                              // 显示到最后一张时跳到第一张
19       {
20            imageNum = 1                            // 图片跳到第一张
21       }
22  }
23  </script>
24        <div align="center">
25        <img name="animation" src="image1.gif" alt="正在加载图片请稍等'"onLoad="
    setTimeout('animate()',delay)" onerror="this.src='flower.jpg'" height=
    "100"></div> // 触发 onerro、onLoad 事件
26  </body>
```

【运行结果】打开网页文件运行程序，其结果如图 9-7 所示。

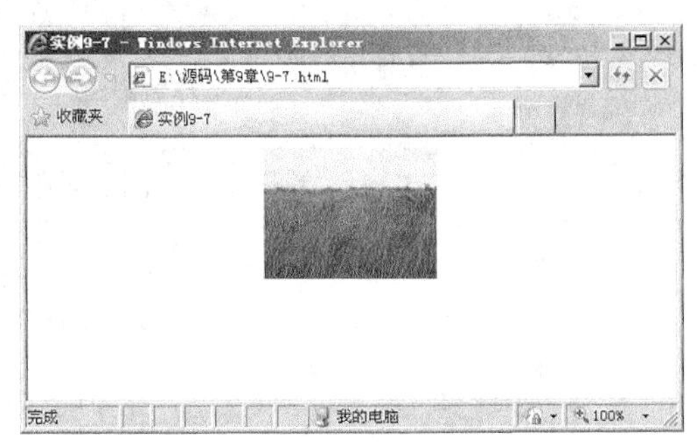

图 9-7　示例运行结果

【代码解析】该代码段第 25、26 行中，img 的 src 属性中设置的图片为 mage1.gif，而实际的文件中并没有这张图片。也就是说，在加载时一定会显示一幅无效图片。这时后面的 onerror 事件就派上用场了，onerror 的 src 设置了一幅新的图片，该图片是一幅有效的图片。onload 事件则在加载图片时被触发，延迟调用 animate 函数，代码第 14～22 行的功能是置换图片。

【提示】Image 对象没有可以使用的方法，但是 Image 对象支持 abort、error 等事件，这些事件是大多数其他对象都不支持的。

9.3.4　掌握显示图片的信息

运用 Image 对象的属性，大多都可以获取图片的相关信息，而图片的这些信息是在<img>标签中指定的，而且这些属性不是只读的，也可以在程序中更改。下面是一个获取图片信息的例子。

【实例 9-8】显示图片的信息，如下所示。由于这段代码都很重要，因此不做加粗处理，读者需着重学习。

```
01  <head><title>实例 9-8</title>
02      <script language="javascript">
03      <!--
04          function showProps(pic)
05          {
06              var str="Image Properties\n\n";
                                            // 定义一个 str 字符串，并为其赋值
07              str += "alt: "+pic.alt + "\n";
                                            // 在字符串内添加图像的 alt 属性信息
08              str += "border: "+pic.border + "\n";
                                            // alt 在字符串内添加图像的边框信息
09              str += "complete: "+pic.complete + "\n";
                                            // 在字符串内添加图像是否载入的信息
10              str += "height: "+pic.height + "\n";
                                            // 在字符串内添加图像的高度信息
11              str += "hspace: "+pic.hspace + "\n";
                                            // 在字符串内添加图像的 hspace 属性信息
12              str += "lowsrc: "+pic.lowsrc + "\n";
                                            // 在字符串内添加图像的 lowsrc 属性信息
13              str += "name: "+pic.name + "\n";
                                            // 在字符串内添加图像的名称信息
```

```
14                str += "src: "+pic.src + "\n";
                                        // 在字符串内添加图像的 src 属性信息
15                str += "vspace: "+pic.vspace + "\n";
                                        // 在字符串内添加图像的 vspace 属性信息
16                str += "width: "+pic.width + "\n";
                                        // 在字符串内添加图像的宽度信息
17                alert(str);           // 弹出一个对话框，显示图像的相关属性信息
18            }
19        -->
20      </script>
21  </head>
22  <body>
23  <center>
24      <h1>访问图像属性</h1><p>
25      <img src="flower.jpg" alt="The Image" lowsrc="flower.jpg" id="testimage"
    name="testimage"
26  width="200" height="150" border="1"hspace="10" vspace="15"> <br><br>// 定义
一个<img>，并设置其相关属性
27
28  <form action="#" method="get">
29      // 通过 onclick 调用 showProps 函数，显示图像的名称
30      <input type="button" value="显示属性"onclick="showProps(document.images
    ['testimage']);">
31      // 通过 onclick 使用新图像替换原来的图像
32      <input type="button" value="替换图像"onclick="document.testimage.src=
    'flower1.jpg';"><p>
33      // 通过 onclick 重新载入原来的图像
34      <input type="button" value="重新载入原图像" onClick="document.testimage.
35  src='flower.jpg';">
36 </form>
```

【运行结果】打开网页文件运行程序，其结果如图 9-8 所示。

图 9-8　示例运行结果

【代码解析】该代码段第 6～16 行的功能是取得图片的各个属性，并将值存储在变量 str 中，代码第 17 行用一个对话框将其显示出来。代码第 32～34 则是通过在 HTML 中嵌入 JavaScript 程序来执行相关的操作，这两个操作是对图片属性使用的一个例子。

【提示】图片的属性有很多，读者至少要掌握其中几种常用的属性，比如 src、图片的高和宽等。

9.3.5　对图片进行置换

Image 对象中的大多数属性都是只读属性，但其中的 src 属性却是一个可读写的属性，通过改变 Image 对象中的 src 属性值，可以置换图片。

【实例 9-9】定时切换图片，实现幻灯片效果，如下所示。

```
01  <title>实例 9-9</title>                          // 文档的标题
02  <script language="JavaScript">                  // JavaScript 开始
03  i=0;                                             // 变量 i 赋值为 0
04  function picChange()
05  {
06      i++;                                         // 变量 i 加 1
07      if(i==2)                                     // 实现图片的交替置换
08      {
09          pic.src="flower.jpg"                     // 设置新的 src 值
10          i=0;                                     // 变量 i 赋值为 0
11      }
12      else
13          pic.src="flower1.jpg"                    // 设置新的 src 值
14  }
15  setInterval("picChange()",1000)                 // 一秒钟调用一次 picChange()
16  </script>                                        // JavaScript 标签的结束
17  </head>                                          // 文档的头的结束
18  <body>                                           // 主体
19  <div align="center">                             // 设置为居中显示
20    <p><img src="flower1.jpg" name="pic"/></p>
                                                     // 显示一张图片
21  </div>                                           // div 标签的结束
22  </body>
```

【运行结果】打开网页文件运行程序，结果如图 9-9 所示。

图 9-9　示例运行结果

【代码解析】该代码段第 4～14 行的作用是实现图片的置换，根据变量 i 的值来确定该加载哪一张图片；代码第 15 行是在指定的时间里调用一次 picChange 函数，而调用一次 picChange 函数变量 i 的值就发生一次变化。也就是说，图片跟着变化一次，从而实现图片的置换。

9.3.6 认识随机图片

产生一幅随机图片的原理与置换图片的原理类似，在产生随机图片之前先产生一个随机数，再根据随机数来显示一张图片。下面的例子可以在网页上循环地显示图片，并且图片显示是无规律的。这种方式常用在网页的广告中，使用户在浏览网页时随机显示图片广告。

【实例 9-10】在网页中随机显示图片广告，如下所示。

```
01  <html xmlns="http://www.w3.org/1999/xhtml">
02  <head>                                          // 文档的头
03  <title>实例 9-10</title>                        // 文档的标题
04  </head>
05  <body>
06  <script language="JavaScript">                  // JavaScript 开始
07  // 初始化图片地址
08  var pics=new Array("pic/pic1.jpg","pic/pic2.jpg","pic/pic3.jpg","pic/pic4.
    jpg","pic/pic5.jpg");
09  function showPic()
10  {
11      var n=Math.abs(5-Math.floor(Math.random()*10));
                                                    // 随机取得要显示的图片的地址
12      if(n==5)n=4;
13      pic.src=pics[n];                            // 取得 src 的值
14  }
15  setInterval("showPic()",1000);                  // 每秒钟都随机换一幅图
16  </script>                                       // JavaScript 结束
17  <img src="flower.jpg" name="pic" height="300"/>
18  </body>                                         // 主体结束
```

【运行结果】打开网页文件运行程序，结果如图 9-10 所示。

图 9-10　示例运行结果

【代码解析】该代码段第 8 行创建一个数组用于保存图片的 URL。第 9～14 行定义函数

showPic，它的作用是实现为图片框 pic 随机设置 src 属性，起到随机更换图片的作用，这里使用了内置对象 Math 的 random 方法。第 15 行设置定时器，每秒钟调用一次 showPic，实现图片的随机置换。

9.3.7　动态改变图片大小

要想使制作的网页图片可以动态改变大小，通常要使用 Image 对象的 width 属性和 height 属性，它们可以动态改变图片的大小。

【实例 9-11】动态改变图片大小，如下所示。

```
01  <head>                                   // 文档的头
02  <title>动态改变图片的大小</title>          // 文档的标题
03  <script language="JavaScript">           // JavaScript 开始
04  var n=2;                                 // 给变量赋值
05  var r=1;                                 // 给变量 r 赋值 1
06  var control=true;                        // 给变量 control 的值赋为真
07  function warp()                          // 自定义一个函数
08  {
09      if(control==true)n++;                // 当 control 为真时，变量 n 加 1
10      else n--;                            // 当 control 为假时变量 n 减 1
11      if(n==300)control=false;             // 控制图片的走向（增大/缩小）
12      if(n==1)control=true;                // 控制图片的走向（增大/缩小）
13      if(control==true)
14      {
15          pic.width=pic.width+1            // 图片的宽加 1 像素
16          pic.height=pic.width+1           // 图片的高加 1 像素
17      }
18      else
19      {
20          pic.width=pic.width-1            // 图片的宽减少 1 像素
21          pic.height=pic.width-1           // 图片的高减少 1 像素
22      }
23  }
24  setInterval("warp()",30)                 // 每隔 30 毫秒调用一次 warp 函数
25  </script>                                // JavaScript 结束
26  </head>                                  // 结束 head
27  <body>                                   // 主体
28  <img src="flower1.jpg" name="pic"/>// 图片框
29  </body>
```

【运行结果】打开网页文件运行程序，其结果如图 9-11 所示。

【代码解析】该代码段第 24 行设置了一个自动调用函数，这个函数每 30 秒调用一次自定义函数 warp，而代码第 7～23 行是自定义函数 warp，它的功能是使图片的大小发生变化，代码第 13～22 行改变的是图片的高与宽。

【提示】图片的属性有很多，不可能都能记得，但是几个常见的属性一定要熟悉。

图 9-11　示例运行结果

9.4 链 接 对 象

document 对象的 links 属性可以返回一个数组，该数组中的每一个元素都是一个 link 对象，也称为链接对象。在一个 HTML 文档中，可能会存在多个超链接，JavaScript 在加载 HTML 文档时，就会自动创建一个 links[]数组，数组中的元素个数由 HTML 文档中的<a>标签和<area>标签个数决定。

9.4.1 链接对象概述

link 对象是指引用的文档中的超链接，包括<a>标签、</a>标签及这两个标签之间的文字。由于超链接元素的 href 属性值为文件 URL，因此，link 对象的大多数属性与 location 对象的属性相同，如 href（完整的 URL）、host（包括冒号和端口号的 URL 的主机名部分）和 search 等。JavaScript 会将每一个超链接都以 link 对象的形式存放在 links[]数组中，links[]数组中的每一个元素所代表的就是 HTML 文档中的每一个超链接，可以使用普通数组的调用方法来引用 links[]数组中的元素。

link 对象可以支持的事件与 Image 对象可以支持的事件大致相同。如 onclick（单击）和 onmouseover（鼠标移到对象上）等。

9.4.2 掌握感知鼠标移动事件

在很多时候，可能需要一些链接效果，因为一般网页中有很多超链接，如果都千篇一律地用一种方式，而且都需要单击才可以发生相应的动作。使用 link 对象可以让链接更具特色，程序更人性化。link 对象可以支持鼠标移动事件，这样可以根据事件驱动原理来实现一些特殊的效果。

【实例 9-12】 感知鼠标移动事件，即鼠标移到文字上时，页面会发生变化，如下所示。

```
01  <html xmlns="http://www.w3.org/1999/xhtml">
02      <head>                                    // 文档的头
03          <title>链接对象的事件</title>          // 文档标题
04      </head>                                   // 文档的头结束
05      <body>                                    // 文档主体
06          <a href="#" title="该链接的目标是本页面" onmousemove="alert (this.title)"
```

```
                                              // 响应鼠标事件
07            onmouseout="alert('鼠标移开')">鼠标移动过来</a>
                                              // 响应鼠标移出事件
08        </body>                             // 主体的结束
09    </html>
```

【运行结果】打开网页文件运行程序，结果如图 9-12 所示。

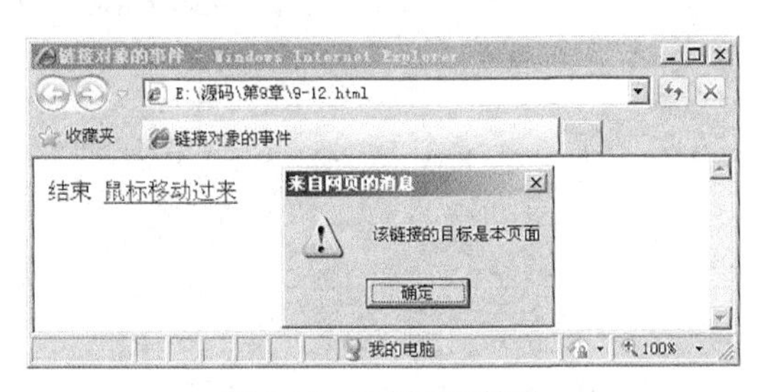

图 9-12　示例运行结果

【代码解析】该代码段第 6、7 行的作用是感知鼠标移动事件，这两行是一个链接，这个链接响应 onmousemove 和 onmouseout 事件，两个事件分别执行不同的 JavaScript 程序。

【提示】链接对象主要支持的事件有 onDblClick、onKeyDown、onKeyPress、onKeyUp、onMouseDown、onMouseOut 和 onMouseUp。

9.4.3　对一个网页上的所有超链接进行查看

使用 link 对象可以查看一个网页上有哪些超链接，并且可以设置这些超链接的属性。

【实例 9-13】查看一个网页上的所有超链接，如下所示。

```
01   <head>
02   <title>查看页面所有的超链接</title>                 // 文档的标题
03   </head>                                           // 文档的头
04   <body>                                            // 文档的主体
05   <p><a href="http://www.163.com">http://www.163.com</a></p>
                                                       // 链接到 163
06   <p><a href="http://www.sohu.com">http://www.sohu.com</a></p>
                                                       // 链接到搜狐
07   <p><a href="http://www.qq.com">http://www.21cn.com</a></p>
                                                       // 链接到 qq
08   <p><a href="http://www.sina.com">http://www.sina.com</a>
                                                       // 链接到新浪网
09   <script type="text/JavaScript">                   // JavaScript
10   function showLinks()                              // 自定义一个函数显示所有的链接
11   {
12       links=document.all.tags("a");                 // 取得页面所有的超链接，存放在 links 数组中
13       var str="";                                   // str 字符串先为空值
14       k=0;                                          // k 赋初值我为 0
15       for(i in links)                               // 获取 links 对象中的值
16       {
17           // 其地址下标是从 1 开始的。当下标为 0 时，表示链接个数，将值取出来放在 str 中
18           if(k!=0)str+=links[i]+"\n";               // 将所取得的结果放在字符串 str 中
```

```
19            k++;                                        // 变量中加 1
20        }
21        alert("一共有"+links.length+"个链接, 分别是:\n"+str);
                                                          // 输出文档中所有的链接数
22    }
23    </script>                                           // JavaScript
24    </p>                                                // 段落的结束
25    <p>                                                 // 段落开始
26      <label>
27      <input type="submit" name="Submit" value="查看超链接" onclick="showLinks()"
  />// 查看按钮
28       </label>                                         // 结束标签
29    </p>
30    </body>
```

【运行结果】打开网页文件运行程序，结果如图 9-13 所示。

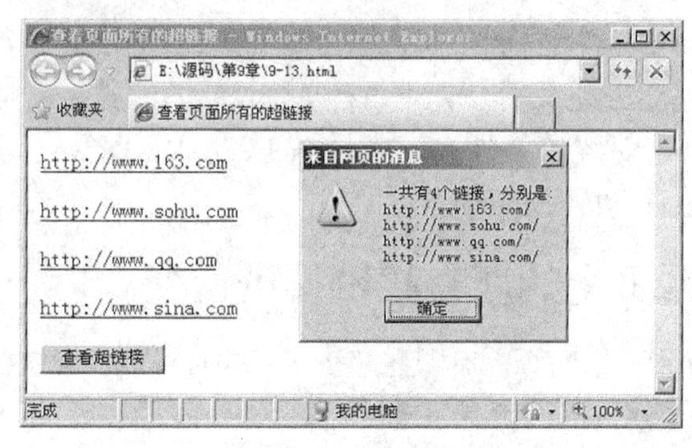

图 9-13　示例运行结果

【代码解析】该代码段第 5～8 行在页面中设置了 4 个超链接，代码第 12 行是将这个页面中的超链接全部取得并存放在一个数组中。代码第 15～22 行则是对这个数组进行处理，也就是访问这个数组得到具体的超链接及链接的数量。

【提示】link 对象返回的数组地址下标是从 1 开始的，而下标为 0 的单元存放的是链接个数。

9.4.4　认识翻页程序

使用 link 对象可以完成翻页功能。当一个网页的内容很多时就有可能需要分为多页显示。也有可能是因为其他需要，几个网页具有连续性，因此需要通过“上一页”和“下一页”等链接联系到一起，这就是翻页功能。要真正完成一个分页显示的功能，需要用下面的方法。

【实例 9-14】JavaScript 实现真正的分页显示，如下所示。

```
01  <!DOCTYPE    html    PUBLIC    "-//W3C//DTD    XHTML    1.0    Transitional//EN"
"http://www.w3.org/TR/xhtml1/DTD/xhtml1-transitional.dtd">
02  <html xmlns="http://www.w3.org/1999/xhtml">
03  <head>
04  <meta http-equiv="Content-Type" content="text/html; charset=gb2312" />
05  <title>实例 9-14</title>
06  <style type="text/css">
07  // 设置显示的样式
08  body
09  {
```

```
10      background-color: #FFCC00;
11  }
12  .STYLE4 {
13      font-size: 40px;
14      font-family: "楷体_GB2312";
15      text-indent: 2px;
16      }
17  .STYLE5 {font-size: 36px}
18  -->
19  </style>
20  </head><body>
21  <div >
22   <table width="957" border="0" cellspacing="0" cellpadding="0">
23     <tr>
24       <td colspan="4" align="center"><span class="STYLE5">长恨歌</span></td>
25     </tr>
26     <tr>
27       <td height="369" colspan="4" valign="top">
28      <div align="center" ><div align="left" id="wz" class="STYLE4"> 汉皇重色思倾国，御宇多年求不得。杨家有女初长成，养在深闺人未识。天生丽质难自弃，一朝选在君王侧。回眸一笑百媚生，六宫粉黛无颜色。春寒赐浴华清池，温泉水滑洗凝脂。侍儿扶起娇无力，始是新承恩泽时。云鬓花颜金步摇，芙蓉帐暖度春宵。春宵苦短日高起，从此君王不早朝。承欢侍宴无闲暇，春从春游夜专夜。后宫佳丽三千人，三千宠爱在一身。金屋妆成娇侍夜，玉楼宴罢醉和春。姊妹弟兄皆列土，可怜光彩生门户。 遂令天下父母心，不重生男重生女。骊宫高处入青云，仙乐风飘处处闻。缓歌慢舞凝丝竹，尽日君王看不足。
29          </div>
30      </div>
31     </td>
32     </tr>
33     <tr>
34       <td width="175"><div align="center" ><a href="9-14.html?id=1"> 第 一 页</a></div></td>
35      <td width="175"><div align="center" onclick="Link(2)">上一页</div></td>
36      <td width="175"><div align="center" onclick="Link(3)"> 下 一 页 </div></td>
37      <td width="432"><div align="center"><a href="9-14.html?id=4"> 最 后 一 页</a></div></td>
38     </tr>
39    </table>
40  </div>
41  <script language="javascript">
42  var chapter=new Array(4);
43  // 初始化数组 chapter
44  chapter[0]="汉皇重色思倾国，御宇多年求不得。杨家有女初长成，养在深闺人未识。天生丽质难自弃，一朝选在君王侧。回眸一笑百媚生，六宫粉黛无颜色。春寒赐浴华清池，温泉水滑洗凝脂。侍儿扶起娇无力，始是新承恩泽时。云鬓花颜金步摇，芙蓉帐暖度春宵。春宵苦短日高起，从此君王不早朝。承欢侍宴无闲暇，春从春游夜专夜。后宫佳丽三千人，三千宠爱在一身。金屋妆成娇侍夜，玉楼宴罢醉和春。姊妹弟兄皆列土，可怜光彩生门户。 遂令天下父母心，不重生男重生女。骊宫高处入青云，仙乐风飘处处闻。缓歌慢舞凝丝竹，尽日君王看不足。";
45  chapter[1]="渔阳鼙鼓动地来，惊破霓裳羽衣曲。九重城阙烟尘生，千乘万骑西南行。翠华摇摇行复止，西出都门百余里。六军不发无奈何,宛转蛾眉马前死。花钿委地无人收，翠翘金雀玉搔头。君王掩面救不得，回看血泪相和流。 黄埃散漫风萧索，云栈萦纡登剑阁。峨嵋山下少人行，旌旗无光日色薄。蜀江水碧蜀山青,圣主朝朝暮暮情。行宫见月伤心色，夜雨闻铃肠断声。天旋地转回龙驭，到此踌躇不能去。马嵬坡下泥土中,不见玉颜空死处。君臣相顾尽沾衣,东望都门信马归。归来池苑皆依旧，太液芙蓉未央柳。芙蓉如面柳如眉,对此如何不泪垂！";
```

```
46  chapter[2]="春风桃李花开日，秋雨梧桐叶落时。西宫南内多秋草，落叶满阶红不扫。梨园子弟白发新，椒房阿监青娥老。夕殿萤飞思悄然，孤灯挑尽未成眠。迟迟钟鼓初长夜，耿耿星河欲曙天。鸳鸯瓦冷霜华重，翡翠衾寒谁与共？悠悠生死别经年，魂魄不曾来入梦。临邛道士鸿都客，能以精诚致魂魄。为感君王辗转思，遂教方士殷勤觅。排空驭气奔如电，升天入地求之遍。上穷碧落下黄泉，两处茫茫皆不见。忽闻海上有仙山，山在虚无缥渺间。 楼阁玲珑五云起，其中绰约多仙子。中有一人字太真，雪肤花貌参差是。金阙西厢叩玉扃，转教小玉报双成。";
47  chapter[3]="闻道汉家天子使,九华帐里梦魂惊。揽衣推枕起徘徊,珠箔银屏迤逦开。云鬓半偏新睡觉,花冠不整下堂来。风吹仙袂飘飘举,犹似霓裳羽衣舞。玉容寂寞泪阑干,梨花一枝春带雨。含情凝睇谢君王,一别音容两渺茫。昭阳殿里恩爱绝,蓬莱宫中日月长。回头下望人寰处,不见长安见尘雾。惟将旧物表深情,钿合金钗寄将去。钗留一股合一扇,钗擘黄金合分钿。但教心似金钿坚,天上人间会相见。临别殷勤重寄词,词中有誓两心知。七月七日长生殿,夜半无人私语时。在天愿作比翼鸟,在地愿为连理枝。天长地久有时尽,此恨绵绵无绝期！";
48  var  url=self.document.location.href;
49  var id=url.indexOf("=");
50  var wz;
51  if(id!=-1)
52  {
53        id++;
54        id=url.substring(id,url.length);
55        wz=document.getElementById("wz");
56        wz.removeChild(wz.firstChild);
57        nodeText = document.createTextNode(chapter[id-1]);       // 新文本节点的内容
58        wz.appendChild(nodeText);
59  }
60  function Link(str)
61  {
62        var  url=self.document.location.href;// 取得本地链接的地址
63        var n=url.indexOf("=");
64        if(n==-1)
65        {
66              n=1;
67        }
68        else
69        {
70              n++;
71              n=url.substring(n,url.length);
72        }
73        if(str==2)
74        {
75               if(n==1)
76               {
77                    alert("当前已经是首页了");
78              }
79              else
80              {
81                n--;
82                self.document.location.href="9-14.html?id="+n;// 上一页的地址
83           }
84      }
85      else
86      {
87          if(n==4)
88          {
89               alert("当前已经是最后一页了");
90          }
```

```
91              else
92              {
93                  n++;
94                  self.document.location.href="9-14.html?id="+n;// 下一页的地址
95              }
96          }
97      }
98      </script>
99      </body>
100     </html>
```

【运行结果】打开网页文件运行程序，结果如图 9-14 所示。

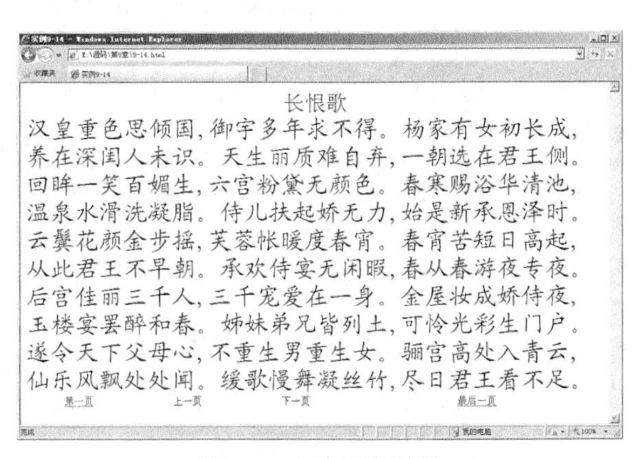

图 9-14　示例运行结果

【代码解析】要用 JavaScript 实现翻页，必须用到 document 的 getElementById 方法，代码第 51～58 行是本程序的关键点，这一段是处理分页的过程。本例的实现过程大致为：先创建一个数组，在数组中存入资料，然后通过提取本页面的 search 值，如代码第 48～58 行和第 60～97 行所示，通过改变这个值来达到显示不同文章的目的。

9.4.5　认识网站目录

使用 link 对象不但可以查看一个网页中的所有超链接，还可以通过与 window 对象相结合，根据网页中的超链接一直追踪到其他网页的超链接，这样，可以看到一个网站的所有超链接地址。

【实例 9-15】网站目录，如下所示。

```
01  <head>
02  <title>实例 9-15</title>                    // 文档的标题
03  <script language="JavaScript">              // JavaScript 开始
04  function showRoot()                         // 自定义函数
05  {
06      links=document.all.tags('a');           // 找到所有的链接，并存放在 links 中
07      var n=links.length;                     // 取得超链接的个数
08      var path=new Array(n);                  // 定义一个数组，用于存放路径
09      var k=0;                                // k 赋值为 0
10      for(var i=0;i<n;i++)                    // 一个循环语句,查找网页的路径
11      {
12      // 查看的是本地网站的目录，因此下面的 localhost 和 127.0.0.1 可以根据实际情况更换
            hostname
```

```
13              if(document.links[i].href.indexOf("localhost")!=-1||document.
    links[i].href.indexOf("127.0.0.1")!=-1)
14              {
15                  path[k]=document.links[i].pathname;
                                                    // 将路径存放在 path 数组中
16                  k++;                            // k 的值加 1
17              }
18          }
19          var str="";                             // 给 str 赋空值
20          var s="";                               // 给 s 赋空值
21          for(var j in path)                      // 访问 path 对象
22          {
23              s=path[j].split("/");               // 以“/”为标志分开各级路径，并存入 s 数组中
24              for(l=0;l<s.length-1;l++)           // 将路径存放在字符串 str 中
25              {
26                   str+=s[l]+"/";                 // 取得除最后一个元素以外的各级路径
27              }
28              str+="\n";                          // 加一个换行
29          }
30          alert("网站的目录为：\n"+str);           // 显示路径
31      }
32      </script>                                   // JavaScript 结束
33      </head>
34      <body onload="showRoot()">                  // 文档的主体
35      <a href="database/index.html">链接数据库主页</a>
                                                    // 链接
36      <a href="database/SQL/EmplDir_MySQL.sql">链接 SOL 数据库</a>
37      <a href="Editor/editor.htm">链接文本编辑器</a>
38      <a href="Editor/HtmlEditor/smile/smile16.gif">查看图片</a>
39      </body>
```

【运行结果】在服务器中运行网页文件，结果如图 9-15 所示。

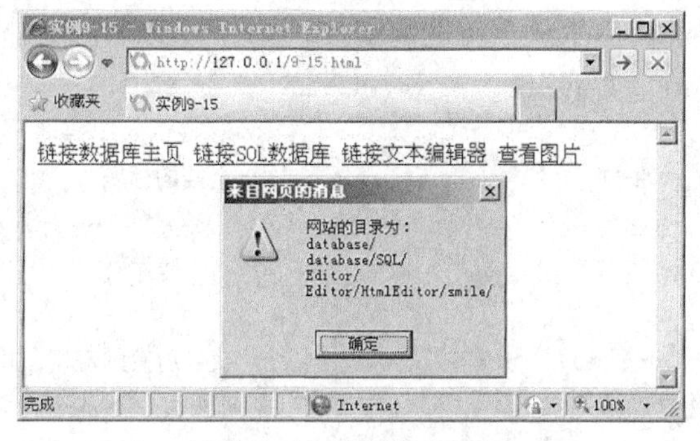

图 9-15　示例运行结果

【代码解析】该代码段第 4～31 行的作用是查找网站目录，代码第 6～8 行先找出所有的超链接，然后将这些链接放在一个数组中，接着再访问这个数组，找出它们的 hostname，去掉重复的值，剩余的便是本网站的目录。代码第 21～31 行的作用是取得最后一个元素以外的各级路径。

【提示】如果这个程序用在网站的主页中，效果会更好，而且程序要放在服务器中运行，在本地不能正确运行。

9.5　小　　结

本章介绍了 document 对象及该对象下的 Image 对象、link 对象和 anchor 对象。其中，document 对象代表网页中的文档、Image 对象代表文档中的所有图片、link 对象代表文档中的所有超链接、anchor 对象代表文档中的所有锚。灵活使用这些对象的方法和属性，可以实现很多动态效果。

9.6　习　　题

一、选择题

1. 以下哪项不属于文档对象的子对象？（　　）

A. image　　B. link　　C. form　　D. window

2. 置换图片可以使用图片的哪个属性？（　　）

A. src　　B. alt　　C. width　　D. height

二、简答题

1. 简述 write 和 writeln 的用法和区别。
2. 文档对象常见的属性和方法有哪些？
3. 简述锚对象与链接对象的区别。

三、练习题

1. 制作一个分页显示的程序，假设有 10 篇文章，要求在一个页面中，能从第一篇一一浏览到最后一篇，并且可以随时查看当前文章的上一篇和下一篇。

【提示】本题是一个比较综合的例子，其知识点都来源于本章。JavaScript 实现真正的分页，要用到 document 的 getElementById 方法，将文章显示在 ifrm 中，主要是通过改变 ifrm 的 src 属性的值来完成分页显示的。参考代码如下。

```
01  <html xmlns="http://www.w3.org/1999/xhtml">
02  <head>
03  <title>翻页程序</title>                          // 文档的标题
04  <style type="text/css">                        // css 样式
05  <!--
06  .STYLE1 {font-size: xx-large}                 // 设置字体加大型
07  body
08  {
09      background-color: #FFCC00;                // 设置背景颜色
10  }
11  -->
12  </style>                                       // 结束样式的设置
13  </head><body>                                  // 主体
14  <script language="JavaScript">                 // JavaScript 程序
15  var chapter=new Array(10);                     // 创建一个数组
```

```
16  var p=0;                                    // 变量赋初值
17  for(i=0;i<chapter.length;i++)               // 给数组赋初值
18  {
19    chapter[i]=i;                             // 给数组里的元素赋值
20  }
21  function Link(str)                          // 设置一个自定义的函数
22  {
23  switch(str)                                 // 设置 str 用于判断客户的操作
24       {
25       case 1:// 表示第一页
26            document.getElementById("p").src="chapter/1.txt";// 更改iframe的src属性
27            p=0;                              // 记录当前的页码 0 表示第一页
28            break;
29       case 2:                                // 表示客户要求执行上一页
30            if(p!=0)                          // 判断当前是否为第一页
31            {
32                 p--;                         // 更改当前页码记录
33            }
34            else                              // 如果当前为第一页，则提示客户
35            {
36                 alert("当前已经是第一篇了");// 提示用户这是最后一篇
37                 break;
38             }
39            document.getElementById("p").src="chapter/"+(chapter[p]+1)+".txt";
40            break;
41       case 3:                                // 执行下一页的请求
42            if(p<chapter.length-1)            // 判断当前是否是最后一页
43            {
44                 p++;                         // 更改当前页码记录
45            }
46            else                              // 如果已经到了最后一页，则提示
47
48            {
49                 alert("已经到了最后一篇");   // 提示用户这里最后一篇
50                 break;                       // 退出循环
51            }
52            document.getElementById("p").src="chapter/"+(chapter[p]+1)+".txt";
53            break;
54       case 4:                                // 执行最后一页的请求
55            document.getElementById("p").src="chapter/"+chapter.length+".txt";
56            p=9;                              // 更改当前页码记录
57            break;                            // 跳出循环
58       }
59  }
60  </script>
61  <div >                                      // div 标签
62   <table width="760" border="0" cellspacing="0" cellpadding="0">
                                                // 表格
63     <tr>                                     // 表格行开始
64       <td colspan="4" align="center"><span class="STYLE1">古诗十首</span></td>
```

```
                                                  // 表格列
65      </tr>                                     // 表格行结束
66      <tr>                                      // 表格行开始
67        <td height="310" colspan="4" valign="top">
                                                  // 表格列
68       <div align="center" id="wz" >            // 一个居中的 div 标签
69           <iframe src="chapter/1.txt" id="p" name="p" height="300" width=
             "400"></iframe>
70       </div>
71    </td>                                       // 表格列结束
72      </tr>
73      <tr>                                      // 表格行
74      <td><div align="center" onclick="Link(1)">第一篇</div></td>
                                                  // 在单元中设置一个链接
75      <td><div align="center" onclick="Link(2)">上一篇</div></td>
                                                  // 在单元中设置一个链接
76      <td><div align="center" onclick="Link(3)">下一篇</div></td>
                                                  // 在单元中设置一个链接
77      <td><div align="center" onclick="Link(4)">最后一篇</div></td>
                                                  // 在单元中设置一个链接
78      </tr>
79    </table>
80  </div>
81  </body>
```

【运行结果】打开网页文件运行程序，结果如图 9-16 所示。

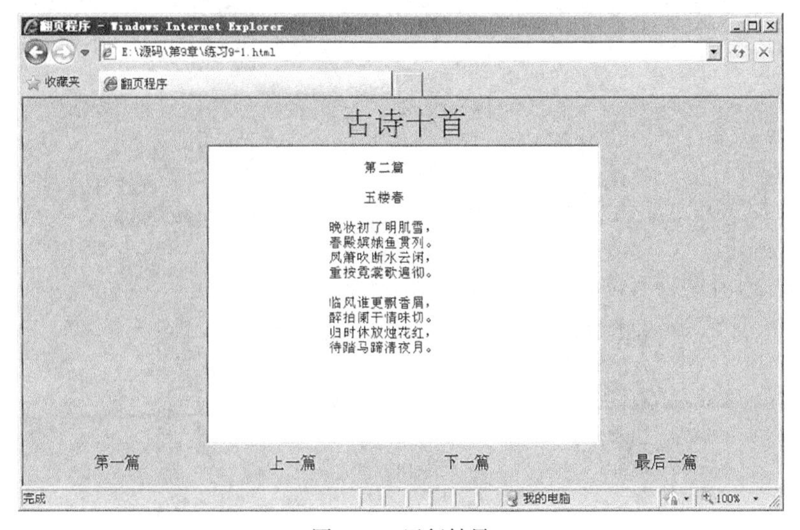

图 9-16　运行结果

2. 写一个程序，让一张图片从指定的位置自左向右慢慢运动。当运动到指定地点后，图片又反向运动，并且在运动中交替显示图片。

【提示】本题的难度并不大，主要是复习图片的几个属性。图片的运动是取决于它的位置，要改变图片的 hspace 和 vspace 的值，而交替图片则要改变图片的 src 的值。参考代码如下。

```
01  <head>
```

```
02  <title>横向运动的图片</title>                    // 文档的标题
03  <script language="JavaScript">                  // JavaScript 开始
04  var v=120;                                      // 给变量 v 赋初值
05  var h=0;                                        // 给变量 h 赋初值
06  var i=0;                                        // 给变量 i 赋初值
07  var k=1;                                        // 给变量 k 赋初值
08  function move()
09  {
10      pic.vspace=v;                               // 设置水平位置
11      pic.hspace=h;                               // 设置垂直位置
12      i++;
13      if(i%20==0)k++;                             // 如果能被 20 整除，则变量 i 加 1
14      if(k%2==0)
15      {
16          pic.src="flower1.jpg";                  // 显示 flower1.jpg 这幅图
17      }
18      else
19      {
20          pic.src="flower.jpg";                   // 显示 flower.jpg 这幅图
21      }
22      if(i>400)
23      {
24          h=h-2;                                  // 如果 i 大于 400，则变量 h 减 2
25      }
26      else
27      {
28          h+=2;
29     }
30      if(i==800)i=1;                              // 如果 i 小于 400，则变量 h 加 2
31  }
32  </script>                                       // JavaScript 结束
33  </head>                                         // 设置头的结束
34  <body onload="setInterval('move()',100)" >      // 自动调用 move 方法
35  <img src="flower1.jpg" vspace="1"  hspace="100" name="pic" height="100"/>  // 显示图片
36  </body>
```

【运行结果】打开网页文件运行程序，结果如图 9-17 所示。

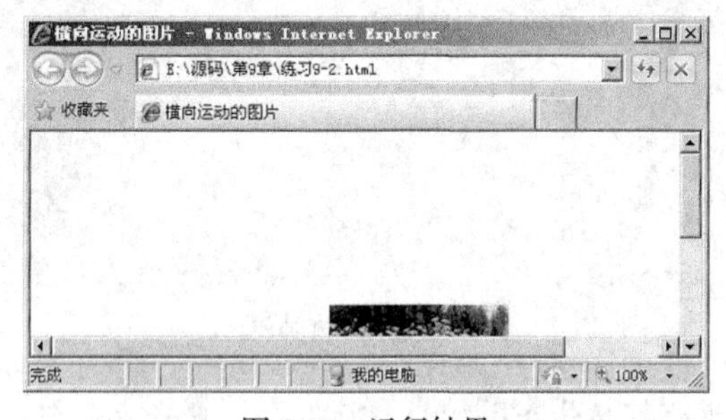

图 9-17　运行结果

第 10 章 窗口对象

窗口对象代表着整个浏览器窗口，窗口聚合了浏览器中所有对象的功能。通过窗口可以操作这些对象，JavaScript 利用这样的关系实现其客户端开发的功能。窗口对象名为 window，是浏览器层次结构中的顶级对象。与之相似的是框架，框架也是一个 window 对象，但其属于其他 window 对象的子对象。通过框架，可以在一个窗口中显示独立且相互联系着的多个文档。本章目标如下。

- 了解 window 对象。
- 掌握 window 对象的属性和方法的使用。
- 学会窗口的一些基本操作。
- 掌握框架的结构特性。
- 学会使用框架结构。

10.1　认识 window 对象

简而言之，window 对象是浏览器窗口为文档提供一个显示的容器，是每一个加载文档的父对象。window 对象还是其他对象的顶级对象，通过对 window 对象的子对象进行操作，可以实现更多的动态效果。

window 对象代表的是打开的浏览器窗口。通过 window 对象可以控制窗口的大小和位置、由窗口弹出的对话框、打开窗口与关闭窗口，还可以控制窗口上是否显示地址栏、工具栏和状态栏等栏目。对于窗口中的内容，window 对象可以控制是否重载网页、返回上一个文档或前进到下一个文档，甚至还可以停止加载文档。在框架方面，window 对象可以处理框架与框架之间的关系，并通过这种关系在一个框架中处理另一个框架中的文档。

10.2　操作 window 对象

上一节已经对 window 对象做了大致的介绍。作为对象，一般会有相应的方法、属性和事件。而 window 对象有大量的事件，这些事件在网页中的应用可以说是无处不在的，它们实现了和用户的交互。本节将讨论 window 对象事件及其使用方法，主要学习它的一些常见的事件，如 onclick、onFocus、onLoad、onUnload、onresize 和 onerror 事件。

10.2.1 装载文档

网页在浏览器加载到完全显示之前的那段时间内，通常有相应的提示信息。例如，“正在打开网页……”或“网页正在加载……”等，网页加载完毕会激发一个 onload 事件。通常在该事件处理程序中进行与网页加载完毕相关的操作，该事件是 body 标签的属性。

该事件也可以作用于 img 元素，通常借助该事件以实现图片预加载功能。当作用在 body 元素时，只有当整个网页都加载完毕后才会被激发。下面举一个关于 onload 事件的例子。

【实例 10-1】加载一个文档，在加载的过程中给用户以提示，如下所示。

```
01  <body onload="onLoaded()">                            // 绑定 onload 事件处理程序
02  <script language="javascript" type="text/javascript">    // 脚本程序开始
03  function onLoaded()                                   // onload 事件处理程序
04  {
05      alert("文档加载完毕! ");                           // 文档加载完毕时输出提示信息
06  }
07  </script>                                             // 程序结束
08  </body>                                               // 文档体结束
```

【运行结果】打开网页文件运行程序，结果如图 10-1 所示。

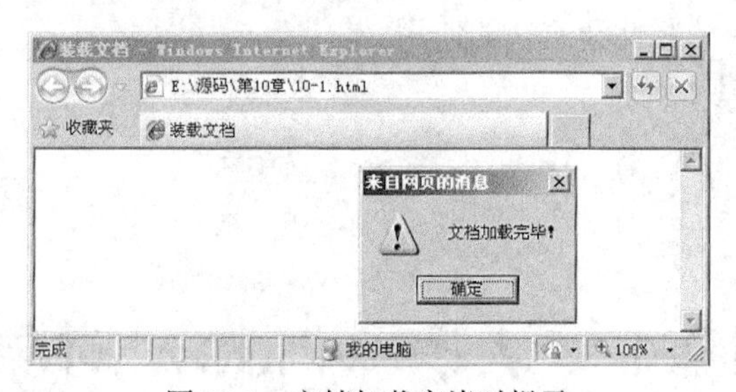

图 10-1　文档加载完毕时提示

【代码解析】该代码段中第 1 行为当前文档绑定 onload 事件处理程序，文档加载完毕，将调用 onLoaded 函数。第 3～6 行定义函数 onLoaded，其主要向用户输出提示信息。

10.2.2 卸载文档

与 load 事件相反，unload 事件是在浏览器窗口卸载文档时所激发的事件。所谓卸载是浏览器的一个功能，即在加载新文档之前，浏览器会清除当前的浏览器窗口的内容。用这个事件可以在卸载文档时给用户一个提示信息，比如一个问候。

【实例 10-2】当卸载文档时给浏览者一个问候，如下所示。

```
01  <html>                                          // 文档开始
02      <head>                                      // 文档头
03          <title>卸载文档</title>                  // 文档的标题
04      </head>                                     // 文档头结束
05  <body onUnload="alert('欢迎您再来')">            // 文档体自动加载弹出信息框语句
06      <a href=" http:www.baidu.com">百度</a>       // 设置一个超链接
07  </body>                                         // 文档体结束
08  </html>                                         // 文档结束
```

【运行结果】打开网页文件运行程序，结果如图 10-2 所示。

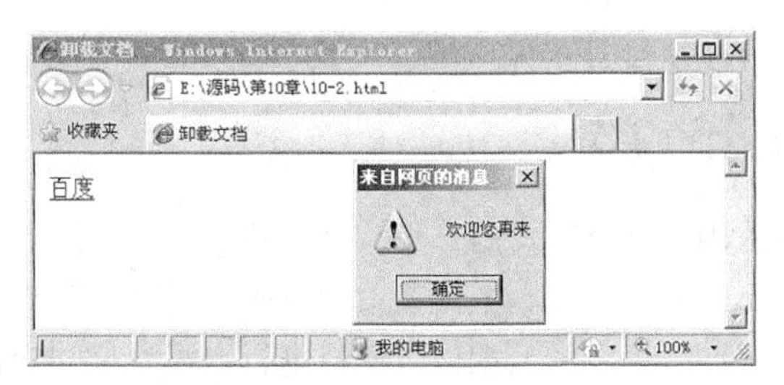

图 10-2　离开当前页时输出信息

【代码解析】在本例中，当关闭文档或离开页面时会触发 onUnload 事件，也就是说，当链接百度主页时会触发这个事件，就弹出一个对话框显示相关信息，如代码第 5～7 所示。

10.2.3　得到焦点与失去焦点

所谓得到焦点是指浏览器窗口为当前的活动窗口，得到焦点时触发窗口对象的 focus 事件。相反的是当浏览器窗口变为后台窗口时，称为失去焦点。发生这种转换时触发名为 blur 的事件。通常 focus 事件与 blur 事件会联合起来，用在与窗口活动状态有关的场合，下面举例说明。

【实例 10-3】处理 focus 与 blur 事件，使窗口变为活动时网页背景为红色，失去焦点时背景为灰色，如下所示。

```
01  <head>                                                  // 文档头
02  <title>得到焦点与失去焦点</title>                        // 标题
03  <script language="javascript">                          // 脚本程序开始
04  function OnFocus()                                      // onFocus 事件处理程序
05  {
06      Body.style.background="red";                        // 网页背景设置为红色
07  }
08  function OnBlur()                                       // onBlur 事件处理函数
09  {
10      Body.style.background="gray";                       // 网页背景设为灰色
11  }
12  </script>                                               // 程序结束
13  </head>                                                 // 文档头结束
14  <body id="Body" onFocus="OnFocus()" onBlur="OnBlur()">  // 绑定事件处理程序
15      <label id="info">失去焦点时窗口背景变为灰色，得到焦点时为红色。 // 标签
16  </label>
17  </body>                                                 // 文档体结束
```

【运行结果】打开网页文件运行程序，结果如图 10-3 所示。

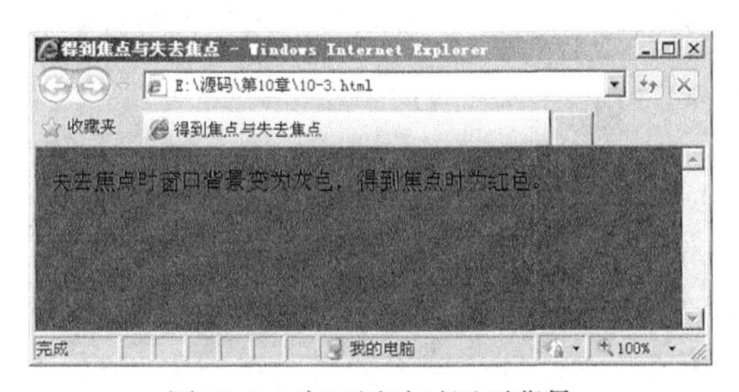

图 10-3　窗口活动时网页背景

【代码解析】该代码段中第 4～11 行定义两个函数分别处理窗口的 onFocus 和 onBlur 事件，

在得到焦点和失去焦点时改变窗口背景色。

10.2.4 调整窗口的大小

窗口对象提供两个方法用于调整窗口的大小，分别是 resizeTo 和 resizeBy。其中，resizeBy 相对于当前尺寸调整窗口大小，而 resizeTo 把窗口设置成指定的宽度和高度。当浏览器窗口大小被调整时，将会触发 resize 事件。可以在处理该事件时进行与窗口尺寸变化相关的操作，如限制窗口的大小。

在 body 元素里可以通过 onresize 属性来设置 resize 事件所调用的函数。例如，一个网页在某个尺寸窗口下浏览可能会达到比较好的效果，那么就可以使用 resize 事件来监视用户是否改变了窗口大小，如果改变的话，就提示用户。

【实例 10-4】调整窗口的大小，让窗口的大小一直变化，如下所示。

```
01  <input type="submit" name="Submit" value="单击我" onclick="Size(10, 1000)">
02  <script language="javascript">
03  function Size(x, y)                                      // 定义函数
04  {
05      self.resizeBy(x, y);                                 // 改变窗口的大小
06      alert("窗口长宽已经改变，你看到了吗？注意还在变哦！")  // 提示信息
07      self.resizeTo(y, x)                                  // 设置窗口的大小
08  }
09  </script>                                                // 程序结束
```

【运行结果】打开网页文件运行程序，结果如图 10-4 所示。

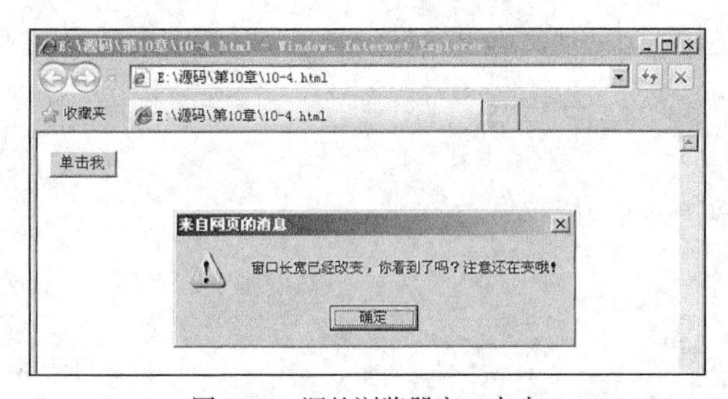

图 10-4　调整浏览器窗口大小

【代码解析】该代码段第 5 行执行后窗口的长和宽都发生了变化，水平方向增加了 10 像素，而垂直方向则增加了 1 000 像素。当第 7 行执行后，窗口的宽为 1 000 像素，高为 10 像素。

【提示】早期版本对调整窗口的大小有一些限制，但是大多数主流浏览器都允许这些操作。

10.2.5 对错误进行处理

window 对象中有一个可以用来处理错误信息的事件 error，该事件由浏览器产生。以 IE 浏览器为例，一旦产生了 JavaScript 错误，就会在窗口状态栏中显示错误提示。只有在当前窗口中发生了 JavaScript 错误才激发 error 事件，虽然能得到错误通过，但与 try…catch…finally 异常处理结构不同，后者是语言机制，在这种机制下错误是可以挽回的。下面举例说明如何响应 error 事件。

【实例 10-5】错误处理事件的使用，如下所示。

```
01  <body>                                              // 文档体
02  <script language="javascript">                      // JavaScript
03  function errmsg(message,url,line)                   // 错误处理
04  {          // 输出错误信息
05      alert("您的程序有错误:"+message+"url:"+url+"\n"+"line:"+line+"\n");
06      return true;                                    // 返回真表示已处理
07  }
08  window.onerror=errmsg;                              // 绑定错误处理程序
09  </script>
10  <form id="form1" name="form1" method="post" action="">// 表单
11  <label>                                             // 标签
12  <input type="submit" name="Submit" value="提交" onclick="po()" />
13  </label>                                            // 标签的结束
14  </form>                                             // 表单结束
15  </body>                                             // 文档体结束
```

【运行结果】打开网页文件运行程序，结果如图 10-5 所示。

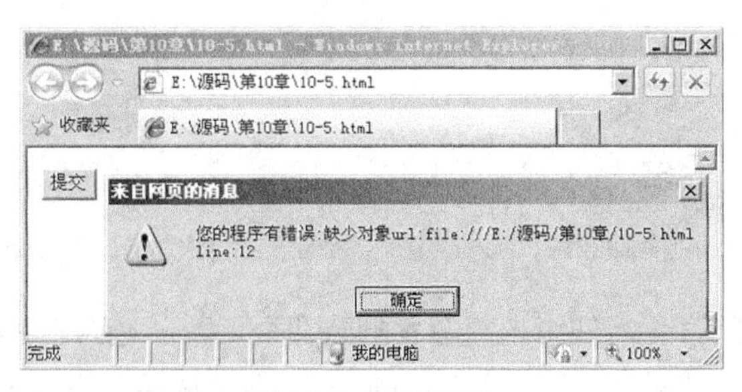

图 10-5　错误处理

【代码解析】该代码段第 3～7 行定义函数作为 error 事件处理程序，其主要输出错误信息。第 8 行绑定 error 事件处理程序，发生 JavaScript 错误时将调用绑定的函数。第 12 行为提交按钮绑定了一个不存在的 onclick 事件处理程序，人为引发错误，以激发 error 事件。

【提示】可以结合 try…catch 结构和 error 事件来处理程序中的错误。

10.3　对话框的类型

为方便与用户进行基本的交互，window 对象提供了 3 种对话框，包括警告对话框、询问对话框和输入对话框。本节将介绍这 3 种对话框的特点及使用方法。

10.3.1　警告对话框

警告对话框是一个带感叹图标的小窗口，显示文本信息并且使扬声器发出“当～”的声音。通常用来输出一些简单的文本信息，通过调用 window 对象的 alert 方法即可显示一个警告对话框，方法如下。

```
window.alert(message)
```

其中，参数 message 是输出在对话框上的文本串，编码时也可以省略“window”，如下代码

所示。

```
alert(message);
```

【实例 10-6】当用户进入页面时给用户一个问候，离开时也给用户一个问候，如下所示。

```
01  <script language="javascript">            // 脚本程序开始
02  function SayHello()                        // 定义函数
03  {
04    alert("Hello!");                         // 在对话框中输出问候消息
05  }
06  function SayBey()                          // 定义函数
07  {
08       alert("bye");                         // 弹出一个对话框，显示告别信息
09  }
10  window.onload=SayHello;                    // 页面载入时调用 SayHello 函数
11  window.onunload=SayBey;                    // 页面关闭时调用 SayBey 函数
12  </script>                                  // 程序结束
```

【运行结果】打开网页文件运行程序，结果如图 10-6 和图 10-7 所示。

图 10-6　网页加载时

图 10-7　网页卸载时

【代码解析】该代码段第 2 行和第 6 行分别创建两个函数。这两个函数用 alert 方法显示不同信息。第 10 行代码是在窗体被载入时，触发 onload 事件，从而调用 SayHello 函数，其中的第 4 行代码就弹出一个消息框向访问者致以问候。第 11 行代码是在窗体被关闭时，触发 onunload 事件，从而调用 SayBye 函数，弹出对话框输出“bye”。

【提示】alert 方法还有一个重要的作用，那就是可以对代码进行调试。当不清楚一段代码执行到哪一步，或者不知道当前变量的取值情况时，可以用该方法来调试信息。

10.3.2　询问对话框

询问对话框是具有双向交互的信息框，系统在对话框上放置按钮，根据用户的选择返回不同的值。设计程序时可以根据不同的值进行不同的响应，实现互动的效果。询问对话框通常放在网页中，对用户进行询问并根据其选择而进入不同的流程。使用方法如下。

```
window.confirm(string)
```

confirm 返回的是一个 boolean 值，如果单击了“确定”按钮将返回“true”；如果单击了“取消”按钮则会返回“false”。返回值可以储存在一个变量中，其形式如下。

```
var result=window.confirm("你喜欢电脑吗？");
```

【实例 10-7】在关闭前询问用户是否要关闭，避免由于误操作带来损失，如下所示。

```
01  <script language="javascript">                    // 脚本程序开始
02  function OnClosing()                               // 关闭前事件处理程序
03  {
04       if( window.confirm("真的要关闭？") )           // 询问
05       {
```

```
06            return true;                          // 确定关闭
07        }
08        else
09        {
10                return false;                     // 不关闭
11        }
12    }
13    </script>                                     // 程序结束
14    <body onbeforeunload="return OnClosing()"/>   // 绑定事件处理程序
```

【运行结果】打开网页运行程序，关闭网页窗口时将发出图 10-8 所示的提示。

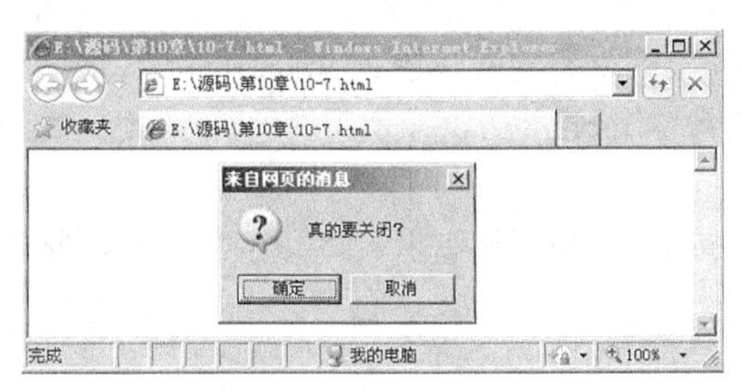

图 10-8　关闭前询问

【代码解析】该代码段第 2～12 行定义函数 OnClosing，其用于处理窗口“准备关闭”事件。在关闭窗口前调用，通过 confirm 对话框询问用户是否要关闭。第 14 行绑定 onbeforeunload 事件处理程序，在窗口关闭前激发此事件。

【提示】小小的询问框可以为网页带来人性化。

10.3.3　输入对话框

很多情况下需要向网页中的程序输入数据，简单的鼠标交互显然不能满足要求。此时可以使用 window 对象提供的输入对话框，通过该对话框可以输入数据。通过 window 的 prompt 方法即可显示输入对话框，使用方法如下。

```
window.prompt( 提示信息，默认值 )
```

同样，可以省略“window”写成如下形式。

```
prompt( 提示信息，默认值 )
```

【实例 10-8】使用 prompt 对话框输入数据，实现简单的答题程序，如下所示。

```
01    <script language="javascript">               // javascript 程序开始
02    function question()                           // 自定义一个函数
03    {
04        var result                                // 定义一个变量
05        result=window.prompt("未来世界哪个国家最强大？", "中国");// 取得用户输入的值
06        if(result=="中国")                        // 判断用户的输入是否正确
07            alert("你真聪明!!!")                   // 提示用户信息
08        else
09            alert("请你再思考一下!");              // 弹出对话框提示用户信息
10    }
11    </script>                                     // 程序结束
12    <input type="submit" name="Submit" value="答题" onclick="question()"
```

【运行结果】打开网页文件运行程序，单击“答题”按钮，则弹出图 10-9 所示对话框。

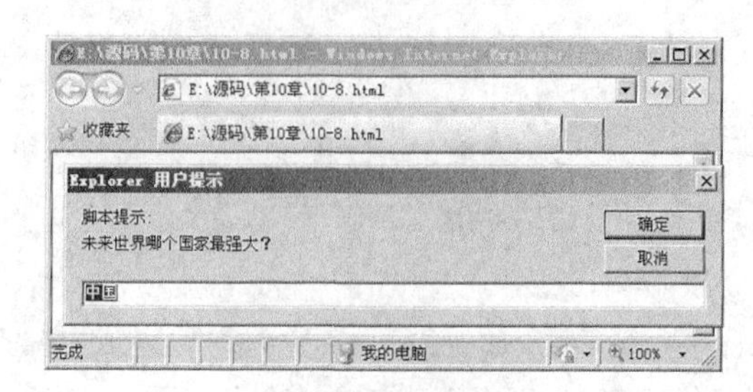

图 10-9　程序运行界面

【代码解析】该代码段第 2～10 行定义函数 question 作为“答题”按钮的单击事件处理程序。其中，通过调用 window 对象的 prompt 方法实现用户数据的输入。第 12 行绑定“答题”按钮的单击事件处理程序。

【提示】如果想得到非字符串型的返回结果（如数值型），则需要使用 parseInt 方法或其他合适的方法来进行类型转换。

10.4　状　态　栏

状态栏是用户 UI 中一种重要的元素，主要用来显示程序当前任务状态或一些提示信息。浏览器窗口同样存在状态栏，并且可以使用脚本程序对其进行操作，比如设置要显示的文本信息等。本节将让读者了解状态栏及其操作方法，使其在应用中有实际的用途。

10.4.1　认识默认状态栏信息

在默认情况下，状态栏里的信息都是空的，只有在加载网页或将鼠标放在超链接上时，状态栏中才会显示与任务目标相关的瞬间信息。window 对象的 defaultStatus 属性可以用来设置在状态栏中的默认文本，当不显示瞬间信息时，状态栏可以显示这个默认文本。defaultStatus 属性是一个可读写的字符串。

【实例 10-9】设置状态栏默认信息，显示网站的宣传文字信息，如下所示。

```
01  <script language="javascript">                    // 脚本程序开始
02      window.defaultStatus="本站提供影片下载、音像素材、电子书籍等服务。";// 设置状态栏默认信息
03  </script>                                         // 程序结束
```

【运行结果】打开网页文件运行程序，结果如图 10-10 所示。

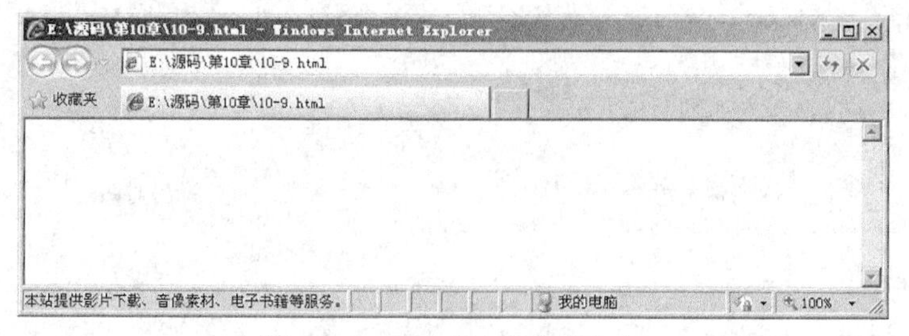

图 10-10　状态栏上的广告文字

【代码解析】本程序仅一行代码即可实现，第 2 行通过设置 window 对象的 defaultStatus 属性设置状态栏默认文本。

【提示】通过定时切换默认文本属性可以动态播放广告信息。

10.4.2　认识状态栏瞬间信息

window 对象的 defaultStatus 属性可以用来读取或设置状态栏的默认信息，但是要设置状态栏的瞬间信息，就必须使用 window 对象的 status 属性。在默认情况下，将鼠标放在一个超链接上时，状态栏会显示该超链接的 URL，此时的状态栏信息就是瞬间信息。当鼠标离开超链接时，状态栏就会显示默认的状态栏信息，瞬间信息消失。

【实例 10-10】在状态栏上显示本机当前时间，如下所示。

```
01  <script language="javascript">                         // 脚本程序开始
02  function SetStatus()                                     // 设置状态栏
03  {
04      d=new Date();                                        // 创建一个日期对象
05      time=d.getHours()+":"+d.getMinutes()+":"+d.getSeconds(); // 取得当前时间
06      window.status=time;                                  // 显示当前时间
07  }
08  setInterval("SetStatus()",1000);                         // 设定定时器
09  </script>                                                // 脚本程序结束
10  </head>                                                  // 文档头结束
11  <body >                                                  // 文档体开始
12  请观察左下角的状态栏
13  </body>                                                  // 文档体结束
```

【运行结果】打开网页文件运行程序，结果如图 10-11 所示。

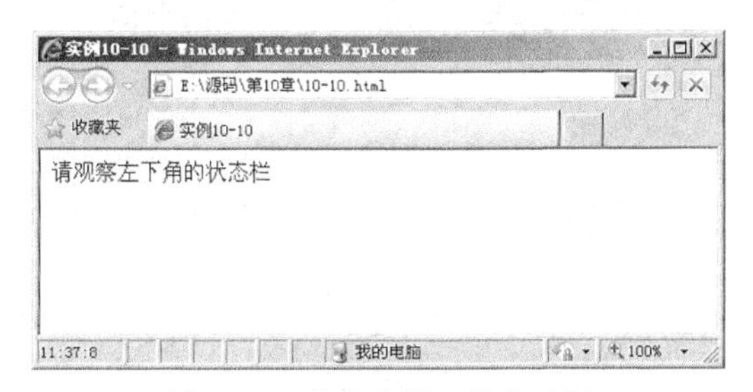

图 10-11　在状态栏上输出时间

【代码解析】该代码段中第 2～7 行定义定时器函数，其向浏览器状态栏输出当前日期信息。第 8 行设定定时器每秒更新一次。

【提示】状态栏的应用有很多，这里只是列举了两个常见的应用，读者可以多做尝试。

10.5　操作网页窗口

window 对象代表当前打开的浏览器窗口，其提供许多用于操作浏览器窗口的方法，主要包括打开新窗口、关闭窗口、窗口聚焦、滚动窗口、移动窗口和调整窗口大小等。用户可以根据需要

在应用中调用相关的方法。

10.5.1 打开一个新窗口

使用 window 对象的 open 方法可以打开一个新的浏览器窗口，新窗口作为本窗口的子窗口。相应的本窗口作为新窗口的次窗口，并持有对新窗口的一个引用，通过该引用可以适度地操作新窗口。open 方法的语法如下。

```
window.open(url,name,features,replace)
```

参数说明如下。

- url，一个字符串。在新窗口中打开的文档的 URL。
- name，一个字符串。新打开的窗口的名字，用 HTML 链接的 target 属性进行定位时会有用。
- features，一个字符串。例举窗口的特征。
- replace，一个布尔值。指明是否允许 URL 替换窗口的内容，适用于已创建的窗口。

【实例 10-11】打开一个宽高为 200×300 的新窗口，其内容为“百度”网站首页，如下所示。

```
01  <script language="javascript">                    // JavaScript 开头
02  function op()                                      // 自定义 op 函数
03  {
04      window.open("http://www.baidu.com","baidu","heigth=300,width=200");  // 打
开一个指定的窗口
05  }
06  op();                                              // 调用 op 函数
07  </script>
```

【运行结果】打开网页文件运行程序，结果如图 10-12 所示。

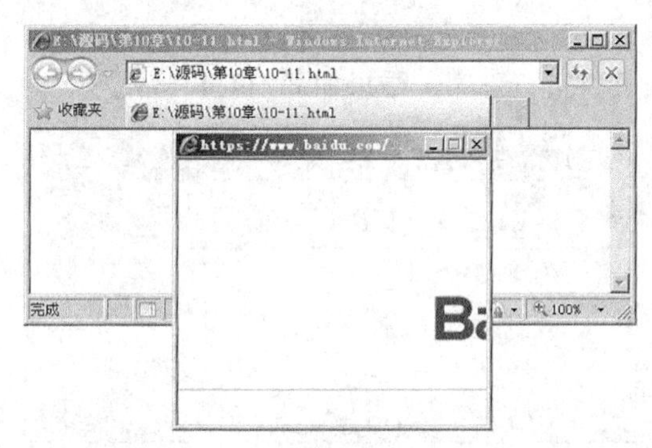

图 10-12 在新窗口中打开网页

【代码解析】该代码段第 4 行使用 open 方法，打开一个高 300 像素、宽 200 像素的窗口，窗口显示了百度网站首页的内容。

【提示】窗口特性参数默认值使窗口具有所有普通特征，但只要指定了其中一项，其他项自动被禁用。

10.5.2 认识窗口名字

窗口的名字在窗口打开时可以设定，仍然用 open 方法，只是充分运用它的参数的设置，具体的运用方法见下面的实例。window.open 方法可以设置新开窗口的名称，该窗口名称在 a 元素和 form 元素的 target 属性中使用。

【实例 10-12】打开一个新的浏览器窗口，指定其名字为 myForm，如下所示。

```
01  <script language="javascript">          // JavaScript 程序开始标签
02  function name()                         // 自定义函数
03  {
04      window.open("","myForm","height=300,width=200,scrollbars=yes");// 打开一个
新窗口
05  }
06  name();                                 // 调用 name 函数
07  </script>                               // 程序结束
```

【运行结果】打开网页文件运行程序，结果如图 10-13 所示。

【代码解析】该代码段第 4 行用 open 方法构造了一个空白文档，文档名为 myForm，高为 300 像素、宽为 200 像素而且带有滚动条。

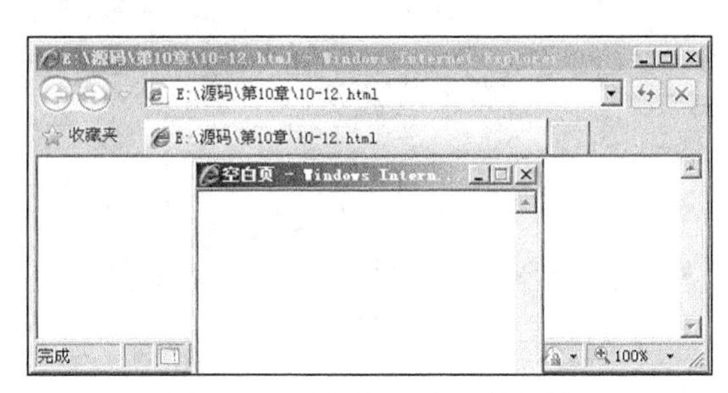

图 10-13　设置新开窗口的标题

10.5.3　如何关闭窗口

可以通过程序关闭浏览器窗口，只要调用 window 对象的 close 方法即可。如果获得一个 window 对象的引用时，通过该引用去调用其 close 方法就可以关掉一个与之相关的窗口。通常情况下，父窗口通过这种方式关闭子窗口。语法如下。

```
窗口名.close()
```

【实例 10-13】通过程序关闭当前浏览器窗口，如下所示。

```
01  <head>                                      // 文档头
02  <meta http-equiv="Content-Type" content="text/html; charset=gb2312" />
03  <title>关闭当前文档</title>                 // 标题
04  <script language="javascript">              // 脚本程序开始
05  function closeWindow()                      // 关闭窗口的函数
06  {
07      if(self.closed)                         // 如果已经关闭
08      {
09             alert("窗口已经关闭")            // 则提示
10      }
11      else                                    // 否则
12      {
13            self.close()                      // 关闭当前窗口
14      }
15  }
16  </script>                                   // 程序结束
```

```
    17  </head>                                              // 文档头结束
    18  <body>                                               // 文档体结束
    19  <label>                                              // 标签开始
    20  <input type="submit" name="Submit" onClick="closeWindow()" value="关闭" > //
按钮
    21  </label>                                             // 标签结束
    22  </body>                                              // 文档体结束
```

【运行结果】打开网页文件运行程序，结果如图 10-14 所示。

【代码解析】该代码段的核心是第 7～14 行，主要用来判断窗口是否关闭，如果没有，就关闭当前窗口，它是由按钮的单击事件引发的。

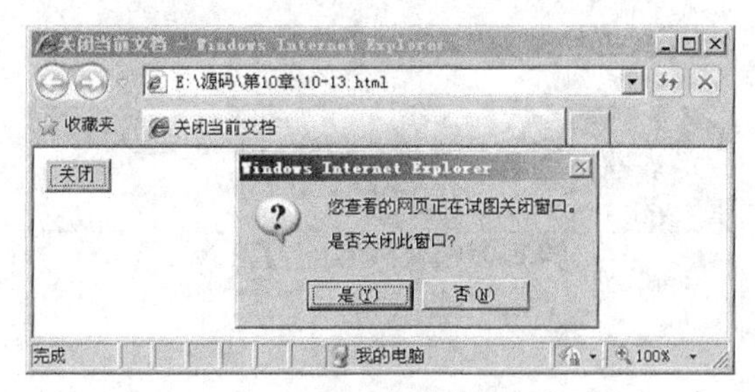

图 10-14　关闭前询问

【提示】self 指的是当前的文档，self.close()也就是关闭当前文档。

10.5.4　对窗口进行引用

前面已经提到通过窗口的引用可以操作内容，同时可以操作窗口的内容。使用这些特性可以在一个窗口中控制另一个窗口的内容，如向一个新开的浏览器窗口中输出内容。下面举例说明。

【实例 10-14】打开一个新的窗口并操作其中的内容，如下所示。

```
01  <html>
02      <head>                                               // 文档头
03          <title>操作新开窗口中的数据</title>                // 文档标题
04      </head>                                              // 文档头结束
05      <body>                                               // 文档体
06          <form name="myForm">                             // 表单
07          <input type="text" name="myText1"><br>           // 文本框
08          <input type="text" name="myText2"><br>           // 文本框+换行
09          <input type="button" value="查看效果" onClick="openWindow (myText1.
    value,myText2.value)">
10      </form>                                              // 结束表单
11      <script language="javascript" type="text/javascript">// JavaScript 开始
12          <!--
13          function openWindow(t1,t2)                       // 自定义一个函数
14          {
15              var myWin = window.open("new.html","","width=300,height=300");
                                                             // 打开一个新窗口
16              myWin.myForm.myText1.value = "由父级窗口输入的文字: "+t1;
```

```
                                                    // 取得文本框中的数据
17              myWin.myForm.myText2.value = "由父级窗口输入的文字："+t2;
                                                    // 取得文本框中的数据
18          }
19          -->
20      </script>                                   // 文档结束
21  </body>                                         // 文档体结束
22  </html>                                         // 文档结束
```

new.html 文件中的代码如下：

```
new.html 文件代码
01  <html>                                  // 文档开始
02      <head>                              // 文档头
03          <title>新开的窗口</title>       // 文档标题
04      </head>                             // 文档头结束
05      <body>                              // 文档体开始标签
06          <form name="myForm">            // 表单
07              <input type="text" name="myText1" size="40"><br>// 文本框
08              <input type="text" name="myText2" size="40"><br>// 文本框
09          </form>                         // 表单结束
10  </body>                                 // 文档体结束
11  </html>                                 // 文档结束
```

【运行结果】打开网页文件运行程序，结果如图 10-15 所示。

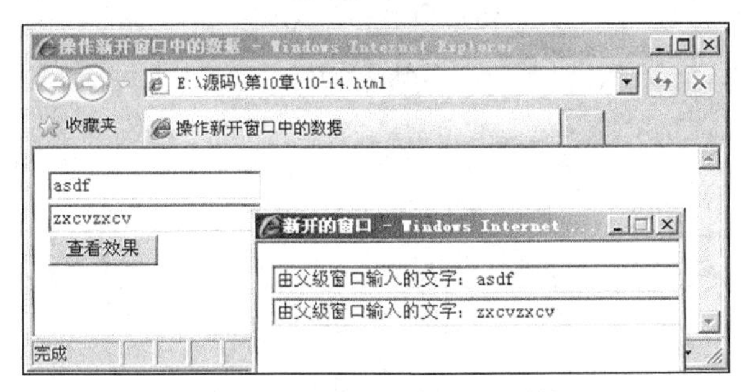

图 10-15 操作新开窗口中的数据

【代码解析】代码第 6～10 行是一个表单其中有两个文本框，还有一个响应单击事件的一个按钮。代码第 13～18 行则是引用窗口的过程。先打开一个新的窗口，这个窗口就是 new.html，同时创建一个 myWin 对象，可以看到它也有两个文本框，然后操作新打开的窗口的数据。

10.5.5 对文档进行滚动

浏览器中的内容大于其显示区域时，一般会出现滚动条方便查看被遮挡的内容。用户可以拖动滚动条，也可以通过程序来控制窗口的滚动。调用 window 对象的 scrollBy 或 scrollTo 方法即可滚动文档，在一些设计比较人性化的文章阅读页面上就可以看到这样的应用，文章自动上滚，方便阅读。scrollBy 和 scrollTo 使用方法如下。

```
myWindow.scrollBy(50,0);                            // 向右滚动 50 像素
```

```
myWindow.scrollBy(-50,0);                          // 向左滚动 50 像素
myWindow.scrollTo(1,1);                            // 滚动到原点
myWindow.scrollTo(100,100);                        // 滚动到坐标（100，100）
```

【实例 10-15】实现窗口中的文档自动向上滚动，方便阅读，如下所示。

```
01  <body>                                                         // 文档体
02      <script language="javascript">                            // 脚本程序开始
03          var tm = setInterval( "ScroWin()", 100 );              // 设定计时器
04          function ScroWin()                                     // 定时器函数
05          {
06              window.scrollBy( 0, 1 );                           // 向上滚动 1px
07          }
08      </script>                                                  // 程序结束
09      浏览器中的内容大于其显示区域时，<br>                          // 文本
10      一般会出现滚动条方便查看被遮挡的内容。<br>                      // 文本
11      用户可以拖动滚动条，也可以通过程序来控制窗口的滚动。<br>          // 文本
12      调用 window 对象的 scrollBy 或 scrollTo 方法即可滚动文档，<br>  // 文本
13      在一些设计比较人性化的文章阅读页面上就看到这样的应用，<br>        // 文本
14      文章自动上滚，方便阅读<br>                                    // 文本
15  </body>                                                        // 文档体结束
```

【运行结果】打开网页文件运行程序，结果如图 10-16 所示。

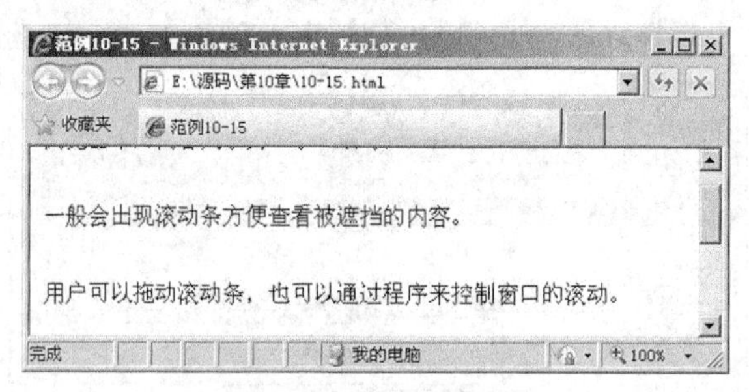

图 10-16　自动滚动文档

【代码解析】该代码段第 3 行设定一个计时器，定时调用第 4～7 行定义的函数，每秒将文档向上滚动 1 个像素。

【提示】读者可以处理鼠标事件，判断当前光标偏离文档中心的方向和程度，改变上下左右滚动的方向和速度，实现更复杂的功能。

10.6　小　　结

本章介绍了 window 对象及其常用的属性、事件和方法，与 window 对象相关的对话框、状态栏的操作和应用，以及如何实现代码的延迟执行、周期性执行，同时也介绍了框架的基本应用。window 对象是 JavaScript 程序设计中使用较为频繁的对象之一，读者应当熟练掌握，下一章将介绍屏幕和浏览器对象。

10.7　习　题

一、选择题

1. 以下哪项不属于 window 对象的对话框？（　　）

A. prompt　　B. alert　　C. msgbox　　D. confirm

2. 以下哪个语句可以实现文档向右滚动 50 像素？（　　）

A. window.scrollBy(50, 0)　　B. window.scrollBy(0, 50)

C. window.scrollBy(-50, 0)　　D. window.scrollBy(0, -50)

二、简答题

1. 窗口的操作方法有哪些？简述如何创建一个新窗口和关闭一个窗口。
2. 简述实现代码的延迟调用和取消延迟的方法。
3. 为什么要使用框架？请说说它的好处。

三、练习题

设计一个计时器，定时轮流打开用户指定在列表中的网页地址，新打开的窗口大小指定为 400×300，每打开一个新窗口时都先关掉上一个老窗口，实现广告轮播。

【提示】可以使用前面介绍的 window 对象的 open 方法打开和设置新窗口的大小。地址列表可用数组实现，设置定时功能可使用 setInterval 函数，参考代码如下。

```
01  <script language="javascript">
02  var adrList = new Array();                          // 创建一个用于存储地址的数组
03  function addNewAddressAndStart( )                   // 定义函数，实现添加地址和设定间隔时间
04  {
05      for( ;; )                                       // 循环要求用户输入网址
06      {
07          var adr = prompt( "请添加一个新地址，此步骤将连续添加多个地址，要停止添加请按“取
        消”：", "" );
08          if( adr == null )                           // 用户取消输入时跳出当前循环
09              break;
10          adrList.push( adr );                        // 将用户输入的网址存储到数组的尾部
11      }
12      var interal = prompt( "请设定打开新窗口的时间间隔，以毫秒为单位：", "1000" );
                                                        // 输入时间间隔
13      if ( interal == null )                          // 如果用户忽略上一步则自动设置为 5 秒
14         interal = 5000;
15     setInterval( "start()", interal );          // 使用 setInterval 设置间隔(interal/1000)
                                                   // 秒就运行一次 start 函数
16     refreshList();                              // 刷新地址列表
17  }
18  var curAD = 0;                                 // 使用就是 curAD 以指示当前要打开的页面
19  var oldWin = null;                             // 使用变量 oldWin 引用当前打开的窗口
20  function start( )                              // 定义函数打开新窗口
21  {
22      if( oldWin != null )                       // 定义函数打开新窗口
```

```
23            oldWin.close();
24        if( adrList.length == 0 )             // 如果地址列表为空，则函数什么也不做，直接返回
25        {
26             Addresslist.value = "地址列表为空";return;
27        }
28        oldWin = window.open( adrList[curAD], "", "width=400,height=300" );
                                                // 打开新窗口
29        curAD ++ ;                            // 将指示器 curAD 递增
30        if( curAD == adrList.length )         // 如果已经超过数组的末端则置 0，指向数组首元素
31            curAD = 0;                        // 指示器置 0
32    }
33    function refreshList()                    // 刷新地址列表
34    {
35        Addresslist.value = "";               // 清空地址
36        for( index in adrList )               // 遍历
37            Addresslist.value += adrList[index] + "\r\n";
38    }
39    </script>
40    // 定义一个文本域用以显示地址列表
41    <textarea id="Addresslist" style="width: 349px; height: 263px" readonly=
      "readOnly"></textarea><br />
42    // 定义一个按钮用以添加新地址
43    <input type="button" onclick="addNewAddressAndStart()" value="添加新地址"
      style="width: 349px" />
```

【运行结果】打开网页文件运行程序，效果如图 10-17 所示。

图 10-17　定时打开地址表中的网页

第 11 章 历史、地址和 cookie 对象

history 对象也就是历史对象，客户端浏览器窗口最近浏览过的历史网址是通过该对象来存储管理的。location 对象即为地址对象，它所代表的是客户端浏览器窗口的 URL 地址信息。在 document 对象中还有一个名为 cookie 的属性，该属性是对 cookie 对象的引用，而 cookie 是用于存储用户数据的，它以文件的形式保存在客户端硬盘的 Cookies 文件夹中。

本章目标是理解并掌握历史对象的特性及使用方法。

- 了解地址对象及其作用。
- 能熟练运用历史对象和地址对象解决一些实际问题。
- 了解 cookie 及它的作用。
- 掌握创建和获取 cookie 值的方法。

以上几点是对读者所提出的基本要求，也是本章希望达到的目的。读者在学习本章内容时可以将其作为学习的参照。

11.1 认识历史对象

history 对象是 JavaScript 中的一种内置对象，该对象可以用来记录客户端浏览器窗口最近浏览过的历史网址。history 对象提供了一些方法，由这些方法可以完成类似于浏览器窗口中的前进、后退等按钮的功能。出于安全方面的考虑，在 history 对象中，是不能访问当前的浏览器窗口最近浏览过的网页 URL。

11.1.1 历史对象的分类

history 对象的主要作用是跟踪窗口中曾经使用的 URL，它是 document 对象的属性。history 对象没有事件，它的属性只有一个，该属性的作用是查看客户端浏览器窗口的历史列表中访问过的网页个数。它的方法有 3 个，主要用在检查客户端浏览器窗口的历史列表中访问过的网页个数，还可以实现从一个页面跳转到另一个页面。在实际应用中，如涉及页面的跳转问题，可以用这个对象来解决。

【提示】说它只有一个属性只是针对 IE 浏览器，其实它还有其他属性，但 IE 浏览器不支持，如 history 对象的 current、next 和 previous 属性。IE 浏览器只支持 length 属性。

11.1.2 前进到上一页和后退到下一页

history 对象有 back 和 forward 两个方法，它们可以跳转到当前页的上一页和下一页，同时可以用 length 属性来查看客户端浏览器窗口的历史列表中访问过的网页的个数。其使用方法如下。

```
01  history.back()              // 移至前一页
02  history.forward()           // 移至后一页
03  history.go(号码,URL)         // 设置相对数字，移动页面
```

go（string）装入历史表中 URL 字符串包含这个子串的最近的一个文档，示例如下。

```
History.go("characters")        // 装入URL中包含字符串characters的最近一个文档
```

【实例 11-1】前进到当前页的上一页和下一页，如下所示。

```
01  <html>
02          <head>
03                  <title>前进与后退</title>              // 文档的标题
04          </head>                                        // 文档的头
05          <body>                                         // 文档的主体
06                  <p>                                    // 段落
07                  <input type="button" value="后退到上一页" onClick="history.back()">
// 后退按钮
08                  <input type="button" value="前进到下一页" onClick="history.forward()">
// 前进按钮
09          </p>                                           // 结束段落
10                  <form name="form1" method="post" action="">    // 表单的开头
11                  label><br>                             // 标签
12                          姓名：
13                                  <input type="text" name="textfield">  // 姓名的文本框
14                          </label>
15                          <p>
16                          性别：
17                          <label>
18          <input type="text" name="textfield2">          // 性别的文本框
19                          </label>                       // 标签的结束
20                          </p>                           // 段落的结束
21          <label><br>                                    // 换行
22          </label>                                       // 标签
23          <p>                                            // 段落
24          <label>                                        // 标签的开头
25                  <input type="submit" name="Submit" value="提交">    // 提交按钮
27                  </label>                               // 标签的结束
28              </p>                                       // 段落的结束
29          </form>                                        // 表单的结束
30          </body>                                        // 主体的结束
31  </html>
```

【运行结果】打开网页文件运行程序，结果如图 11-1 所示。

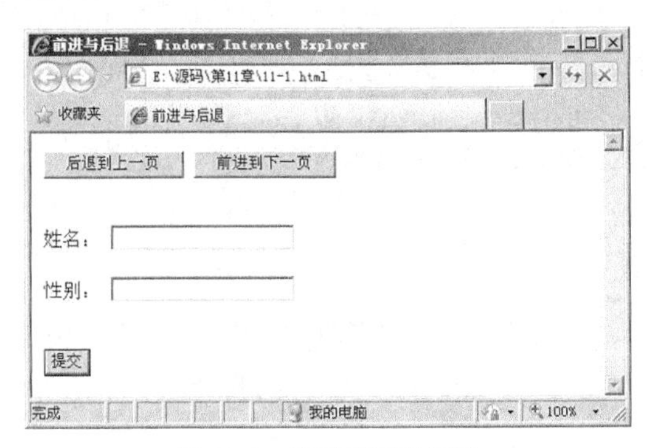

图 11-1　前进和后退导航

【代码解析】该代码段第 6～9 行创建两个按钮分别实现网页的前进与后退，用了 back 和 forward 两个方法。代码第 10～29 行的作用是创建一个表单，这个表单包括两个文本框和一个按钮。当提交表单后，进入到下一个页面，只是下一个页面很特殊，就是原来的这个页面，可以看到原来填写的资料不见了。当单击后退时会回到原来的页面，这时上次填写的资料在表单中还能看见。

【提示】只用 go 方法也可以实现前进和后退功能。

11.1.3　实现页面的跳转

有时候，在实际应用中需要从一个页面直接跳到另一个页面，这时可以用 history 对象的 go 方法直接跳转到某个历史 URL。例如，以下代码为前进到下一个访问过的 URL，相当于 history.forward 方法，语法如下。

```
history.go(n)
```

当 n>0 时，装入历史表中往前数的第 n 个文档；n=0 时装入当前文档；n<0 时，装入历史表中往后数的第 n 个文档。而以下代码为返回到上一个访问过的 URL，相当于 history.back() 方法。

```
history.go(-1)
```

【实例 11-2】实现页面自动跳转程序，如下所示。

```
01  <html>
02          <head>                                          // 文档的头
03                 <title>newpaeg</title>                   // 文档的标题
04                 <script language="javascript">           // JavaScript
05                function Go()                             // 一个自定义函数实现跳转功能
06                {
07  // 跳转到 http://www.sohu.com 页面，是转至同一目录还是其他网页根据给出的地址决定
08                            window.location.href="http://www.baidu.com";
09                }
10                setTimeout("Go()",5000);                  // 5 秒钟后执行 Go()
11                </script>                                 // javascript 结束
12          </head>                                         // 文档头结束
13          <body>                                          // 主体
14          页面将在 5 秒钟后跳转到百度网站首页
15          </body>                                         // 主体结束
16  </html>
```

【运行结果】打开网页文件运行程序，截图如图 11-2 所示。

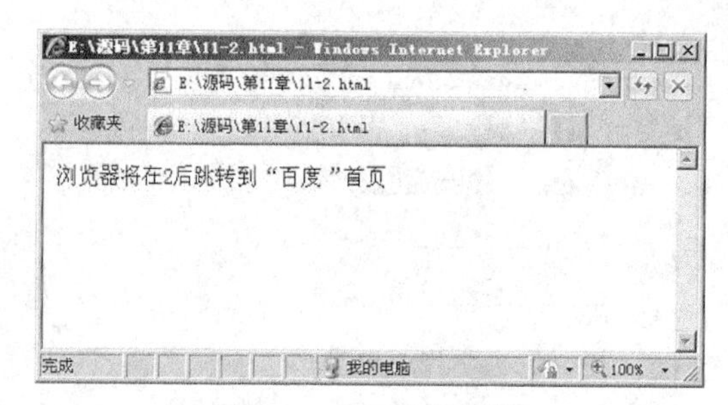

图 11-2　页面自动跳转

【代码解析】该代码段第 5～10 行中，跳转是通过改变 document 对象的 href 属性的值来完成的。代码第 10 行设置了一个延迟调用，程序 5 秒钟后自动跳到其他的页面上。

11.2　地址对象

location 对象也是 JavaScript 中的一种默认对象，它所代表的是当前显示的文档的 URL，这个对象可以访问当前文档 URL 的各个不同部分。JavaScript 一般用 location 对象来访问装入当前窗口文档的 URL。

11.2.1　对象简介概述

URL 也就是路径地址的意思，在网页中指的是访问的路径。它的构成有一定的规范，通常情况下，一个 URL 会有下面的格式：协议（//）+主机:端口（/）+路径名称（#）+哈希标识（?）+搜索条件。示例如下：

```
http://localhost/web/index.php?id=12
```

这些部分是满足这样的要求的："协议"是 URL 的起始部分，直到包含到第一个冒号；"主机"描述了主机和域名或者一个网络主机的 IP 地址；"端口"描述了服务器用于通信的通信端口；路径名称描述了 URL 的路径方面的信息；"哈希标识"描述了 URL 中的锚名称，包括哈希掩码（#），此属性只应用于 HTTP 的 URL；"搜索条件"字符串包含变量和值的配对，每对之间由一个"&"连接。示例如下。

```
http://localhost/web/index.php?id=12&ip=127#
```

location（地址）对象描述的是某一个窗口对象所打开的地址，是一个非常常见的对象，它是 window 和 document 对象的属性。

【提示】哈希标识和搜索条件并不是必需的，但协议是一定要有的。

11.2.2　获取指定地址的各属性值

在进行网页编程时，通常会涉及对地址的处理问题，如页面间的参数传递等，这些都与地址本身的一些属性有关。这些属性大多都是用来引用当前文档的 URL 的各个部分，示例如下。

```
location.href          // 取得整个 URL 字符串
location.protocol      // 含有 URL 第一部分的字符串
location.hostname      // 包含 URL 中主机名的字符串
```

下面演示如何从一个地址中取得想要的信息，也就是说，如何获取一个地址的各个部分。

【实例 11-3】取得当前地址对象的属性，并输出 URL 中的协议、主机名等信息，如下所示。

```
01  <html xmlns="http://www.w3.org/1999/xhtml">
02          <head>                                               // 文档的头
03                  <meta http-equiv="Content-Type" content="text/html; charset=gb2312" />
04                  <title>取得地址对象的属性</title>              // 文档的标题
05                  <script language="javascript">
06                          function getMsg()                    // 取得信息的函数
07                          {
08                                  url=window.location.href;    // 取得当前地址
09                                  with(document)
10                                  {
11                                          write("地址的协议:"+location.protocol+"
<br>");                                     // 输出地址协议
12                                          write("地址的主机名:"+location.hostname+"
<br>");                                     // 输出主机名
13                                          write("地址的主机和端口号:"+location.host+"
<br>")                                      // 输出主机和端口号
14                                          write("取得路径名:"+location.pathname+"
<br>");                                     // 取得路径名
15                                          write("取得整个地址: "+url+"<br>");
                                            // 取得整个地址
16                                  }
17                          }
18                  </script>                                   // JavaScript 程序结束
19          </head>                                             // 文档的头结束
20          <body>                                              // 文档的主体结束
21                  <input type="submit" name="Submit" value="取得地址对象的属性" onclick
          ="getMsg()" />
22          </body>
23  </html>
```

【运行结果】打开网页文件运行程序，结果如图 11-3 所示。

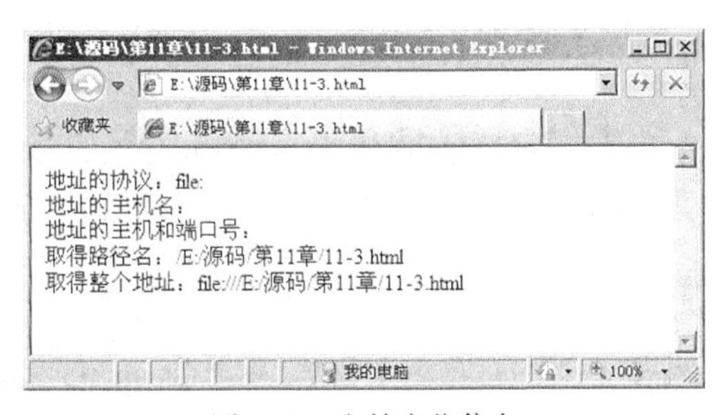

图 11-3　文档定位信息

【代码解析】该代码段第 6～17 定义函数 getMsg，其中通过读取 window.location 的 href 属性获得当前文档的 URL 信息。第 11～15 行读取 location 的相关属性以获得主机等信息并输出。

11.2.3　加载新网页

在设计网页的过程中，时常会遇到加载一个新网页的情况，这时可以用 location 对象的 href 属性轻松完成这一功能，该属性返回值为当前文档的 URL，如果将该属性值设置为新的 URL，那么浏览器会自动加载该 URL 的内容，从而实现加载一个新的网页的目的。

【实例 11-4】手动加载新网页，让按钮具有超链接的功能，如下所示。

```
01  <html xmlns="http://www.w3.org/1999/xhtml">
02          <head>                                          // 文档的头
03                <title>单击按钮链接到指定的URL</title>     // 文档的标题
04                <script language="javascript">            // JavaScript
05                          function gotoUrl()              // 取得文档的地址
06                          {
07                          window.location.href="http://google.com"; // 前往指定的页
面 http://google.com
08                          }
09                 </script>                                // 结束 JavaScript
10          </head>                                         // 结束头
11          <body>                                          // 主体部分
12                <input type="submit" name="Submit" value="前往 Google" onclick=
                          "gotoUrl()" />                    // 调用函数
13          </body>                                         // 结束主体部分
14  </html>
```

【运行结果】打开网页文件运行程序，结果如图 11-4 所示。

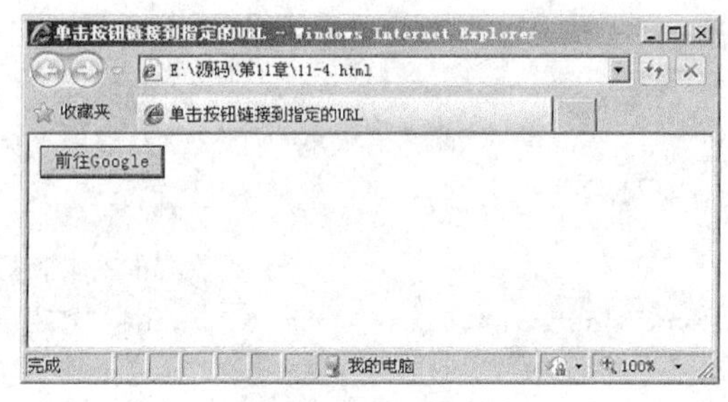

图 11-4　导航到新网页

【代码解析】该代码段的第 7 行通过设定 location 的 href 属性，单击按钮后，调用 gotoUrl 函数，则会自动加载 href 属性设定的值所对应的 URL，从而实现将指定 URL 的文档加载到浏览器中。

【提示】location 对象属性不是只读属性，可以为 location 对象的属性赋值。同样，如果修改了 location 对象的其他属性，浏览器也会自动更新 URL，并显示新的 URL 的内容。

11.2.4　获取参数

获取参数可以说是一个非常重要，也相当实用的操作，通过 location 对象的 search 属性，可以获得从 URL 中传递过来的参数和参数值。在 JavaScript 代码中可以处理这些参数和参数值。在网页制作中，这是很重要的技术，当参数以 GET 的方式传输时，用这个方法是很有效的。

【实例 11-5】获取当前地址的参数，如下所示。

```
01      <html>
02            <head><title>实例 11-5</title>          // 文档的标题
03            <script language="javascript">          // JavaScript
04            function init()
05            {
```

```
06                    var str=window.location.href // 取得当前的地址
07                    var pos=str.indexOf("?");    // 以?为标志找其所在位置
08                    if(pos==-1)                  // 如果 pos 为 1，则说明没有参数
09                    {
10                         text.value="无参数"; // 显示结果没有参数
11                    }
12                    else
13                    {
14                         var strs=str.substring(pos+1,str.length); // 取?后的字符
15                         var strValue=strs.split('&');  // 用&将字符串 strs 分成几
部分，分别存放在数组 strValue 中
16                         var i=0;
17                         while(i<strValue.length)       // 遍历数组取中的值显示出来
18                         {
19                               text.value+=strValue[i];   // 在文本框中显示结果
21                               i++;                     // 变量加 1
20                               text.value+= "\r\n"'     // 换行
22                         }
23                    }
24             }
25             </script>                                  // 结束 JavaScript
26        </head>                                         // 结束头
27        <body onLoad="init()">                          // 自动调用 init
28          <label>                                       // 标签
29          <div align="center">                          // div 标签
30            <p>                                         // 段落
31              <textarea name="text" rows="10"></textarea> </p>// 文本域
32            <p><a href=" 11-5.html?id1=15&id2=16&id3=17&id4=19&id5=21&id9=456">查看本
链接参数
33        </a></p>                                        // 段落
34          </div>                                        // 结束 div
35      </label>                                          // 结束
36    </body>  </html>
```

【运行结果】打开网页文件运行程序，结果如图 11-5 所示。

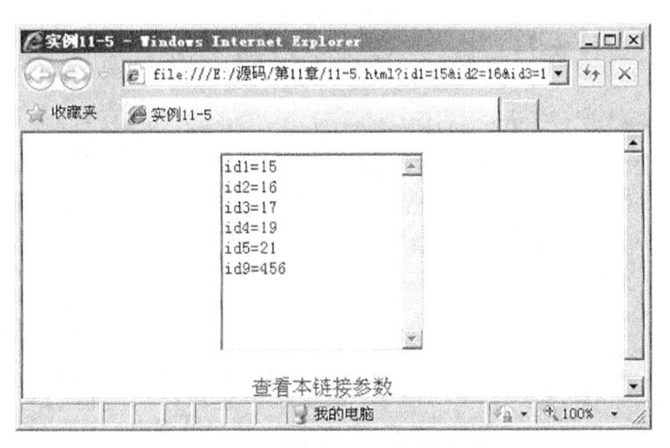

图 11-5　请示地址中的参数

【代码解析】这个例子实现获取网页参数的功能，代码第 6～24 行中，首先获取当前 href，然后以“？”为标志，截取“？”以后的字符串，再以“&”为标志，将各个参数分开并存储在一

个数组中，最后遍历这个数组，将值显示在文本框中。代码第 17～22 行的作用就是遍历数组，并在文本框中显示结果。

11.2.5 装载新文档与重新装载当前文档

文档的装载在应用中也是比较常见的，它的装载方式一共有 3 种，即 assign、replace 和 reload。其中，reload 方法用于根据浏览器 reload 按钮定义的策略重新装入窗口的当前文档。replace 方法取一个 URL 参数，从当前文档历史清单中装入 URL，并显示指定的页面。在使用中要注意这 3 者之间的区别，具体的使用方法见实例 11-6。

【**实例 11-6**】用 location 的 3 种方法加载一个文档，如下所示。

```
01  <head>
02          <title>实例 11-6</title>
03                      <script language="javascript">
04                      function Assign()
05                      {
06                                  location.assign("http://www.baidu.com");    // 加载一个新文
档，和 location 对象的 href 属性一样
07                      }
08                      function Replace(){
09                      location.replace("http://mail.163.com");                // 使用新的 URL
替换当前文档，不加入到浏览器的历史中
10                      }
11                      function Reload()
12                      {
13                      location.reload("http://www.google.cn/");               // 重新载入当前
文档，有一个 bool 参数
14                      }
15                      </script>
16                      </head>
17                      <body>
18                              <div  onClick="Assign()">前往百度首页</div>
19                              <div  onClick="Replace()">163 邮箱登录</div>
20                              <div  onClick="Reload()">前往 google 首页</div>
21          </body>
```

【运行结果】打开网页文件运行程序，结果如图 11-6 所示。

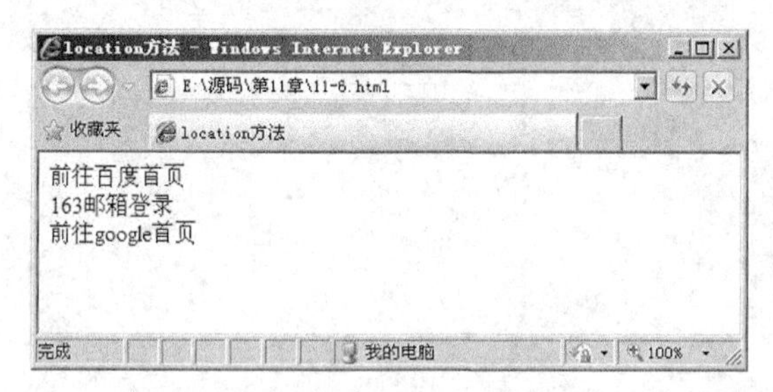

图 11-6　示例运行结果

【代码解析】该代码段第 4～7 行是用 assign 方法加载一个新的文档，这个方法与 location 对象的 href 属性一样，代码第 8～10 行是用 replace 加载一个新文档，这个方法是使用新的

URL 替换当前文档，而且不加入到浏览器的历史中，代码第 11～14 行则是用 reload 方法加载一个文档，它有一个 bool 参数，默认为 false，参数值为 true 时从服务器载入，值为 false 时从缓存载入。

11.2.6　刷新文档

在实际应用中，经常会涉及对文档的刷新，JavaScript 提供了一种刷新方法。使用 location 对象的 reload 方法可以刷新当前文档。reload 方法的语法如下。

```
location.reload(loadType)
```

刷新页面的方法比较多，下面的例子中将例举几个。

【实例 11-7】地址对象方法的应用——刷新文档，如下所示。

```
01  <html xmlns="http://www.w3.org/1999/xhtml">
02          <head>                                     // 文档的头
03          <meta http-equiv="Content-Type" content="text/html; charset=gb2312" />
04                 <title>刷新文档</title>             // 文档的标题
05          </head>
06          <body>                                     // 文档的主体
07          <input type=button value=刷新 onclick="history.go(0)"> // go 方法刷新页面
08          <input type=button value=刷新 onclick="location.reload()">// reaload 方法
刷新页面
09          <input type=button value=刷新 onclick="location=location">
                                                       // load 方法刷新页面
10          <input type=button value=刷新 onclick="window.navigate(location)">
                                                       // navigate 方法刷新页面
11          <input type=button value=刷新 onclick="location.replace(location)">!
// replace 方法刷新页面
12          </body>
13  </html>
```

【运行结果】打开网页文件运行程序，结果如图 11-7 所示。

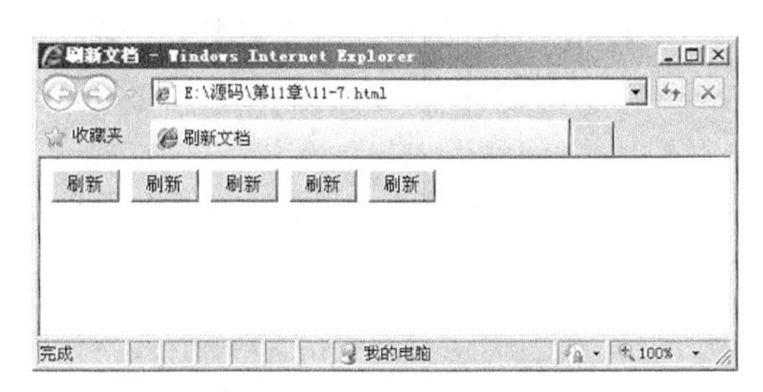

图 11-7　多种刷新方式

【代码解析】程序运行以后，当单击各个刷新按钮时，都能实现刷新功能。代码第 7～11 行分别用了 5 种方法来实现页面刷新。主要利用了历史对象和地址对象来实现。

【提示】这里几乎例举了所有的刷新的方法，读者最好能记住这些方法。

11.2.7　加载新文档

加载一个新文档，除了用 open 方法以外还可以用 location 对象所提供的方法。location 对象所提供的 replace 方法可以用一个 URL 来取代当前窗口的 URL，以达到加载新文档的效果。replace 方法的语法如下所示。

```
location.replace(url)
```

【实例 11-8】实现动态加载一个新文档，如下所示。

```
01  var pos = 0                                  // 给变量 pos 赋初值 0
02          function test()                      // 自定义 test 函数
03          {
04                  str=window.location;         // 取得当前地址
05                  str=str.replace('/');  // 将地址以“/”为标志分成几组并存放在一个数组中
06                  window.location.str;
07          }
08          function goUrl()                     // 自定义函数获取新地址
09          {
10                  pos++                        // pos 加 1
11                  location.replace("http://www.baidu.com?id=" + pos) // 加载新页面
12      }
13  </script>                                    // 结束 javascript
14  <input type="button" value="取消" onclick="test()" class="button" />
                                                 // 取消按钮响应单击事件
15  <input type=button value="加载新页面" onclick="goUrl()">// 单击按钮加载一个新页面
```

【运行结果】打开网页文件运行程序，结果如图 11-8 所示。

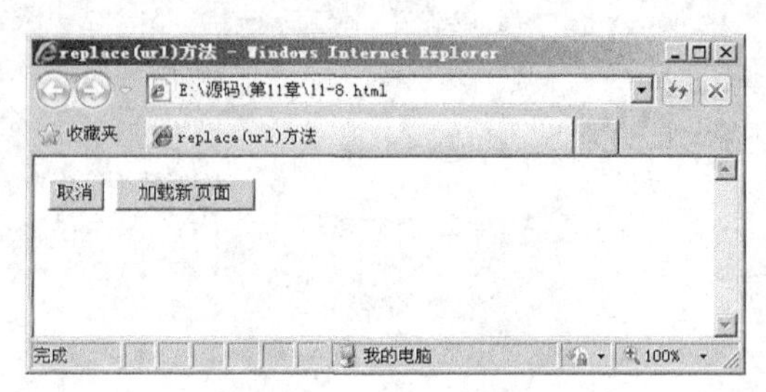

图 11-8　程序运行界面

【代码解析】程序运行以后，单击“加载新页面”按钮则会加载一个带有参数的网页。如代码第 11、12 行所示。而代码第 5～7 行则是 replace 方法的另一种用法，返回根据正则表达式进行文字替换后的字符串的复制。

【提示】加载新文档的方法有很多，读者要注意比较这些方法之间的区别，在合适的场合用合适的方法。

11.3　cookie 对象

很多时候，一个登录注册的用户在浏览某一网站时，需要在多个页面之间进行切换，用户的信息需要保存，否则每访问一个新页时都要重新登录。为了避免这一烦琐的过程，开发商在浏览器端使用了 cookie 技术，将用户信息临时保存起来。这是 cookie 技术最经典的一个应用。因此，cookie 在网页开发中充当了相当重要的角色。

11.3.1　cookie 的定义

前面已经提到了，cookie 其实就是一些用户数据信息，只是它们以文件的方式保存起来，可以读取和修改。可以利用它与某个网站进行联系，并在浏览器与服务器之间传递信息。cookie 的最经典的用途是保存状态，识别身份。

当然，从另一个角度来讲，也可以将它看成一个变量。当然，确定的变量是有大小之分的，比如说整型类型，cookie 也一样，它也是有大小限制的。每个 cookie 所存放的数据不会超过 4KB，而每个 cookie 文件中不会多于 300 个 cookie。

此外，cookie 与浏览器的联系是比较紧密的，不同的浏览器会带来一些意想不到的情况，必须确定一个用户的浏览器设置中是否关闭了 cookie。

【提示】在使用 cookie 之前一定要检查浏览器对 cookie 功能是否支持。

11.3.2　创建与读取 cookie

在 JavaScript 中，创建 cookie 是通过设置 cookie 的键和值的方式来完成的。一个网站中 cookie 一般是不唯一的，可以有多个，而且这些不同的 cookie 还可以拥有不同的值。例如要存放用户名和密码，则可以用两个 cookie，一个用于存放用户名，另一个用于存放密码。使用 document 对象的 cookie 属性可以用来设置和读取 cookie。每个 cookie 都是一个键/值对，如下所示。

```
document.cookie="id=8";
```

如果要一次存储多个键/值对，可以使用分号加空格（;）隔开，示例如下。

```
document.cookie="id=12;us=yx";
```

获取 cookie 的值可以由 document.cookie 直接获得，示例如下。

```
var strCookie=document.cookie;
```

这样，就可以获得以分号隔开的多个 cookie 键/值字符串。不过这样取得的键/值是指该域名下的所有 cookie。

【实例 11-9】创建 cookie 并读取该域下所有 cookie 的值，如下所示。

```
01  <script language="JavaScript" type="text/javascript">
02  <!--
03          document.cookie="id=12";                 // 创建 cookie 的键和值
04          document.cookie="user=yx";               // 创建 cookie 的键和值
05          var strCookie=document.cookie;           // 获取该域名下的所有 cookie 值
06          alert(strCookie);                        // 显示所有的 cookie 的键与值
07  //-->
08  </script>
```

【运行结果】打开网页文件运行程序，结果如图 11-9 所示。

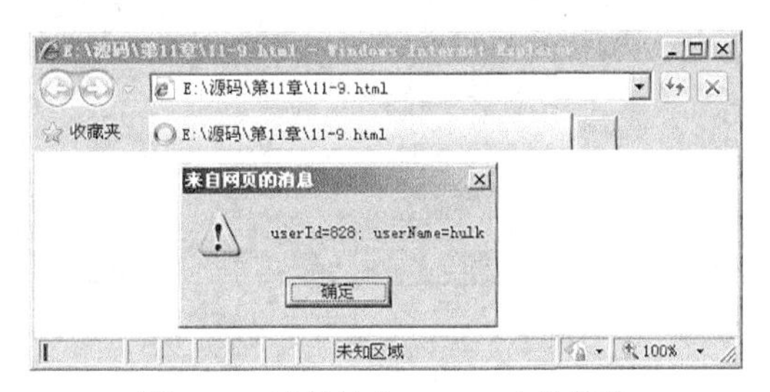

图 11-9　当前站点 cookie 中的信息

【代码解析】该代码段第 3、4 行的作用是分别创建一个 cookie，代码第 5、6 行的作用分别是获取 cookie 值和显示 cookie。

【提示】用上述方法无法获得某个具体的 cookie 值，所得到的是当前域名下所有的 cookie。

11.3.3 获取 cookie 的值

上一节谈到了读取 cookie 的键与值，可以看到，采取实例 11-9 所示的方法，只能够一次获取所有的 cookie 值，而不能指定 cookie 名称来获得指定的值，这样就必须从 cookie 中找到需要的那个值，因此处理起来可能有点麻烦，用户必须自己分析这个字符串，可能会用到几个常见的字符处理函数来获取指定的 cookie 值。

【实例 11-10】先设置两个 cookie，然后再一一获得这两个值，如下所示。

```
01  <script language="JavaScript" type="text/javascript">
02  <!--
03      document.cookie="id=828";              // 设置一个名为 usr 值为 828 的 cookie 值
04      document.cookie="usr=yx";              // 设置一个名为 usr 值为 yx 的值
05      var str=document.cookie;               // 获取 cookie 字符串
06      var arr=str.split("; ");               // 将多 cookie 切割为多个键/值对
07      var userIndex="";                      // 定义一个空字符串
08      var i=0;                               // 定义一个变量并赋值 0
09      while(i<arr.length)                    // 遍历 cookie 数组，处理每个 cookie 对
10          {
11                  var arrs=arr[i].split("="); // 用"="将 cookie 的键与值分开
12                  if("id"==arrs[0]) // 找到名称为 user 的 cookie，并返回它的值
13              {
14                          userIndex=arrs[1]; // 将获取的值保存在变量 userIndex 中
15                          break;          // 结束循环
16                  }
17                  i++;                    // 变量 i 加 1
18              }
19      if(userIndex!="")                       // 判断所要查找的值是否存在
20              alert(userIndex);               // 输出 userIndex 的值
21      else
22              alert("查无此值")                // 没有查到要查的值
23  //-->
24  </script>
```

【运行结果】打开网页文件运行程序，结果如图 11-10 所示。

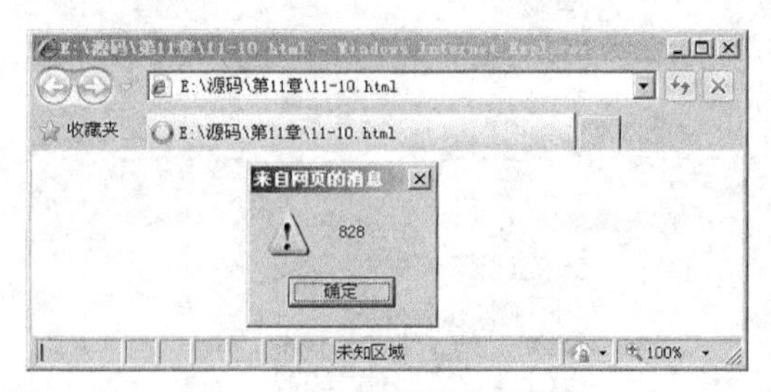

图 11-10　示例结果输出信息

【代码解析】该代码段第 3、4 行先设置两个 cookie 值，然后再将它们读出来。代码第 5～18 行的作用是读取 cookie。用 split 函数以“;”和“=”为标志，先找出键/值的形式存在一个数组中，然后再从每组数据中分离出键与值。

【提示】在设置和获取 cookie 值时，一定要记得编码和解码，后面的章节会介绍如何编码和解码。

11.3.4　cookie 的生存周期

前面章节提到，cookie 都是使用未编码的格式存入 cookie 文件中的。但是在 cookie 中是不允许包含空格、分号、逗号等特殊符号的。如果要将这些特殊符号写入 cookie 中，那就必须在写入 cookie 之前，先将 cookie 用 escape 编码，再在读取 cookie 时通过 unescape 函数将其还原。

【实例 11-11】对 cookie 进行编码和解码，尝试在 cookie 中加入一些特殊的字符，如下所示。

```
01  <head>
02  <meta http-equiv="Content-Type" content="text/html; charset=gb2312" />
03  <title>cookie 编码解码</title>                          // 文档的标题
04  <script language="javascript">                         // JavaScript 程序
05  function SetCookie(name,value)                         // 自定义函数
06  {
07          window.document.cookie= name + "=" + escape(value)+";"; // 设置 cookie
08          alert("设置成功！");
09   }
10  function GetCookie(cookieName,codeFind)                // 自定义函数
11  {
12          var cookieString = document.cookie;            // 获取 cookie
13          var start = cookieString.indexOf(cookieName + '='); // 截取 cookie 的名
14          if (start == -1)                               // 若不存在该名字的 cookie
15          return null;                                   // 返回空值
16          start += cookieName.length + 1;
17          var end = cookieString.indexOf(';', start); // 取得 cookie 的值
18          if(codeFind==1)                        // 当用户以解码的方式查看时执行 if 语句
19          {
20                  if (end == -1)                 // 防止最后没有加“;”冒号的情况
21                  return unescape(cookieString.substring(start)); // 返回编码后的值
22                  return unescape(cookieString.substring(start, end));// 返回编
码后的值
23          }
24          else
25          {
26                  // 当用户以非解码的方式查看时，执行以下三句代码
27                  if (end == -1)                 // 防止最后没有加“;”冒号的情况
28                  return cookieString.substring(start);        // 返回 cookie 值
29                  return cookieString.substring(start, end);  // 返回 cookie 值
30          }
31  }
32  function setValue()                                // 一个自定义函数
33  {
```

```
34          if(Name.value!="")                  // 当输入文本不为空时
35          {
36                  // 当用户输入信息不为空时，获取输入的信息并调用函数设置 cookie
37                  SetCookie(Name.value,Value.value);
38                  Value.value="";             // 将文本框清空
39                  Name.value="";              // 将姓名的文本框清空
40          }
41          else
42          {
43          // 当用户输入变量名为空时，提示用户输入不正确的信息
44  alert("设置失败，cookie 的名不能为空！")          // 提示用户设置失败
45          }
46  }
47  function getValue(n)                        // 自定义构造一个函数
48  {
49          if(Name.value=="")                  // 文本为空
50          {
51                  alert("你没有输入要查找的 cookie 名"); // 检查输入是否为空
52          }
53          else
54          {
55                  var str=GetCookie(Name.value,n); // 查询的值不为空时，调用查询的函数
56                  if(str!="")
57                  {
58                          Value.value=str;    // 取得查询的结果
59                  }
60                  else
61                  {
62                          Value.value="该值为空！"; // 结果为空时提示客户
63                  }
64          }
65  }
66  </script>
67  </head>
68  <body>
69  <label>
70  cookie 名:
71  <input type="text" name="Name" />           // 输入 cookie 的文本框
72  </label>                                    // 标签的结束
73  <label> <br />                              // 换行
74  <br />                                      // 换行
75  cookie 值:
76  <input type="text" name="Value" />          // cookie 值的文本框
77  </label>                                    // 标签的结束
78  <p>
79    <label>                                   // 设置 cookie 的按钮
80    <input type="submit" name="Submit" value="设置 cookie"  onclick="setValue
    ()"/>
81    </label>
```

```
    82    <label>                                      // 查询 cookie 的按钮
    83          <input type="submit" name="Submit2" value="查询 cookie" onclick="getValue
(1)" />
    84    </label>
    85    <label>                                      // 以非解码的方式查看
    86          <input type="submit" name="Submit3" value="非解码查询"  onclick="getValue
(0)"/>
    87    </label>
    88  </p>
    89  </body>
```

【运行结果】打开网页文件运行程序，其结果如图 11-11 所示。

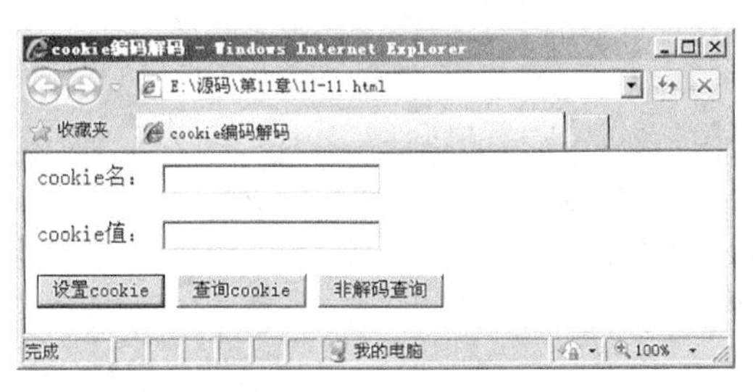

图 11-11　cookie 编码解码

【代码解析】该代码段第 5～9 行是设置 cookie 的过程。这里只用了一个参数。代码第 10～31 行是读取 cookie 的过程。主要是利用“;”和“=”将 cookie 的键与值分开，并找到所要的结果。

11.3.5　cookie 的注意事项

虽然 cookie 的作用很大，但是在使用 cookie 时，有些事项是必须要注意的，这里归纳如下。

- 由于 cookie 是存放在客户端上的文件，可以使用第三方工具来查看 cookie 的内容。因此，cookie 并不是很安全的。
- 每个 cookie 存放的数据最多不能超过 4KB。
- 每个 cookie 文件最多只能存储 300 个 cookie。
- cookie 可能被禁用。当用户非常注重个人隐私保护时，很可能禁用浏览器的 cookie 功能。
- cookie 是与浏览器相关的。这意味着即使访问的是同一个页面，不同浏览器之间所保存的 cookie 也是不能互相访问的。
- cookie 可能被删除。因为每个 cookie 都是硬盘上的一个文件，因此很有可能被用户无意间删除。
- cookie 安全性不够高。所有的 cookie 都是以纯文本的形式记录于文件中，因此如果要保存用户名密码等信息时，最好事先经过加密处理。

11.4　小　　结

本章介绍了两个 JavaScript 默认的对象，一个是 history 对象，用于描述浏览器窗口打开文档历史；另一个是 location 对象，用于描述浏览器窗口 URL。history 对象可以查看浏览器窗口历史列表中 URL 的个数，也可以前进、后退或跳转到某个已经访问过的 URL。location 对象可以引用当前文档的 URL 的各个部分，也可以通过设置 URL 各个部分来达到加载新 URL 的目的。另外，location 对象还可以刷新当前文档和用新文档替换当前文档。

另外还介绍了 cookie 及 cookie 的用法，即如何创建和读取 cookie。一共包括了 6 个主要属性：name、value、expires、path、domain 和 secure。能够安全有效地创建和读取 cookie，这是本章的重点。还要注意 cookie 和 cookie 文件的区别。本章还介绍了 cookie 的一些常规应用和在应用中应该注意的问题。

11.5 习　　题

一、选择题

1. 关于历史对象以下哪项是 IE 支持的属性？（　　）

A. currnet　　B. length　　C. next　　D. previous

2. 关于 cookie 下列哪项描述是错误的？（　　）

A. cookie 可以被禁用　　B. cookie 并非绝对安全

C. 不同浏览器可以共用 cookie　　D. cookie 是有生命期的

二、简答题

1. 简述历史对象和地址对象的属性和方法。
2. 可以用哪些方法来刷新文档？
3. 使用 cookie 时应该注意什么？

三、练习题

1. 制作一个登录界面，输入用户名与密码，并且进行验证，当验证成功，则跳转到指定的页面（自己设定），当不成功时返回当前页，并且用两个超链接，一个实现“提交”的功能，另一个实现“重置”的功能。

【提示】本段代码实现了登录验证和验证后的跳转。在跳转时主要运用了 location 属性的相关方法，如 location.replace、location.href、location.go 等。参考代码如下。

```
01  <head>
02  <title>练习 11-1</title>                                    // 文档的头
03  <script language="javascript">                              // JavaScript
04  function check()                                            // 自定义函数
05  {
06          var strName=usr.value;                              // 取得用户输入的用户名
07          var strPsd=psd.value;                               // 取得用户输入的密码
08
09          if(strName=="zhang" && strPsd=="8030204")           // 判断是否登录成功
10          {
11                  var url="http://mail.163.com";              // 设置登录地址
12                  alert("登录成功！");                         // 提示用户登录成功
13                  location.replace(url);                      // 跳转到目标页面
14          }
15          else
16          {
17
```

```
18                    alert("用户名或密码有误，请重新登录！");      // 当密码或用户名不对时，
重新回到页面
19                    psd.value="";
20                    window.location.back(-1);               // 返回到登录页面
21           }
22   }
23   function reset()                                          // 实现重置
24   {
25           psd.value="";                                     // 清空密码框
26           usr.value="";                                     // 清空用户名框
27   }
28   </script>                                                 // JavaScript 代码的结束
29   </head>                                                   // 文档的头结束
30   <body>                                                    // 文档主体
31     <p align="center">用户登录</p>                          // 带文本的段落标签
32     <p align="center">用户名:                               // 带文本的段落标签
33       <input type="text" name="usr" />                      // 用户名文本框
34     </p>                                                    // 段落结束标签
35     <label></label>                                         // 标签
36     <p align="center">密　码:                               // 带文本的段落标签
37       <label>
38       <input type="password" name="psd" />                  // 密码标签
39       </label>                                              // 标签的结束
40     </p>                                                    // 段落的结束
41     // 相当于发送按钮和重设按钮的超链接
42     <p align="center"><a href="javascript:submit()" onclick="check()" >提交</a>
                                                               // 提交按钮
43     <a href="javascript:reset()"> 重置</a></p>              // 重置按钮
44   </body>
```

【运行结果】打开网页文件运行程序，运行结果如图 11-12 所示。

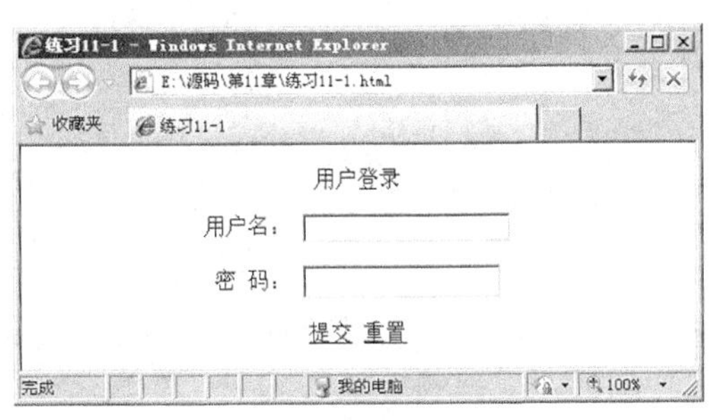

图 11-12　表单界面

2. 写一个程序，当浏览者访问该网页时，记录他的姓名和访问该网页的次数。

【提示】浏览的访问次数和姓名都可以用 cookie 来记录，可以设置两个 cookie 变量，一个记录姓名，一个记录访问次数。注意：要设置 cookie 的存活期。参考代码如下。

```
01   <head>
02   <title>显示浏览次数</title>
03   <script language="javascript">
04   function writeCookie(name,value,day)
```

```
05  {
06          var expire="";                                    // 先将 expire 赋成空值
07          expire=new Date((new Date()).getTime()+day*86400000);// 设置存活期
08          // toGMTString() 方法可根据格林威治时间（GMT）把 Date 对象转换为字符串，并返回结果
09          expire=";expires="+expire.toGMTString();
10          document.cookie=name+"="+escape(value)+";"+expire;// 设置 cookie 变量
11  }
12  function readCookie(name)                                 // 自定义函数
13  {
14          var allcookies = document.cookie;                 // 取得所有的 cookie
15          var value=null;                                   // 设变量 value 初值为空
16          var searchs=name+"=";                             // 给变量 search 赋值
17          if(allcookies.length>0)                           // 查看 cookie 是否为空
18          {
19                   var offset=allcookies.indexOf(searchs);  // 找到要查找的变量名
20                   if(offset!=-1)                           // 判断所查找的变量名是否存在
21                   {
22                             offset+=searchs.length;
23                             var end=allcookies.indexOf(";",offset);// 找到变量值的
结束位置
24                             if(end==-1)                    // 防止没加“；”号的情况发生
25                             {
26                                      end=allcookies.length; // 取得字符串的长度
27                             }
28                                       value=unescape(allcookies.substring(offset,en
d));
29                                                            // 取得变量的值
30                                      }
31                             }
32               return value;                                // 返回 value 值
34  }
35  </script>                                                 // JavaScrpt 标签
36  </head>                                                   // 文档的头
37  <body>                                                    // 主体
38  <script language="javascript">
39  name="";                                                  // name 的值设为空
40  var count=0;                                              // count 初始为 0
41  newName=prompt("请输入您的姓名","");            // 一个消息框，要求用户输入信息
42  if(newName)                                               // 如果 newName 非空
43  {
44          name=readCookie("name");                          // 读取 name 的值
45          if(name!=newName)                                 // 如果两次的值不一致时
46          {
47                   // 当新客户访问这个页面时，注册新的用户名和访问次数
48                   writeCookie("name",newName,30);          // 重新写入 cookie 信息
49                   writeCookie("count",1,30);               // 重新写入 cookie 信息
50      }
51          else
```

```
52          {
53                  // 以下三句实现访问的累加
54                  count=readCookie("count");              // 读取 count 的值
55                  count++;                                // 将 count 的值加 1
56                  writeCookie("count",count,30);          // 再 count 写入 cookie
57          }
58      document.write("您好！ "+readCookie("name")+",您是第"+readCookie("count")+
        "次光临本网站");
59  }
60  else
61  {
62      alert("您没有输入姓名，您不能访问该网页");          // 检查输入是否为空
63      window.close();                                 // 关闭窗口
64  }
65  </script>                                           // 程序结束
66  </body>                                             // 文档体结束
```

【运行结果】打开网页文件运行程序，结果如图 11-13 所示。

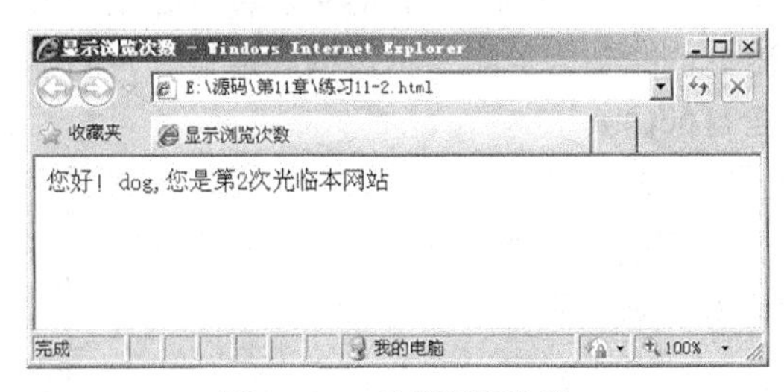

图 11-13　显示浏览次数

第 12 章 表单对象和 DOM 对象

在前面的例子中，读者已经接触到很多 JavaScript 代码，有些与表单 form 对象的元素相关，比如按钮、文本输入框等。form 对象是为了实现网页的交互性而设计的，可以通过 form 获得用户提交的信息。在前面学习 document 对象时，提到过它的 forms 属性，想必读者还有印象。本章将继续对这一属性进行探讨。forms 返回的是一个数组，其中的每一个元素都是它的对象，form 对象被称为表单。在 Web 开发中，XML 用于描述各种各样的数据交换，比如最近流行的 Ajax 技术就使用 XML 来描述在浏览器端到服务器端的数据。通过本章的学习，读者将了解 XML 与 JavaScript 结合的应用，本章目标如下。

- 掌握表单对象的属性、方法和事件。
- 熟练运用表单对象，特别是表单的验证。
- 了解表单元素的概念和命名规则。
- 熟练使用文本框和按钮的基本操作。
- 了解并掌握 DOM 编程。
- 学会使用 DOM 进行 Web 编程。

12.1 认识表单对象

读者在前面已经接触到了几种对象，知道了 window 对象为其他对象的顶层对象，由 window 对象的层次结构不难看出，document 对象为很重要的对象。document 对象的 forms 属性可以返回一个数组，数组中的元素都是 form 对象。form 对象又称为表单对象，该对象主要负责数据采集的工作，可以让用户实现输入文字、选择选项和提交数据等功能。

12.1.1 表单对象的种类

简单地说，表单就是<form></form>之间部分。一个表单一般由 3 个基本组成部分组成，分别为表单标签、表单域和表单按钮。它是域、按钮、文本、图像和其他元素的容器，可以在表单中用 JavaScript 来处理这些元素。

一个表单对象代表了 HTML 文档中的表单，由于 HTML 中的表单会由很多表单元素组成，因此 form 对象也会包含很多子对象。JavaScript 会为每个<form>标签创建一个 form 对象，并将这些 form 对象存放在 forms[]数组中。因此，可以使用以下代码来获得文档中的 form 对象。

```
document.forms[i]
```

【提示】上面的方法并不是唯一引用表单的方式。还有 document.forms(0)、document.forms.0 等方式。

12.1.2　转换大小写

大小写转换也是一种比较常见的技术，在网页中通常需要处理大小写的问题，比如在输入验证码的时候，假若不要求大小写，就可以统一转化成大写或小写。

将小写转换成大写的方法是 toUpperCase，将大写转换成小写，则用 toLowerCase 方法。

【实例 12-1】大小写的转换，如下所示。

```
01  <html>
02  <head                                          // 文档的头
03      <title>实例 12-1</title>                    // 文档的标题
04  </head>                                        // 文档头的结束
05  <script language="javascript">                 // JavaScript 开始
06  function setCase (caseSpec)                    // 自定义处理大小写转换的函数
07  {
08      if (caseSpec == "upper")                   // 判断是否转换成大写
09      {
10          // 将 First name 转换成大写
11          document.myForm.firstName.value=document.myForm.firstName.value.
            toUpperCase();
12          // 将 lastName 转换成大写
13          document.myForm.lastName.value=document.myForm.lastName.value.
            toUpperCase();
14      }
15      else  // 转换成小写
16      {
17          // 将 First name 转换成小写
18          document.myForm.firstName.value=document.myForm.firstName.value.
            toLowerCase();
19          // 将 lastName 转换成小写
20          document.myForm.lastName.value=document.myForm.lastName.value.
            toLowerCase()
21      }
22  }
23  </script>
24  <body>
25  <form name="myForm">                                   // 表单起始部分
26  <b>First name:</b>
27      <input type="text" name="firstName" size=20>       // 姓名输入文本框
28      <br><b>Last name:</b>                              // 文字标签
29      <input type="text" name="lastName" size=20>        // 姓名输入文本框
30      <p><input type="button" value="转换成大写" name="upperButton"onClick=
        "setCase('upper')">
31      <input type="button" value="转换成小写" name="lowerButton" onClick=
        "setCase('lower')">
32  </form></p>                                            // 表单结束部分
33  </body>                                        // 主体结束部分
```

```
34  </html>                                         // 结束 html
```

【运行结果】打开网页文件运行程序，结果如图 12-1 所示。

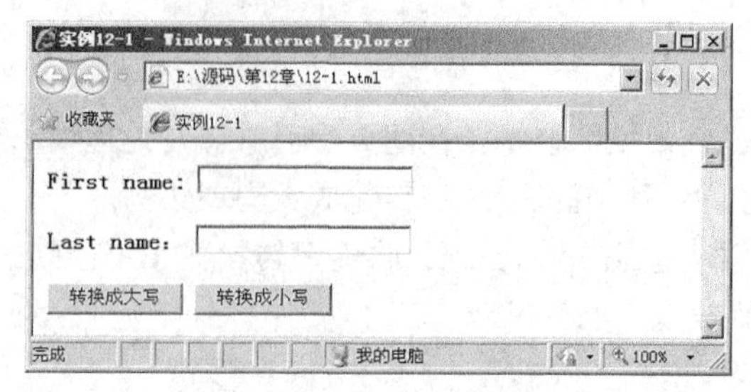

图 12-1　示例运行结果

【代码解析】该代码段第 8～21 行的作用是实现字母大小写的转换，先判断变量 caseSpec 的值，如果为 upper 则将文本框中的字符转换为大写，否则就转换为小写，主要是用 toUpperCase 和 toLowerCase 方法来实现的。

12.1.3　表单的提交和重置

对于提交按钮和重置按钮，相信读者在前面的章节已经见过多次了。不过，这里要告诉读者的是，并不是所有实现提交和重置的操作，都必须要用这两个按钮。事实上，还可用其他的方法来代替它们，就是 form 对象中的 reset 和 submit 两个方法。这两个方法类似于单击了“重置”和“提交”按钮。其中，reset 相当于重置按钮，submit 相当于提交按钮。

【实例 12-2】用代码模拟表单的提交按钮和重置按钮，如下所示。

```
01  <html>
02  <head>
03      <title>实例 12-2</title>                        // 文档的标题
04      <script language="javascript">                 // JavaScript
05      function Submit()                              // 自定义函数
06      {
07          form1.submit();                            // 提交表单的方法
08          alert("提交成功");                          // 提示用户信息
09      }
10      function Reset()                               // 自定义函数实现重置
11      {
12          form1.reset();                             // 重置表单的方法
13      }
14      </script>                                      // 结束 JavaScript
15  </head>                                            // 结束头
16  <body>                                             // 文档主体
17  <form name="form1">                                // 表单
18      <b>user:</b>                                   // 粗体的 user
19      <input type="text" name = "Name" size=20>      // 姓名输入框
20      <br>                                           // 换行
21      <B>password:</B>                               // 粗体密码
22      <input type="password" name="psd" size=20>     // 密码输入框
23  <p><div onClick="Submit()">提交</div>              // 提交按钮
```

```
24    <div onClick="Reset()">重置</div>                          // 重置按钮
25    </form></p>                                                // 表单结束
26    </body>
27    </html>
```

【运行结果】打开网页文件运行程序，结果如图 12-2 所示。

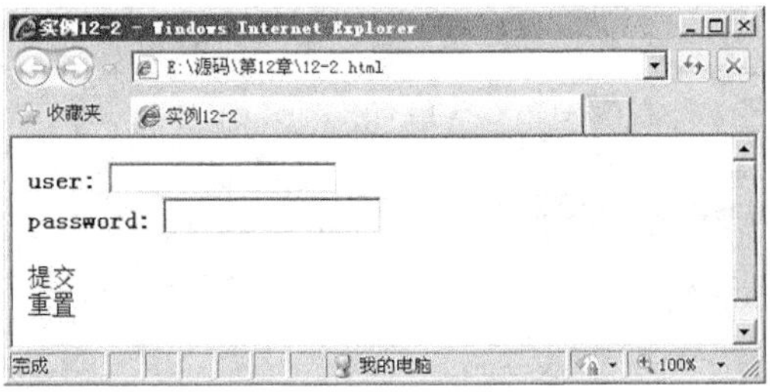

图 12-2　示例运行结果

【代码解析】该代码段第 5～9 行是提交表单的方法。代码第 10～13 行是重置表单的方法。这两个方法都不是用按钮实现的，但效果与按钮是一致的。

【提示】表面上看用按钮和代码实现提交，好像有很大的差别，其实它们的实现原理是一样的。

12.1.4　响应表单的提交和重置

前面讲了表单的提交和重置。现在来考虑当一个表单按下“提交”或“重置”按钮后，它是怎样来响应提交和重置的。其实也是很简单，只要运用 form 对象的两个事件 onreset（重置时触发事件）和 onsubmit（提交时触发事件）就可以了。

【实例 12-3】当用户重置或提交表单时，询问用户是否确定他所要执行的操作，如下所示。

```
01    <html>
02    <head>
03    <title>Submit 和 Reset 的使用</title>                        // 文档的标题
04    <script language="JavaScript">                              // JavaScript
05         function allowReset()                                  // 自定义函数用于设置数据
06         {
07              return window.confirm("确定重置吗？");            // 响应 onReset 事件
08         }
09         function allowSend()                                   // 自定义函数用于发送数据
10         {
11              return window.confirm("确认发送吗？");            // 响应 onSubmit 事件
12         }
13    </script>                                                   // 结束 JavaScript
14    </head>
15    <body>                                                      // 文档主体
16    // 设置 onReset 和 onSubmit 事件
17    <form  action="" onReset="return allowReset()"onSubmit="return allowSend()">
      // 调用 allowSend 函数
18          name:<input type="text" name="lastName"><P>           // 姓名文本框
19          address:<input type="text" name="address"><P>         // 地址文本框
20          city:<input TYPE="text" name="city"><P>               // 城市文本框
```

```
21        <input typeE="radio" name="gender" CHECKED>男   // 性别单选按钮
22        <input type="radio" name="gender">女 <P>
23        <input type="checkbox" name="retired">同意<P>
24        <input type="reset">                           // 重置按钮
25        <input type="submit">                          // 提交按钮
26    </form>                                            // 表单结束
27    </body>
```

【运行结果】打开网页文件运行程序，结果如图 12-3 所示。

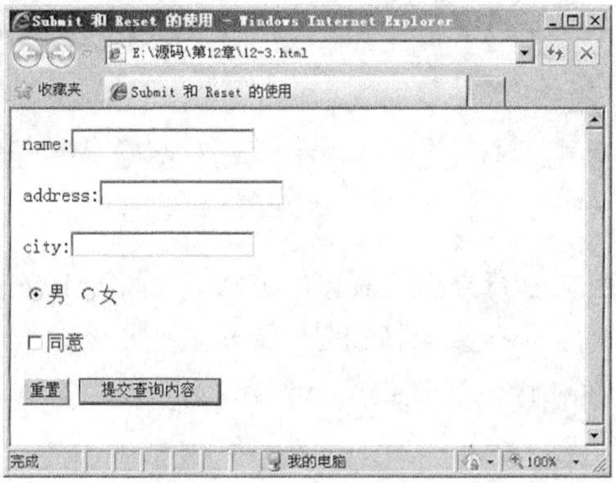

图 12-3　示例运行结果

【代码解析】该代码段第 5～8 行的作用是响应“重置”按钮事件，当用户重置时，会弹出一个询问的对话框，如果用户单击了“确定”则重置表单，否则就取消重置操作。代码第 9～12 行则响应按钮提交的事件，也可以智能地提示用户，当用户再次“确定”提交时，则提交表单，否则不执行提交表单操作。

【提示】一般对于重置和提交事件，最好首先询问用户，以免用户不小心误操作。

12.2　操作表单对象

form 对象有很多的属性、方法和事件，而且这些方法和事件在实战中作用都是比较大的，特别是利用这些属性、方法和事件可以实现很多动态效果，使得网页的交互性变得很强。本节将举几个比较经典例子来说明。由于篇幅有限，有很多精彩的应用，希望读者自己去研究，这几个例子只是抛砖引玉。

12.2.1　表单验证

JavaScript 常用的功能之一就是表单验证，表单验证是指验证表单中输入的内容是否合法。它一般用在提交表单前进行表单验证，这样可以节约服务器处理的时间，同时也为用户节省了等待时间。所做的工作比较简单，而执行的效率又最高，这是 JavaScript 最优越的性能之一。

【实例 12-4】下面是一个简单的混合表单验证，主要是验证用户输入是否为 E-mail 地址和是否为空，如下所示。

```
01    <head>
02    <meta http-equiv="Content-Type" content="text/html; charset=gb2312" />
```

```
03      <title>验证表单</title>                                // 文档的标题
04  <script language="javascript">                             // JavaScript
05  function check()                                           // 自定义函数
06  {
07      if(form1.name.value==""||form1.age.value==""||form1.mail.value=="")// 检验
输入信息是否完善
08      {
09          alert("您没有完善您的资料");                       // 提示用户没填完整资料
10      }
11      else
12      {
13          var str=form1.mail.value                           // 获取文本框的值
14          var n=str.indexOf("@",1);                          // 检查是否有@
15          if((n==-1)||(n==(str.length-1)))                   // 验证输入是否合法
16          {
17                alert("您的E-mail地址不合法，请重新输入");    // 提示用户输入不合法
18                return false;                                // 不提交表单
19          }
20          alert("验证成功！！！");                           // 显示验证成功的信息
21      }
22  }
23  </script>                                                  // JavaScript 结束
24  </head>                                                    // 结束文档头
25  <body>                                                     // 文档主体
26  <form id="form1" name="form1" method="post" action="">   // 表单开始
27      姓名:
28      <label>                                                // 姓名标签
29      <input type="text" name="name" />                      // 姓名文本框
30      </label>                                               // 标签结束
31      <p>年龄:                                               // 另起一段落
32      <label>                                                // 年龄标签
33      <input type="text" name="age" />                       // 年龄文本框
34      </label>                                               // 标签结束
35      </p>
36      <p>email:                                              // email
37      <label>
38      <input type="text" name="mail" />                      // email 文本框
39      </label>
40      <label>
41      <input type="submit" name="Submit" value="提交"  onclick="check()"/>
                                                               // 选择按钮
42      </label>
43      <label>
44      <input type="reset" name="Submit2" value="重置" />    // 重置按钮
45      </label>
46      </p>
47  </form>                                                    // 结束表单
48  </body>
```

【运行结果】打开网页文件运行程序，结果如图 12-4 所示。

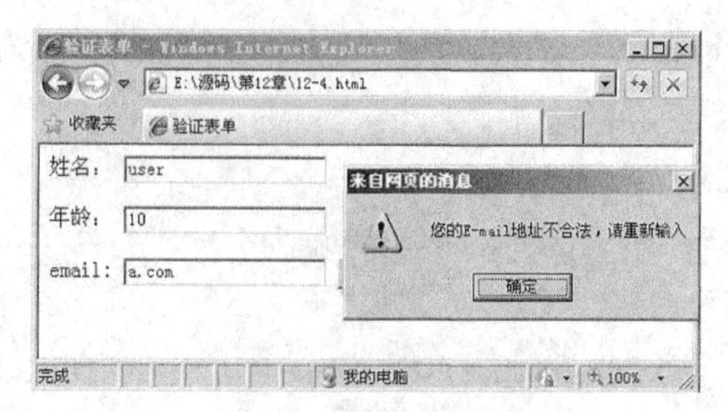

图 12-4　示例运行结果

【代码解析】该代码段第 7～21 行的作用是验证表单，其中代码第 7～10 行是检验用户表单的填写是否完全，而在资料填写完全的情况下，再验证表单中的相关内容是否符合条件，本例就是验证是否为电子邮箱地址，检查用户输入邮箱地址的格式是否正确。

【提示】上面这个例子的验证还可以采用正则表达式，使用正则表达式将更专业。关于正则表达式将在后面章节详细讲解。

12.2.2　表单循环验证

在上一节的例子中，通过元素名称判断每一个文本框是否输入了文字，这种方法使用起来比较方便，源代码看上去也比较直观。form 对象的 elements 属性可以返回所有表单中的元素，因此可以通过使用一个循环来判断 elements[]数组中对象的 value 属性值的长度是否为 0 来验证表单。

【实例 12-5】表单对象的属性应用举例，如下所示。

```
01  <head>
02       <title 实例 12-5</title>                              // 文档标题
03  <script type="text/javascript">
04  function check()                                           // 自定义表单验证的函数
05  {
06        var Len=form1.elements.length;                       // 取得表单元素的个数
07        for(var i=0;i<Len;i++)                               // 循环访问
08        {
09              if(form1.elements[i].value.length==0)          // 验证表单
10              {
11                    alert("你的资料没有填写完善");            // 提示资料没有填写完善
12                    return false;                            // 不提交
13              }
14        }
15       var str=form1.mail.value                              // 取得用户输入的 E-mail 信息
16             var n=str.indexOf("@",1);                       // 查找@
17             if((n==-1)||(n==(str.length-1)))                // 验证表单中的 E-mail 是否合法
18             {
19                   alert("您的 E-mail 地址不合法，请重新输入");     // 表单验证不成功
20                   return false;                                  // 不提交
21             }
22             alert("验证成功！！！");                              // 验证成功并提交表单
23  }
24   </script>                                                      // 结束 JavaScript
25  </head>                                                         // 结束头
```

```
26  <body>
27  <form id="form1" name="form1" method="post" action="">  // 创建一个表单
28    姓名:
29    <label>                                               // 一个标签
30    <input type="text" name="name" />                     // 姓名的文本框
31    </label>
32    <p>年龄:                                              // 另起一段落
33      <label>                                             // 标签
34       <input type="text" name="age" />                   // 年龄文本框
35       /label>
36       </p>
37       <p>
38       <label>住址:
39       <input type="text" name="textfield" />             // 住址的文本框
40       </label>                                           // 标签
41       </p>                                               // 段落
42       <p>  43       <label>籍贯:
44       <input type="text" name="textfield2" />            // 籍贯文本框
45       </label>                                           // 标签
46       </p>                                               // 段落
47       <p>email:
48       <label>                                            // 标签
49       <input type="text" name="mail" />                  // E-mail 文本框
50        </label>
51       <label>
52       <input type="submit" name="Submit" value="提交"  onclick="check()"/>
                                                            // 提交按钮
53       </label>
54       <label>
55       <input type="reset" name="Submit2" value="重置" />  // 重置按钮
56       </label>                                           // 标签
57       </p>                                               // 段落
58  </form>                                                 // 表单
59  </body>                                                 // 主体结束
```

【运行结果】打开网页文件运行程序，结果如图 12-5 所示。

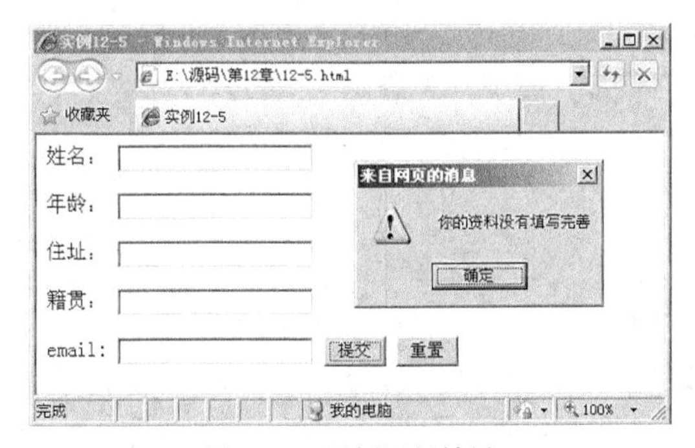

图 12-5　示例运行结果

【代码解析】该代码段第 27～58 行创建了一个表单，其元素比较多。这时就适合用表单的循环验证的方法来验证。代码第 6～13 行的作用是计算文本框中的值的长度，如果长度为 0 表示文本框为空，这样使过程变得简单。

12.2.3 表单的提交方式

一般来说，当用户填写完表单之后，就可以将表单提交到一个指定的地方然后进行处理。这个指定的方式通常有两种，一种就是直接提交到动态网页，另一种是提交给邮件。这两种方式的目的都是一样的，就是要将当前提交的信息存储起来，以供日后使用。而前者可能是保存在数据库中，后者则保存在邮箱中，但都能达到目的。下面的例子可以让用户自己选择将表单以哪种方法提交。

【实例 12-6】设置表单的提交方式，如下所示。

```
01  <head>
02  <title>表单的发送方式</title>                          // 文档的标题
03  <script language="javascript">
04  function send()
05  {
06      var str=confirm("你确定用E-mail方式发送表单吗？"); // 许多询问以那种方式发送表单
07      if(str)                                          // 判断是否以邮件的方式发送表单
08      {
09          form1.action="mailto:yangxing1209@163.com";// 设置为E-mail发送方式
10      }
11  }
12  </script>
13  </head>                                              // 文档头结束
14  <body>                                               // 文档主体部分
15  <form id="form1" name="form1" method="post" action="">  // 表单
16  <label>                                              // 标签
17  姓名：
18  <input type="text" name="textfield" />               // 姓名的文本输入框
19      </label>
20      <p>
21          <label>                                      // 标签
22      住址：
24      <input type="text" name="textfield2" />          // 住址的文本输入框
23      </label>
24      <label>
25      <input type="submit" name="Submit" value="提交"  onclick="send()"/>// 提交按钮
26      </label>
27  </p>                                                 // 段落
28  </form>                                              // 表单的结束
29  </body>
```

【运行结果】打开网页文件运行程序，结果如图 12-6 所示。

【代码解析】该代码段第 4～11 行的作用是处理用户提交的方式，当用户单击提交按钮以后，调用自定义函数 send，在这个函数中设置了一个 confirm 对话框，用来询问用户要选择哪种方式提交表单，确定以后就可以设置文档的相应 action 属性以达到目的。

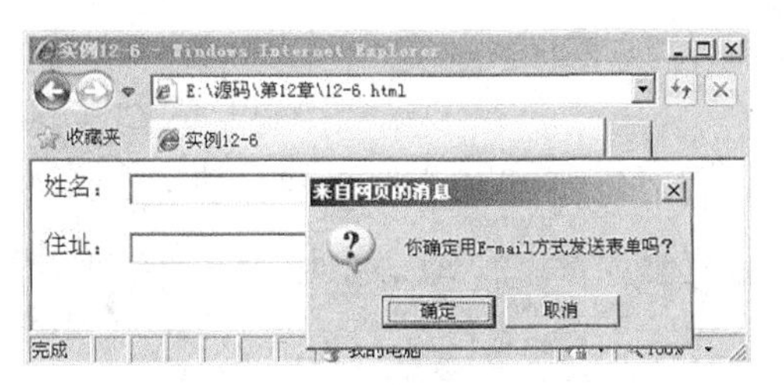

图 12-6　示例运行结果

【提示】表单的发送一般有两种情况，要在合适的时候用合适的方法。

12.2.4　重置表单

在默认情况下，如果用户单击了“重置”按钮，浏览器窗口就会马上将表单中的所有元素的值设置为初始状态。如果用户一不小心单击了该按钮，则会清除所有已经填写完毕的数据。为了防止这种意外情况的出现，在单击“重置”按钮时，弹出一个确认框，让用户确认是否重置表单。

【实例 12-7】重置表单的提示，如下所示。

```
01  <head>
02  <title>重置表单的提示</title>                                   // 文档标题
03  <script language="javascript">
04  function Reset()                                                // 自定义函数
05  {
06      var result=confirm("你确定重置吗? ");              // 询问用户是否确定重置表单
07      return result;                                              // 返回结果
08  }
09  </script>                                                       // JavaScript 结束
10  </head>                                                         // head 结束
11  <body>
12  <!-设置表单重置事件的处理-->
13  <form id="form1" name="form1" method="post" action="" onreset="return Reset()">
14      姓名:
15      <label>
16      <input type="text" name="textfield" />                      // 姓名文本框
17          <br />                                                  // 换行
18          <br />                                                  // 换行
19          年龄:
20      <input type="text" name="textfield2" />                     // 年龄文本框
21          <br />                                                  // 换行
22          <br />                                                  // 换行
23          地址:
24      <input type="text" name="textfield3" />                     // 地址文本框
25          <br />                                                  // 换行
26      <input type="submit" name="Submit" value="提交" />          // 提交按钮
27      <input type="reset" name="Submit2" value="重置" />          // 重置按钮
28          <br />                                         // 换行
29          </label>
```

```
30  </form>                                       // 表单结束
31  </body>                                       // 主体结束
```

【运行结果】打开网页文件运行程序，结果如图 12-7 所示。

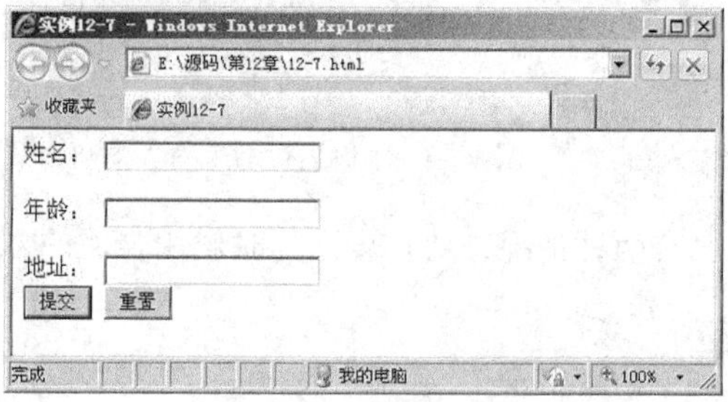

图 12-7　示例运行结果

【代码解析】该代码段第 4～8 行的作用是返回一个 confirm 对话框，用来判断是否继续执行重置，返回一个布尔型的值，也就是真假值，当返回值为真时则重置表单，为假则不重置表单。

12.2.5　如何不使用提交按钮来提交表单

在表单中，通常使用单击“提交”按钮的方法来提交表单。其实，在 form 对象中有一个 submit 方法，使用该方法可以在不使用“提交”按钮的情况下提交表单。

【实例 12-8】实现不使用提交按钮提交表单，如下所示。

```
01  <head>
02  <title>不使用提交按钮提交表单/title>
03  <script language="javascript">
04  function send()
05  {
06      var result=confirm("你确定提交吗？");        // 询问用户是否确定重置表单
07      if(result)                                   // 确定是否要提交表单
08      {
09          form1.submit();                          // 提交表单
10      }
11      else
12      {
13          return false;                            // 不提交表单
14      }
15  }
16  </script>                                        // JavaScript 结束
17  </head>                                          // 头结束
18  <body>                                           // 文档主体
19  <form id="form1" name="form1" method="post" actio n="" onreset="return Reset()">//
表单
20    姓名:
21    <label>
22    <input type="text" name="textfield" />         // 姓名文本输入框
23    <br />                                         // 换行
24    <br />                                         // 换行
```

```
25      年龄:
26      <input type="text" name="textfield2" />    // 年龄文本框
27      <br />                                      // 换行
28      <br />                                      // 换行
29      地址:
30      <input type="text" name="textfield3" />    // 地址文本框
31      <br />                                      // 换行
32      <div onclick="send()">提交</div>            // 提交按钮
33      <br />                                      // 换行
34      </label>                                    // 标签
35    </form>                                       // 表单结束
36    </body>                                       // 主体结束
```

【运行结果】打开网页文件运行程序，结果如图 12-8 所示。

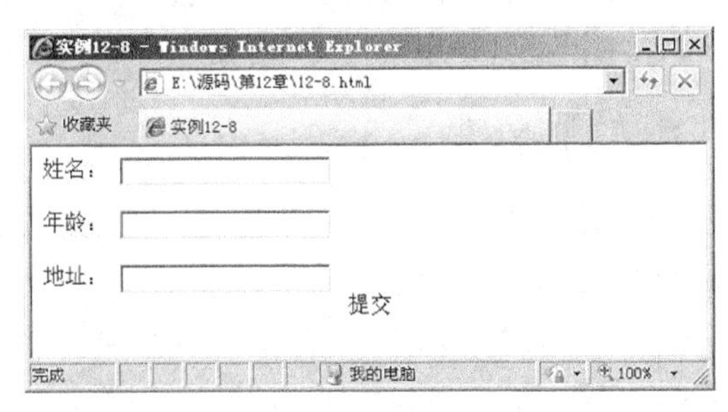

图 12-8　示例运行结果

【代码解析】该代码段第 4～15 行的作用是不使用“提交”按钮提交表单，同样地，也是通过返回值来确定的，代码第 6～14 行的作用就是判断是否提交表单，当确定提交时则使用表单的 submit 方法。

【提示】在前面的章节中也介绍过不用表单中的按钮实现重置与提交，不过和这里的方法相比是有区别的，请读者仔细区别。

12.3　表单元素

form 表单中可以存在很多表单元素，通常在浏览器窗口中，看不到 form 元素，但是可以看到这些表单元素。在 HTML 中的标签有 form、input、textarea、select 和 option。表单标签 form 定义的表单里，必须有行为属性 action，它告诉表单提交的时候将内容发往何处。可选的方法属性 method 告诉表单数据将怎样发送，有 get（默认的）和 post 两个值。常用到的是 post 值，它可以隐藏信息（get 的信息会暴露在 URL 中），这些都是表单元素。

12.4　文本框

文本框是网页设计中的又一个非常重要的角色，主要体现在与用户交互上。例如制作登录界面，离了它还真的难办。在 HTML 中，文本框包括单行文本框和多行文本框两种。密码框可以看成是一种特殊的单行文本框，在密码框中输入的文字将会以掩码形式出现。本节将对文本框进行介绍。

12.4.1 文本框的创建方式

要使用文本框，首先得学会如何创建一个文本框。创建文本框的方式有多种，在 HTML 代码中，创建单行文本框与创建密码框所使用的元素都是 input 元素，虽然是同一元素，但根据不同的文本框种类其创建的方式也不同。文本框的创建语法格式如下。

```
<input type=boxType name="boxName" value="boxValue" size=boxSize maxlength= lengths>
```

要创建一个单行文本，其格式如下所示。

```
<input type="text" name="boxName" value="" size="20" maxlength="30">
```

创建一个密码框类型的文本，则用如下所示的语句。

```
<input type="password" name="boxName" value="" size="20" maxlength="30">
```

综上可以看出，创建一个文本框主要是用 input 元素。

12.4.2 查看文本框的属性值

文本框在网页中可以说是出现得最多的元素之一。在对文本进行操作时，首先要确定它的属性，例如，长、宽、最多可以输入多少个字符等。

文本框对象称为 text 对象，多行文本框对象称为 textarea 对象，密码框对象称为 password 对象。无论是 text 对象、textarea 对象，还是 password 对象，所拥有的属性大多都是相同的。因此可以用统一的方法来访问它们的属性。

【实例 12-9】查看文本框的属性，如下所示。由于这段代码都很重要，因此不做加粗处理，读者需着重学习。

```
01  <html xmlns="http://www.w3.org/1999/xhtml">
02  <head>
03  <title>实例 12-9</title>                                    // 文档的标题
04  <script language="javascript">                             // 自定义函数
05
06      {
07          var str1=form1.elements[0].value;                  // 文本的值
08          var str2=form1.elements[0].name;                   // 文本的名称
09          var str3=form1.elements[0].type;                   // 文本类型
10          var str4=form1.elements[0].size;                   // 字符的宽度
11          var str5=form1.elements[0].maxlength;              // 最多字符数
12          alert("文本值: "+str1+"\n\r"+"文本名: "+str2+"\n\r"+"文本类型: "+str3+"
    \n\r字符宽度: "+
13         str4+"\n\r最多字符数: "+str5);                       // 输出信息
14      }
15  </script>                                                  // JavaScript 结束
16  </head>
17  <body>
18  <form id="form1" name="form1" method="post" action="">    // 表单
19    姓名:
20  <input name="boxName" type="text" value="boxValue" size="50" maxlength="30"/>//
```

```
姓名文本框
21   </form>
22   <div onclick="show()" align="center">查看信息</div>         // 查看信息
23   </body>
24   </html>
```

【运行结果】打开网页文件运行程序，结果如图 12-9 所示。

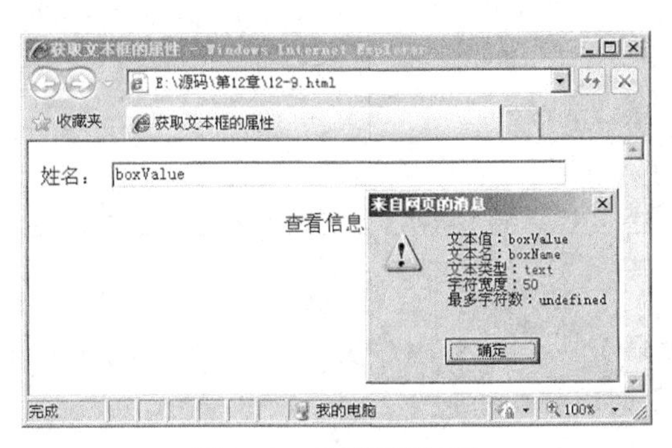

图 12-9　示例运行结果

【代码解析】本例演示了表单文本框的一些属性。如代码第 7～11 行所示，用 form1.elements[0]+属性，来访问表单的相关属性值。

【提示】上面所查看的属性是文本框的几个常用属性，读者必须掌握。除此之外，文本框还有其他属性。

12.4.3　动态跟踪文本框中输入的文字个数

要监控文本框的输入，就得利用文本框的键盘事件，当每次按键后，就统计一次文本框中的输入情况。文本框的键盘事件主要有 onKeyPress、onKeyUp 和 onKeyDown 等。

【实例 12-10】动态跟踪文本框中输入的文字个数，如下所示。

```
01   <html xmlns="http://www.w3.org/1999/xhtml">
02   <head>
03       <title>实例 12-10</title>                    // 文档的标题
04       <script language="javascript">              // JavaScript 程序的开始
05       function count()                            // 自定义函数
06       {
07           var len=form1.text.value.length;        // 取得文本中字符的长度，并赋值给 len
08           form1.text2.value="您输入的字符数为"+len+"个";// 显示文本框图 1 中字符串的长度
09       }
10       </script>                                   // 结束 JavaScript
11   </head>                                         // 文档头结束
12   <body>
13       <form id="form1" name="form1" method="post" action="">
14           <label> <br />
15       请在这里输入文字：
16           <textarea name="text" onkeyup="count()"></textarea> // 姓名文本框 1
17           </label>
18            <textarea name="text2" id="text2"></textarea>       // 姓名文本框 2
19           <p>
20           </p>
```

```
21        </form>                                              // 结束表单
22    </body>
23    </html>
```

【运行结果】打开网页文件运行程序，结果如图 12-10 所示。

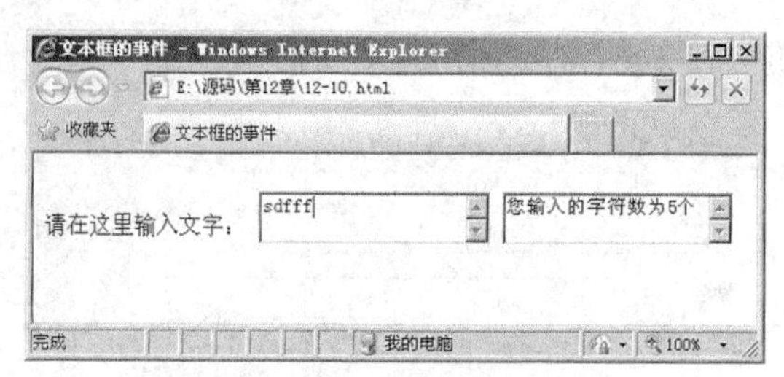

图 12-10　示例运行结果

【代码解析】该代码段第 5～9 行的作用是获取在文本框中输入字符的长度，文本框 1 响应键盘事件，当按键后，就调用记录文本框 1 中字符个数的函数 count。

12.4.4　限制文本框中输入的字数

限制在文本框中输入的字数，这是一个小应用，不过在很多时候都用得上，比如说要限制输入的是手机号，则可将输入字数设为 11。字数的检查可以在输入文字时判断，也可以在提交数据时判断，还可在失去焦点时判断，也就是说看响应什么事件。

【实例 12-11】限制文本框中输入的字数，如下所示。

```
01    <head>
02        <title>实例 12-11</title>                    // 文档标题
03    <script language="javascript">                   // JavaScript
04        function msg()                               // 自定义 msg 函数
05        {
06            var len=form1.text.value.length;         // 取得输入字符的长度
07            if(len>=20)                              // 判断是否达到 20 个字符
08            alert("您最多只能输入 20 个字符");         // 当输入字符多于 20 个字符时，提醒用户
09        }
10    </script>
11    </head>
12    <body>                                           // 文档主体
13        <form id="form1" name="form1" method="post" action="">// 表单
14        <label>                                      // 标签
15          <input type="text" name="text" onkeyup="msg()" />  // 信息输入框最多可以输入
20 个字
16        </label>                                     // 标签结束
17        </form>                                      // 表单结束
18    </body>
```

【运行结果】打开网页文件运行程序，结果如图 12-11 所示。

【代码解析】该代码段第 4～9 行判断用户输入的字数是否达到了规定的最大值，这是在输入字符时就判断文本框中的字符数是否为最大。因此，文本框响应的是键盘事件。

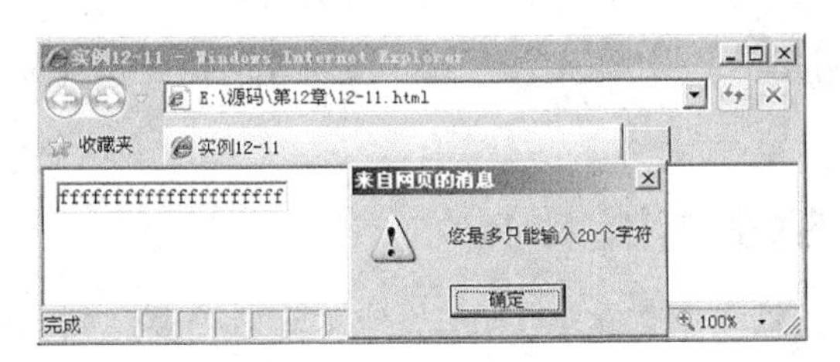

图 12-11　示例运行结果

【提示】可以直接手动设置文本框的 maxlength 值来控制文本的最大输入字符个数。

12.4.5　自动选择文本框中的文字

可能比较细心的读者会发现，在浏览某些网页时，打开网页时文本就被选中，鼠标经过文本框时选择文本。特别是在填写一些表单，如注册、登录等时经常用到，这可以使操作更高效，更人性化。

【实例 12-12】当打开网页时，自动选择文本框中的文字，当鼠标经过文本框时清除文本，如下所示。

```
01  <head>
02  <title>自动选择文本框中的文字</title>              // 文档的标题
03  <script language="javascript">                 // JavaScript 代码开始
04  function Select()                              // 自定义一个函数
05  {
06      form1.text.focus();                        // 文本框获得焦点
07      form1.text.select();                       // 文本框的文字被选中
08  }
09  </script>                                      // 结束 JavaScript
10  </head>
11  <body onload="Select()">                       // 装载文档时调用 Select 方法
12  <form id="form1" name="form1" method="post" action="">  // 创建一个表单
13    <label>
14    <input  type="text"  name="text"  value="dsfjgjhas"  onmouseover="this.value=
'';"/>// 一个输入文本框
15    </label>
16  </form>                                        // 表单结束
17  </body>
```

【运行结果】打开网页文件运行程序，结果如图 12-12 所示。

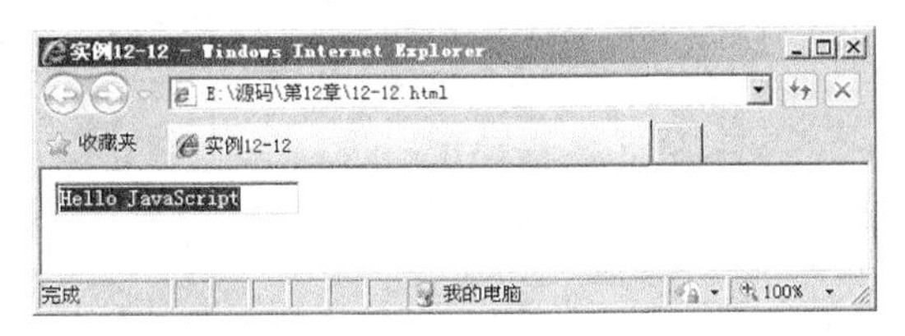

图 12-12　示例运行结果

【代码解析】该代码段第 4～8 行的作用是使文本框获得焦点，并将文本框中的文本选中，代码第 6 行运用了 focus 方法使文本框获得焦点，第 7 行运用 select 方法使文本被选中，代码第 14 行响应鼠标事件，当鼠标移上去时，自动清除文本框中的内容。

【提示】文本框的应用其实是相当广泛的，由于篇幅有限，不可能完全罗列出来，读者可以自己探索。

12.4.6 改变多行文本框大小

多行文本框中通常可以输入很多文字，如果文字内容比较多，多行文本框会自动产生滚动条，此时可以加大多行文本框的宽度或高度来浏览其中的文字。

【实例 12-13】改变多行文本框大小，使文本框的大小自动适应文本框中内容的多少。如下所示。

```
01      <head>                                              // 文档的头
02      <title>实例 12-14</title>
03      <script language="javascript">
04          var startLen=40;                                // 设置文本初始值
05          function check()
06          {
07              var len=form1.text.value.length;            // 取得文本输入的字符数
08              if(len>=startLen)
09              {
10                  startLen=startLen*4;                    // 将文本字符数变为 4 倍
11                  form1.text.cols=form1.text.cols*2;      // 文本宽加倍
12                  form1.text.rows=form1.text.rows*2;      // 文本行数加倍
13              }
14          }
15      </script>
16      </head>
17      <body>                                                  // 文档的主体部分
18      <form id="form1" name="form1" method="post" action="">  // 表单
19  <label>                                                     // 标签
20      <textarea name="text" onkeyup="check()"></textarea>     // 文本框响应键盘事件
21          </label>
22      </form>
```

【运行结果】打开网页文件运行程序，结果如图 12-13 所示。

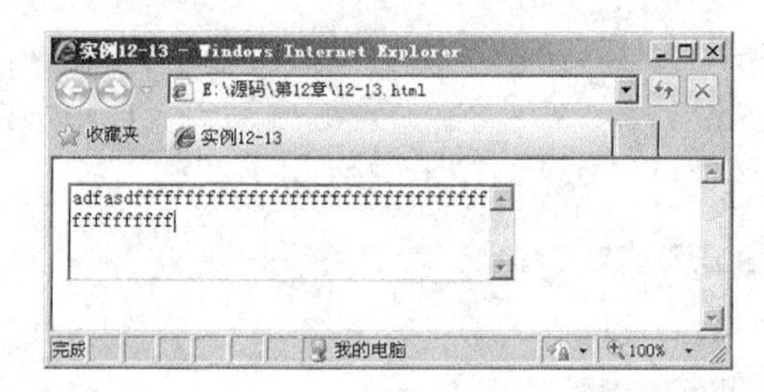

图 12-13　示例运行结果

【代码解析】该代码段第 4 行设置文本的初始值，代码第 5～14 行的作用是处理文本框中字符数与文本的长与宽的关系。代码第 8～13 行的功能是当文本框中的字符数还没有充满当前文本框空间时，文本框的长、宽不变，当输入字符数超出当前文本框的容量时，文本框会自动扩大。

【提示】按钮一般都和按钮的事件一起使用，可以有很强的交互性。

12.5　DOM 的本质是 XML

XML 是 eXtensible Markup Language 的缩写，它是一种类似于 HTML 的标记语言，用来描述数据的层次结构及存储数据。XML 的数据标记不在 XML 中预定义，用户必须定义与数据相关的有意义的标记。XML 语言需要专门的解释程序，通过分析 XML 提取数据。

12.5.1　XML 的 API 概述

XML 是一种描述数据结构的语言，与之相应的是 XML 语言解析器。如果没有解析器它所描述的数据就无法理解，同时也失去了意义。解析器提供的接口对程序员来说统称为 API，最先出现针对 XML 的 API 是 SAX（Simple API for XML），它是一套程序包。

SAX 提供了一套基于事件的 XML 解析的 API。SAX 解析器从 XML 文件的开头出发，每当遇到节点标签、文本或其他的 XML 语法时，就会激发一个事件。事件处理程序由应用开发人员编写，因此可以在事件处理程序中决定如何处理 XML 文件当前节点的数据。

W3C 的 DOM 规范制定了一系列标准来描述结构化、层次化的数据，如 HTML 和 XML。使用 DOM 接口处理 XML 文件是当前 Web 客户端开发常用的方法，大多数浏览器都实现 W3C 制定的 DOM 接口。

【提示】本书所有的程序都运行于 IE6.0 浏览器及更高版本，所使用的 DOM 接口也是在其中实现的。

12.5.2　认识节点的层次

DOM 以树的形式组织文档中的数据，树的结构就是以 HTML 或 XML 文档的元素节点为层次。遍历一个文档中所有节点就是遍历 DOM 树的操作，第一个节点使用一个 node 对象来表示，该对象提供了操作节点的接口。document 是最顶层的节点，其他节点都是附属于它的。XML 文档节点层次如下面的 XML 代码片段所示。

```
01  <?xml version="1.0" encoding="gb2312">             // XML 文件开始
02      <products>                                     // 产品集合
03          <product>                                  // 产品
04              <name>IBM Thinkpad R61i 7732CJC</name> // 名字
05              <price>5300</price>                    // 价格
06          </product>                                 // 产品结束
07          <product>                                  // 产品
08              <name>CGX</name>                       // 名字
09              <price>100</price>                     // 价格
10          </product>                                 // 产品结束
11      </products>                                    // 产品结束
12      <customers>                                    // 客户集合
13          <customer>                                 // 客户
14              <name>Peter</name>                     // 名字
15              <phone>123456</phone>                  // 电话
```

```
16            </customer>
17            <customer>                                  // 客户
18                <name>Zognan</name>                     // 名字
19                <phone>456789</phone>                   // 电话
20            </customer>
21        </customers>                                    // 客户集合结束
```

上面的 XML 代码描述了由多样产品和客户信息组成的数据结构。每样产品具有“name”和“price”两个属性，每个客户具有“name”和“phone”两个属性。该数据结构节点层次如图 12-14 所示。

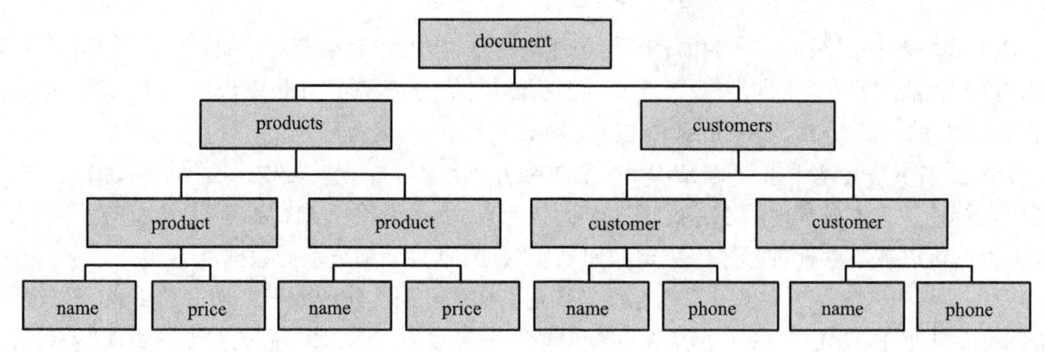

图 12-14　节点的层次

【提示】这里举这个例子是为了更好地说明节点的层次结构，如果读者不了解 XML，可以跳过这里，并不影响后面的学习。

12.5.3　掌握特定语言的文档模型

DOM 模型是以 XML 为核心的，所有遵循 DOM 规范的文档都可以使用 DOM 接口来处理。但已经得到广泛应用的 HTML 却没有完全遵循 DOM 规范，为了能支持 HTML，W3C 提出针对 HTML 的 DOM 规范。基于本书的层次定位，在此不讨论与接口起源相关的内容，有兴趣的读者可以自己查阅资料。

12.6　使用 DOM

DOM 接口提供操作遵循 DOM 规范文档的能力，使用 DOM 可以操作页面中的元素，更改元素显示的内容，添加、删除节点，遍历统计节点，过滤特定内容等。DOM 提供了完成前述工作的操作接口，编程人员只需要在 JavaScript 脚本程序中简单地调用接口即可。

12.6.1　访问相关的节点

JavaScript 在 Web 客户端的编程工作基本上都围绕 DOM 展开，DOM 的常用操作就是创建、访问和修改各个元素节点。因为 DOM 节点是以树状组织的，所以每一个节点都可以拥有多个子节点，并由此递归。每一个节点的所有下一级子节点组成一个集合，该集合作为该节点的 childNodes 属性。节点提供与访问子节点相关的属性和方法如下。

- firstChild，表示头一个子节点。
- lastChild，表示最后一个子节点。
- hasChildNodes()，判断是否拥有子节点。
- childNodes，子节点集合。
- parentNode，其父节点的引用。

【实例 12-14】编写程序，检测当前 HTML 文档 BODY 标签下的所有节点，并将节点名输出，如下所示。

```
01  <head test="000">                                          // 文档头
02  <title>实例 12-14</title>                                   // 文档标题
03  <script language="javascript">                             // 程序开始
04  function Loaded()                                          // 加载完执行
05  {
06      for(  n=0; n !=document.documentElement.childNodes.length; n++ )// 遍历顶级
元素的子元素
07      {
08          var text = "";                                     // 信息文本
09          cnodes = null;                                     // 引用 BODY 节点的所有子节点
10          if( document.documentElement.childNodes[n].nodeName=="BODY" )    //
如果是 BODY 节点
11          {
12              cnodes = document.documentElement.childNodes[n].childNodes;// 引
用其所有子节点
13              for( m = 0; m != cnodes.length; m++ )// 遍历 BODY 的所有子节点
14              {
15                  text += "\n" + cnodes[m].nodeName;  // 记录节点名
16              }
17              text = "<BODY>节点下的所有子节点为：" + text;// 组合信息文本
18              alert( text );                             // 对话框显示
19              break;                                     // 跳出循环
20          }
21      }
22  }
23  </script>                                                  // 程序结束
24  </head>                                                    // 文档头结束
25  <body onload="Loaded()">                                   // 文档体
26  <h1>                                                       // 标题
27      DOM 编程，访问节点元素的所有子节点：
28  </h1>
29  <h2>                                                       // 标题
30      XML 文件在浏览器中也可以使用 DOM 接口来处理！
31  </h2>
32  </body>                                                    // 文档体结束
```

【运行结果】打开网页文件运行程序，结果如图 12-15 所示。

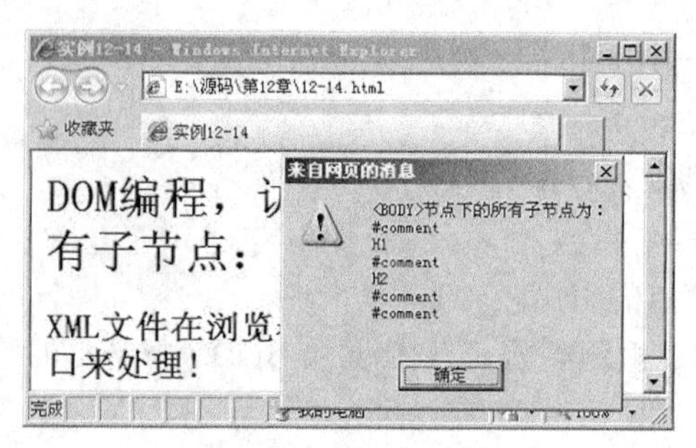

图 12-15　文档遍历结果

【代码解析】该代码段第 4～22 行定义了一个函数，用于分析记录 BODY 节点下所有节点名称。第 25 行设定 BODY 元素的 onload 事件属性为之前定义的函数，以便在文档加载完后调用函数。

【提示】onload 事件是在 HTML 加载完毕并且 DOM 对象完全初始化后才发生的，因此要正确遍历 DOM 结构必须在这个事件之后。

12.6.2　节点类型

DOM 节点的类型有多种，系统使用一个常量值代表一种类型。通过读取节点的 nodeType 属性的值即可判断节点所属的类型，只在希望知道某个节点的类型时才用到，一般不会使用。下面通过编程说明如何获得一个节点的类型值。

【实例 12-15】在实例 12-14 的基础上进行变化，在对话框中显示检测到的所有 BODY 子节点的节点类型值，如下所示。

```
01  <head>                                              // 文档头
02  <title>实例 12-15</title>                           // 文档标题
03  <script language="javascript">                      // 程序开始
04  function Loaded()                                   // 加载完毕时执行
05  {
06      for( n=0; n !=document.documentElement.childNodes.length; n++ ) // 遍历子元素
07      {
08          var text = "";                              // 信息文本
09          cnodes = null;                              // 引用 BODY 节点
10          if( document.documentElement.childNodes[n].nodeName=="BODY" )
                                                        // 如果是 BODY 节点
11          {
12              cnodes = document.documentElement.childNodes[n].childNodes;
                                                        // 引用其所有子节点
13              for( m = 0; m != cnodes.length; m++ )// 遍历 BODY 的所有子节点
14              {                                       // 记录节点名
15                  text += "\n 名称: " + cnodes[m].nodeName + "类型: " + cnodes[m].
                nodeType;
16              }
17              text = "<BODY>节点下的所有子节及其类型信息: " + text;// 组合信息文本
18              alert( text );                          // 对话框显示
19              break;                                  // 跳出循环
20          }
```

```
21          }
22      }
23      </script>                                          // 程序结束
24      </head>
25      <body onload="Loaded()">                           // 文档体
26      <h1>                                               // 标题
27          DOM 编程，检测节点类型：
28      </h1>
29      <h2>                                               // 标题
30          XML 文件在浏览器中也可以使用 DOM 接口来处理！
31      </h2>
32      </body>                                            // 文档体结束
```

【运行结果】打开网页运行程序，结果如图 12-16 所示。

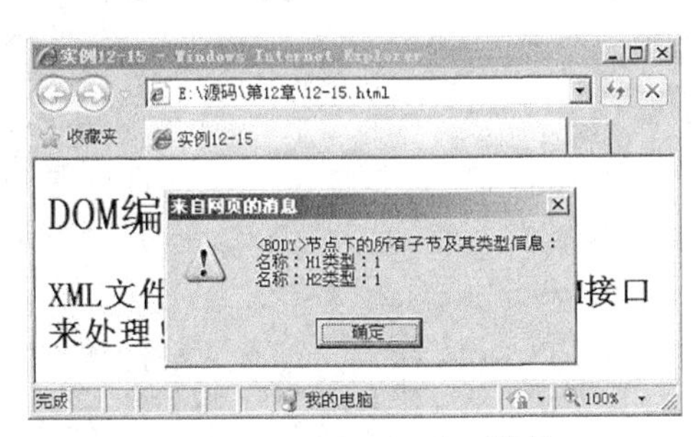

图 12-16　节点类型检测结果

【代码解析】该代码段第 4～22 行定义了一个函数，实现检测并记录 BODY 节点下所有子节点的名称和类型的功能。第 25 行设置 onload 事件的处理程序为前面定义的函数，以便在 DOM 初始化完毕后开始检测。

【提示】不同的浏览器间节点类型的表示会有所差别，编程时务必加以注意。

12.6.3　简单处理节点属性

DOM 的节点对象都拥有一些从 node 对象继承而来的属性，也可以拥有自己独有的属性。这些属性可以用来存储一些与节点相关的数据，读取一个属性通常调用节点元素的 getAttribute 方法，设置某个属性的值通常调用节点元素的 setAttribute 方法。现在举例说明如何为一个元素创建独有的属性并操作它。

【实例 12-16】编写程序，给当前 Web 页的 BODY 标签添加自定义属性“Author”，并设值为“Zognan”，表示创建该 Web 页的作者，如下所示。

```
01  <html xmlns="http://www.w3.org/1999/xhtml" >     // 文档开始
02  <head>                                           // 文档头
03  <title>实例 12-18</title>                        // 文档标题
04  <script language="javascript">                   // 程序开始
05  function Loaded()
06  {
07      for(  n=0; n !=document.documentElement.childNodes.length; n++ )
                                                     // 遍历顶级元素的子元素
08      {
09          if( document.documentElement.childNodes[n].nodeName=="BODY" )
```

```
                                                           // 如果是 BODY 节点
    10          {
    11              document.documentElement.childNodes[n].setAttribute("Author",
"Zognan");
                                                           // 设置属性
    12              break;                                 // 跳出循环
    13          }
    14      }
    15  }
    16  function Button1_onclick()                         // 按钮事件处理程序
    17  {
    18      for( n=0; n !=document.documentElement.childNodes.length; n++ )
                                                           // 遍历顶级元素的子元素
    19      {
    20          if( document.documentElement.childNodes[n].nodeName=="BODY" )
                                                           // 如果是 BODY 节点
    21          {
    22              alert(document.documentElement.childNodes[n].getAttribute
("Author"));
                                                           // 读取属性
    23              break;                                 // 跳出循环
    24          }
    25      }
    26  }
    27  </script>                                          // 程序结束
    28  </head>                                            // 文档头结束
    29  <body onload="Loaded()">                           // 文档体
    30  <h1>
    31      DOM 编程，处理节点属性
    32  </h1>
    33      <input  id="Button1"  type="button"  value="查看文档作者"  onclick="return
    Button1_onclick()"  />
    34  </body>                                            // 文档体结束
    35  </html>                                            // 文档结束
```

【运行结果】打开网页运行程序，结果如图 12-17 所示。

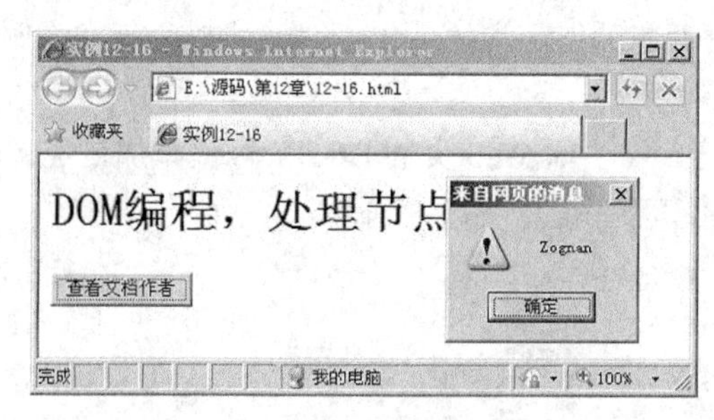

图 12-17　输出动态添加的属性

【代码解析】该代码段第 5～15 行定义函数用作 onload 事件处理程序，其中为 BODY 节点添加属性“Author”。第 16～26 行定义函数作为“查看文档作者”按钮的单击事件处理程序，其读取文档 BODY 节点下的“Author”属性的值并显示在对话框中。

12.6.4　访问指定节点

前面访问 DOM 节点都是采用手工遍历的方式，当目标节点位置层次很深时会比较费力。DOM 接口提供了更快、更方便的方法访问一个指定的节点，如通过指定节点标签名、节点名称或节点 ID 来获得目标节点的引用。这是 JavaScript 进行 DOM 编程是最常用的方法，下面列出 3 个相关的接口方法并举例说明如何使用。

- getElementsByTagName，该方法返回一个与指定标签名吻合的节点对象的引用，如果传入的标签名为“*”，则返回文档中所有的节点元素。
- getElementsByName，该方法返回与指定 name 属性相吻合的元素集合。
- getElementById，该方法返回与指定 ID 相同元素节点。

【实例 12-17】在网页中实现对每个用户的特别问候，增加网站的亲切感，简单地实现如下所示。

```
01  <head>                                              // 文档头
02  <title>实例 12-17</title>                           // 文档标题
03  <script language="javascript">                      // 程序开始
04  function Loaded()                                   // 加载完毕执行
05  {
06      var r = prompt( "您的姓名", "游客" );           // 输入用户名
07      if( r !=null )                                  // 如果输入有效
08      {
09          document.getElementById("wcmmsg").childNodes[0].nodeValue= "欢迎您:" +
r;                                                      // 改写欢迎
10      }
11  }
12  </script>                                           // 程序结束
13  </head>                                             // 文档头结束
14  <body onload="Loaded()">                            // 文档体
15  <h3 id="wcmmsg">欢迎您的光临! </h3>                 // 标题
16  </body>                                             // 文档体结束
```

【运行结果】打开网页文件运行程序，结果如图 12-18 所示。

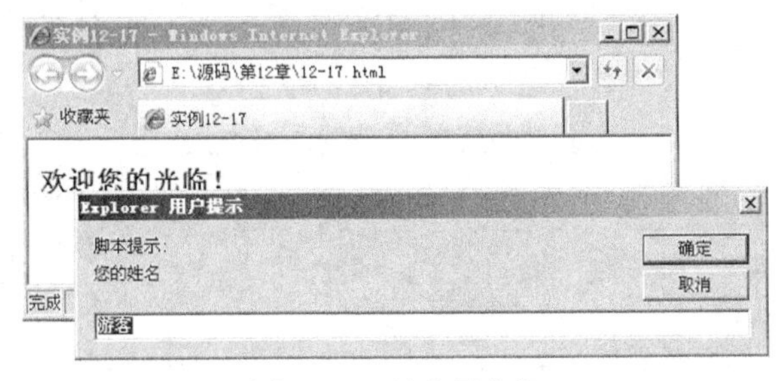

图 12-18　输入用户名

【代码解析】该代码段第 9 行，使用 DOM 对象的 getElementById 方法来获得文档中某个指定 ID 的节点。使用用户输入的姓名数据组合为欢迎词并输出在页面中。

【提示】关于对指定节点的操作的方法有很多，这里只是例举了常见的 3 个，可以去查阅

DOM 编程的书籍。

12.6.5 创建新节点

DOM 接口对节点的操作不仅仅只有访问，还可以为一个节点创建任意数目的子节点。也就是说，为 DOM 树上的某个树丫再添加一个分支，所添加的分支可以作为树叶或另一个子级树丫。DOM 节点对象 node 都具有相同的方法和预定义属性，因此可以创建一个级数任意多、节点数任意多的文档树。创建新节点的操作通常用于修改已经存在的 DOM 文档或组织新的文档数据。document 对象创建新节点的方法如下。

- createTextNode，创建文本节点。
- createDocumentFragment，创建文档碎片。
- createElement，通过指定标签名创建节点。

这些方法用于创建不同类型的节点。创建好新节点对象以后调用节点对象 node 的 appendChild 方法，将新节点添加为某一个节点的子节点，下面举例说明如何创建一个新的文档节点。

【实例 12-18】根据用户输入的图片 URL 地址，将图片添加到浏览器窗口中显示，如下所示。

```
01  <head>                                        // 文档头
02      <title>实例 12-18</title>                 // 文档头
03      <script language="javascript">
04      function Loaded()                         // 文档全部加载后执行本函数
05      {
06            for( ;; )                           // 循环输入
07            {
08                  var url = prompt( "请输入图片的 URL 地址: ","#"); // 输入图片的 URL
09                  if( url != null )         // 输入确定时
10                  {
11                        try                     // 捕捉异常
12                        {
13                              var docBody = document.getElementById( "DocBody" ); //
获取 BODY 节点
14                              imgObj = document.createElement( "<img>" ); // 创建一
个 IMG 节点对象
15                              imgObj.src = url;          // 为 IMG 对象设置图片的 URL
16                              docBody.appendChild( imgObj );    // 将图片节点对象添
加为子节点
17                        }
18                        catch( e )          // 处理异常
19                        {
20                              alert( "程序发生了错误: " + e.message );// 输出异常消息
21                        }
22                  }
23                  else
24                  {
25                        break;                  // 取消输入则跳出循环
26                  }
27            }
28      }
29      </script>
30  </head>                                       // 文档头结束
```

```
31  <body id="DocBody" onload="Loaded()">  // 绑定事件处理程序
32  </body>                                // 文档体结束
```

【运行结果】打开网页文件运行程序，结果如图 12-19 所示。

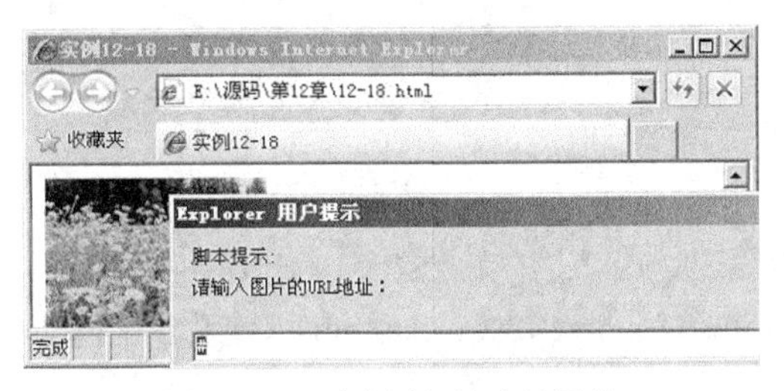

图 12-19　动态添加输出的图片

【代码解析】本程序在文档加载完毕后要求用户输入将在浏览器中显示的图片的 URL 地址。可以加载并显示多个图片，当单击取消按钮时结束添加循环。第 13～16 行取得 BODY 节点的引用后创建一个新 IMG 节点，并添加为 BODY 节点的子节点。

【提示】创建新节点的方法是文档对象（DOM）的方法，使用它们创建出新节点后，再将新节点添加到某一个节点下作为子节点。而不必为每一个节点对象（node）实现相同的创建方法。

12.6.6　修改节点

在文档对象（DOM）中，可以动态地插入、删除或替换某一个节点。节点对象（node）提供实现这些操作的方法，这些方法都通过节点对象（node）来调用。当需要动态更改页面中的内容时可以考虑使用 DOM 来修改 HTML 文档，常用的方法如下。

- removeChild，删除一个指定的子节点。
- insertBefore，在指定的子节点前插入一个子节点。
- replaceChild，用一个节点替换一个指定的节点。
- appendChild，将一个节点添加到子节点集合的尾部。

这几个方法使用方式都一样，差别在于实现的功能不一样，下面举例说明。

【实例 12-19】编写 JavaScript 程序操作 HTML 文档，使用 DOM 接口创建一个文本节点。并将其添加到 BODY 标签所有子节点的末尾，如下所示。

```
01  <script type="text/javascript">                          // 程序开始
02  function CreateNewContent()                              // 创建节点
03  {
04          var msg = "提示：可以通过修改文档节点来动态改变文档的内容";
05          var newPNode = document.createElement("p");      // 创建段落节点
06          var newTxtNode = document.createTextNode(msg);   // 创建文本节点
07          newPNode.appendChild(newTxtNode);                // 添加子节点
08          document.body.appendChild(newPNode);             // 添加子节点
09  }
10  </script>                                                // 程序结束
11  <body onload="CreateNewContent()"><b>修改文档节点</b></body>   // 文档体
```

【运行结果】打开网页文件运行程序，结果如图 12-20 所示。

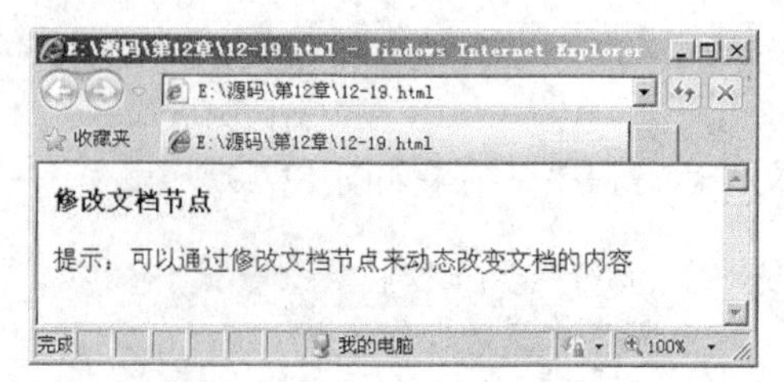

图 12-20 动态创建文档节点

【代码解析】该代码段第 2～9 行定义函数 CreateNewContent，其创建一个段落并添加为文档体的子节点。第 11 行将函数 CreateNewContent 绑定为文档事件处理程序，文档加载完毕时调用。

【提示】添加子节点到指定位置或删除某个子节点，可以使用前面介绍过的访问节点的方法获得指定节点的引用。

12.7 遍历 DOM 文档

到目前为止，所介绍的都是 DOM Level 1 的部分内容。本节将介绍一些 DOM Level 2 的内容，主要包括与遍历 DOM 文档树相关的对象，这部分功能目前只在 Mozilla 和 Konqueror/Safari 中有相应的实现，因此读者简单的了解即可。

节点迭代器 NodeIterator 是遍历 DOM 树的辅助工具，用它可以对 DOM 树进行深度优先的搜索。如果要查找页面中某个特定类型的信息（或者元素），此迭代器非常有用。使用 NodeIterator 时，可以从 document 元素（<html>）开始，按深度优先法则搜索整个 DOM 树。在这种搜索方式中，遍历从父节点开始，一路走到最顶端的子节点。然后遍历过程向上回退一层，并进入下一个子节点。

NodeIterator 在使用前必须先创建它的对象实例，使用 document 对象的 createNodeIterator() 方法即可。这个方法接受以下 4 个参数。

- root：从树中开始搜索起始节点。
- whatToShow：一个数字常量，标志着节点需要访问，其取值如表 12-1 所示。
- Filter：NodeFilter 对象，节点过滤器。
- entityReferenceExpansion：布尔值，表示是否需要扩展实体引用。

表 12-1 whatToShow 常量

常量	含义
NodeFilter.SHOW_ALL	所有的节点
NodeFilter.SHOW_ELEMENT	元素节点
NodeFilter.SHOW_ATTRIBUTE	特性节点
NodeFilter.SHOW_TEXT	文本节点
NodeFilter.SHOW_CDATA_SECTION	Cdata section 节点
NodeFilter.SHOW_ENTITY_REFERENCE	实体引用节点
NodeFilter.SHOW_ENTITY	实体节点

续表

常量	含义
NodeFilter.SHOW_PROCESSING_INSTRUCTION	PI 节点
NodeFilter.SHOW_COMMENT	注释节点
NodeFilter.SHOW_DOCUMENT	文档节点
NodeFilter.SHOW_DOCUMENT_TYPE	文档类型节点
NodeFilter.SHOW_DOCUMENT_FRAGMENT	文档碎片节点
NodeFilter.SHOW_NOTATION	记号节点

通过给 whatToShow 参数传递特定的常量，可以决定哪些节点可以访问。

下面举例说明如何使用 NodeIterator 迭代器遍历 DOM 树。代码如下所示。由于这段代码都很重要，因此不做加粗处理，读者需着重学习。

```
01  <head>
02  <script langauage="javascript">
03  function Handle()                                    // 按钮事件处理程序
04  {
05      var divs = document.getElementById("div1");      // 层对象
06      var myfilter = new Object();                     // 创建过滤器
07      var  myiterator  =  document.createNodeIterator(divs,  NodeFilter.SHOW_
ELEMENT, FILTER, false);
08      var output = document.getElementById("textarea1"); // 文本框
09      var curnode = myiterator.nextNode();             // 取得下一个节点
10      myfilter.acceptNode = OnEccept;
11      function OnEccept(_node)                         // 获得有效节点时
12      {
13          if(_node.TagName == "P")                     // 如果是<p>
14              return NodeFilter.FILTER_REJECT
15          else                                         // 否则
16              return NodeFilter.FILTER_ACCEPT;
17      }
18      while(curnode)                                   // 循环遍历
19      {
20          output.value += curnode.TagName +"\n";       // 获得节点名称
21          curnode = myiterator.nextNode();             // 下一个节点
22      }
23  }
24  </script>
25  </head>                                              // 文档头结束
26  <body>                                               // 文档体开始
27  <div id="div1">                                      // 层
28  <p>你好!</p>                                         // 段落
29  <li>西瓜</li>                                        // 列表项
30  <li>葡萄</li>
31  <li>啤酒</li>
32  <li>苹果</li>
```

```
33  </div>                                                    // 层结束
34  <textarea id="textarea1" rows="10"></textarea><br />// 文本域
35  <input type="button" value="开始处理" onClick="Handle()" />    // 按钮
36  </body>
```

【提示】上述代码在 Konqueror/Safari 中才能运行，IE 浏览器尚未支持 NodeIterator。

12.8　测试与 DOM 标准的一致性

DOM 特性在各浏览器间的实现不完全相同，甚至有的浏览器根本就没有实现部分特性。因此，在编程时需要检查浏览器到底实现了 DOM 的哪些特性以便编写恰当的程序。通过 DOM 对象的一个称为 implementation 的属性所引用对象，可以获知浏览器所实现的 DOM 特性。该对象只有一个方法 hasFeature，调用方法如下。

```
var bXmlLevel1 = document.implementation.hasFeature("XML", "1.0");
```

【实例 12-20】编写程序，检查当前浏览器是否支持 XML 1.0，如下所示。

```
01  <body>                                                    // 文档开始
02  <script language="javascript">
03      if( document.implementation.hasFeature( "XML", "1.0" ) ) // 是否支持 XML1.0
04      {
05          document.write("<b>提示：</b>当前浏览器不支持 XML1.0"); // 支持时输出
06      }
07      else                                                  // 不支持
08      {
09          document.write("<b>提示：</b>当前浏览器支持 XML1.0");   // 不支持则输出
10      }
11  </script></body>                                          // 文档体结束
```

【运行结果】打开网页文件运行程序，结果如图 12-21 所示。

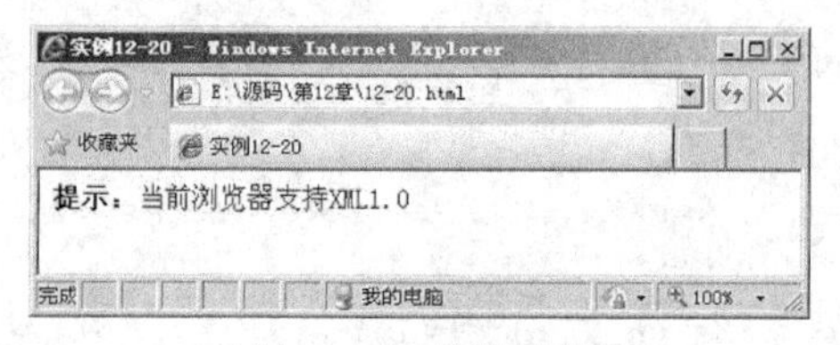

图 12-21　检测结果

【代码解析】该代码段第 3 行使用 implementation 对象的 hasFeature 方法检查浏览器是否支持 XML1.0 版，并输出相关信息。

【提示】检查版本信息有助于编写正确的代码，养成在使用接口之前对其进行有效性检测的习惯。

12.9　小　　结

本章介绍了 form 对象及其子对象，其中 form 对象所代表的是 HTML 文档中的表单，这些表单对象包括文本框、按钮、单选按钮、复选框、下拉列表、文件上传框和隐藏域等。form 对象及其子对象都包含不少属性、方法和事件，本章例举了大量的例子来介绍这些属性、方法和事件，重点介绍了文本框和按钮，希望读者可以掌握其用法。此外，本章向读者介绍了 XML 的基本知识和 DOM 接口的常用方法。XML 的结构是标准的 DOM 树，其节点及层次数可以是任意多个。W3C 还提出了针对 HTML 的 HTML DOM，简化了 HTML 文档的操作。标准的 DOM 接口提供了访问、创建、插入和移除子节点等常用的方法。

12.10　习　　题

一、选择题

1. 表单的提交使用到的方法是（　　）。

A. confirm　　B. onload　　C. reset　　D. submit

2. 以下访问头一个节点的是（　　）。

A. lastChild　　B. firstChild　　C. hasChildNodes　　D. childNodes

二、简答题

1. 什么是表单？它有哪些方法和属性？
2. 文本框有哪些属性、方法和事件？
3. 简述 DOM 树的层次结构。

三、练习题

1. 有一个多行显示的文本框，要求对输入在其中的值进行格式对齐的编辑，且能够自动切换为英文输入法。

【提示】改变文本的对齐方式是文本编辑器的一个功能，在实际应用比较常见，它的实现很简单，主要是改变多行文本 style 属性的 textAlign 值。参考代码如下。

```
01      <head>                                                  // 文档的头
02      <title>控制文本的对齐方式</title>                       // 文档的标题
03      <script language="javascript">
04          function align(n)                                   // 自定义函数
05          {
06              switch(n)                                       // 以 n 为变量的 swith 控制语句
07              {
08                  case 1:form1.text.style.textAlign="left";   // 左对齐
09                          break;
10                  case 2:form1.text.style.textAlign="center"; // 居中对齐
11                          break;
12                  case 3:form1.text.style.textAlign="right";  // 右对齐
13              }
14          }
15      </script>
16      </head>                                                 // 文档主体
17      <form id="form1" name="form1" method="post" action="">  // 表单
18      <label onclick="align(1)">左对齐</label> <label onclick="align(2)">
居中对齐</label><!--标签-->
```

```
19         <label onclick="align(3)">右对齐</label><br />       // 换行
20            <textarea name="text" id="text" cols="50" rows="8"  style="ime-mode:
inactive">
21            青未了，柳回白眼；红欲透，杏开素面</textarea>             // 一个多行文本框
22            </form>
```

【运行结果】打开网页文件运行程序，结果如图 12-22 所示。

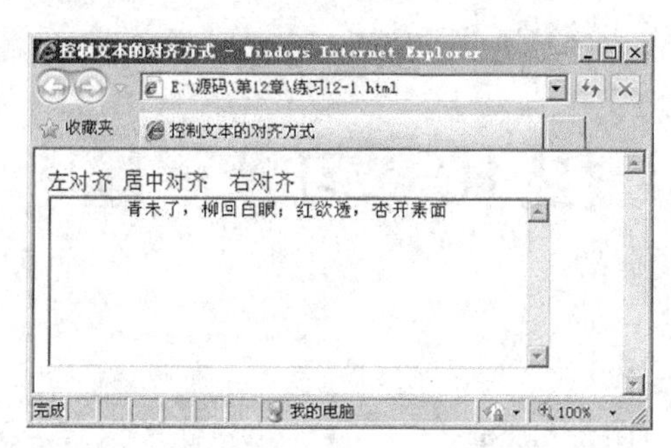

图 12-22　示例运行结果

2. 网页中通常使用 XML 文件记录导航菜单命令的属性，通过定制 XML 数据文件即可动态配置菜单。在此使用一个 XML 文件组织菜单数据，在网页中使用 JavaScript 程序分析该 XML 文件并生成超链接列表，通过单击表项可以链接到指定的网页。

【提示】结合本章的知识，XML 文件结构是一种标准的 DOM 树，使用浏览器提供的 DOM 接口即可操作 XML 文件。本题由以下两部分组成。

（1）用于定义菜单数据的 XML 文件，其中一个“links”节点包含多个“link”节点。每一个“link”节点表示一个超链接，其包含表示链接文字的“title”属性和表示链接地址的“href”属性。XML 文件参考代码如下。

```
01  <?xml version="1.0" encoding="utf-8"?>                // XML 文件开始
02  <links>                                               // 链接集合
03    <link title="百度" href="http://www.baidu.com"/>    // 链接
04    <link title="网易" href="http://www.163.com"/>      // 链接
05    <link title="新浪" href="http://www.sina.com.cn"/>  // 链接
06  </links>                                              // 链接集合结束
```

（2）在 HTML 文档中编写 JavaScript 程序分析上述菜单数据的 XML 文件，并生成相应的超链接列表。主要运用标准的 DOM 方法，HTML 文件的参考代码如下。

```
01  <head>                                              // 文档头
02      <title>习题 12-2</title>                        // 文档标题
03      <script language="javascript">                  // 本程序开始
04      function CreateLinks( url )                     // 创建超链接
05      {
06            var xmlDom = new ActiveXObject("Microsoft.XMLDOM");// 创建 XML DOM 对象
07            if( xmlDom == null )                      // 创建失败时
08            {
09                 alert( "创建 XMLDOM 失败! " );        // 提示用户并返回
10                 return;
11            }
12            xmlDom.async = false;                     // XML 文件加载完毕后才开始分析
```

```
13          xmlDom.load(url);                              // 加载 XML
14          links = xmlDom.documentElement;                // 获得文档根节点
15          for(n=0; n!=links.childNodes.length; n++ )  // 逐一分析每一个子节点
16          {
17              a = document.createElement("<a>"); // 创建一个“<a>”节点
18              // 使用 xml 文件中的 link 节点的 href 属性作为链接文字
19              a.setAttribute( "href",links.childNodes[n].getAttribute
      ("href") );
20              // 创建一个文本节点作为链接的开头符号
21              l = document.createTextNode("★");
22              // 使用 xml 文件中的 link 节点的 title 属性作为链接文字
23              t = document.createTextNode( links.childNodes[n].getAttribute
        ("title") );
24              r = document.createElement("<br>")// 创建一个换行标签对象
25              a.appendChild( l );        // 将以上各新建的节点添加为超链接节点的子节点
26              a.appendChild( t );
27              a.appendChild( r );
28              // 将超链接节点添加为当前 HTML 文档 BODY 节点的子节点
29              document.getElementById("DocBody").appendChild( a );
30          }
31      }
32      </script>                                  // 程序结束
33  </head>                                        // 文档头结束
34  <body id="DocBody" onload="CreateLinks( 'links.xml' )" >      // 文档体
35  </body>                                        // 文档体结束
```

【运行结果】打开网页文件运行程序，结果如图 12-23 所示，单击其中的一个超链接将跳转到相应的网页。

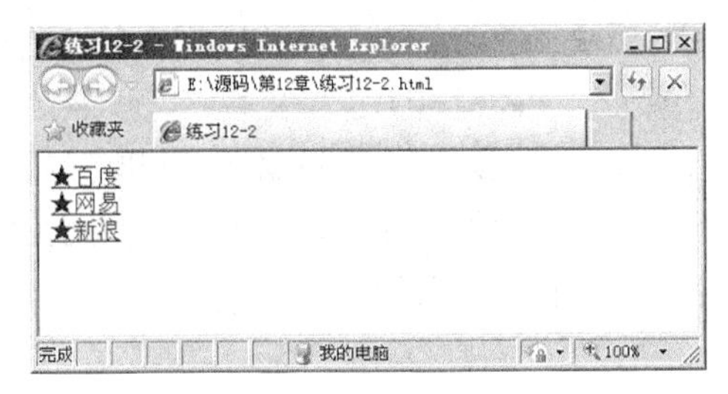

图 12-23　参考代码运行结果

第 3 篇　JavaScript 进阶与实战

第 13 章　正则表达式

在前面学习到 String 对象时，有一些方法需要传入正则表达式作为参数。正则表达式主要用于匹配字符串，是一种独立于语言的字符串模式匹配工具，应用非常广泛，很多脚本语言都在使用。本章将介绍使用简单的正则表达式的方法，目标如下。

- 了解什么是正则表达式。
- 掌握正则表达式的基础知识。
- 学会使用正则表达式进行字符串操作的方法。

13.1　网页为什么要使用正则表达式

在这之前曾有过字符验证的例子，其中验证字符的代码非常烦琐冗长。有了正则表达式，验证程序的代码将变得简洁而更强大，代码运行的速度更快。为了判断某个字符串是否符合某种格式，使用正则表达式最为合适。通常，人们在表单数据发送到服务器之前，都需要进行数据合法性验证。例如，客户所填写的电子邮件地址格式是否正确等。使用正则表达式可以使程序代码简单高效，在下面几节的实例中，读者将会体会到这一点。

13.2　正则表达式对象 RegExp

RegExp 是 JavaScript 提供的一个对象，用来完成有关正则表达式的操作和功能，每一条正则表达式模式对应一个 RegExp 实例。JavaScript 使用 RegExp 对象封装与正则表达式相关的功能和操作，每一个对象的实例对应着一条正则表达式。和其他对象一样，在使用之前必须取得其引用或新建一个对象实例。创建一个 RegExp 实例语法如下。

```
var regObj = new RegExp( "pattern" [," flags "] );
```

参数说明如下。

- pattern：必选项，正则表达式的字符串。
- flags：可选项，是一些标志组合。

在标志组合中，“g”表示全局标志。设定时将搜索整个字符串，以找匹配的内容，每一次新的探索都从 RegExp 对象的 lastIndex 标记的字符起，否则只搜索到第一个匹配的内容。“i”表示忽略大小写标志，若设置该项，则在搜索匹配项时忽略大小写，否则将区别大小写。其他更多选项请查阅相关资料。以上所述是创建正则表达式对象的方式之一，另一种创建方式如下。

```
var regObj = /pattern/[flags];
```

参数的意义和第一种方式一样，但这种方式不能用引号将 pattern 和 flags 括起来。正则表达式的使用非常简单，只要用一个 test 方法就行了。

```
regObj.test( string );
```

regObj 表示正则表达式对象，是一个 RegExp 对象实例。string 为源字符串，即将在其中进行匹配操作的字符串。test 方法返回一个布尔值，表明是否已经在源串中找到了正则表达式所定义的模式，下面举例说明。

【提示】RegExp 对象是由 JavaScript 自动创建的内部对象。

【实例 13-1】使用正则表达式过滤受限制的词汇，下面这个例子是要过滤一些有血腥、暴力倾向的词汇，如下所示。

```
01  <script language="javascript">
02      var filter = /一枪爆头/g;                    // 将受限制的词句组成正则表达式
03      var said = "他被人一枪爆头了";               // 将接受检查的语句
04      if( filter.test( said ) )                    // 如果被检查语句中存在受限词句
05      {
06          alert( "该语句中有限制级词语，系统已经过滤！" );  // 显示警告
07      }
08      else                                         // 否则
09      {
10          alert( said );                           // 输出原话
11      }
12  </script>
```

【运行结果】打开网页运行程序，结果如图 13-1 所示。

图 13-1　过滤提示

【代码解析】该代码段第 2 行使用受限词句创建一个正则表达式。第 4～11 行使用该正则表达式测试语句 said 中是否存在正则表达式中定义的受限词句。

13.3　正则表达式的简单模式

正则表达式虽然作用很大，但如果想要真正地运用正则表达式来解决问题，首先必须对正则表达式有充分的认识，我们至少要了解正则表达式的语法。正则表达式的语法归结起来就是对它各元字符功能的阐述。因此，首先得学习它的各元字符的功能。根据元字符的复杂程度，可分为

简单模式和复杂模式两种。本节将介绍简单字符。

13.3.1 详解元字符

元字符是正则表达式最为简单的情况。它指的是与字符序列相匹配，如实例 13-1 中的正则表达式 filter。其简单的查找语句 said 中是否存在“一枪爆头”这个语句，这个语句中没有其他有特别含义的字符。实例 13-1 中如果要过滤“一枪爆头”或“一刀捅死”，则可以在构建正则表达式时使用“|”字符连接两个受限语句，如下面代码所示。

```
var filter = /一枪爆头|一刀捅死/g;
```

上面代码中，字符“|”具有特殊含义，表示“或者”的意思。这类有特殊含义的字符称为元字符。上述是正则表达式中所有的元字符，要掌握元字符的含义才能灵活运用正则表达式。下面举例说明如何使用元字符。

【实例 13-2】练习如何运用元字符。例如，在实际中常常会用到查询、查找指定字符前后的字符，如下所示。

```
01  <script language="javascript">
02        var reg = /.o./g;               // 寻找字符 o 前后接任意字符组成的有 3 个字符的字符串
03        var str = "How are you?"        // 源串
04        var result = new Array();       // 用于接收结果
05        while( reg.exec(str) != null )      // 执行匹配操作，如果找到匹配则继续找下一项
06        {
07              result.push( RegExp.lastMatch ); // 添加结果
08        }
09        alert( result );                // 输出找到的匹配项
10  </script>
```

【运行结果】打开网页运行程序，结果如图 13-2 所示。

图 13-2　匹配结果

【代码解析】该示例代码演示了元字符“.”的使用方法。第 2 行创建一个正则表达式对象 reg，在匹配模式中使用了“.”元字符。第 3 行定义一个字符串对象，即在其中寻找匹配正则表达式对象 reg 中定义的模式子串。第 5 行通过调用正则表达式对象的 exec 方法执行匹配检查操作。当存在匹配时，该方法返回一个数组对象，包含了匹配相关的信息；不存在匹配，则返回 null 值。

【提示】读者不妨测试其他元字符，直到熟练掌握它们的功能特性为止。下一节学习另一个基础内容，即使用特殊字符。

13.3.2 详解量词

量词就是指定某个特定模式出现的次数。分为简单题词、贪婪量词、惰性量词和支配量词几种。目前 IE 浏览器并没有实现前述的量词特性，下面简单介绍常用的量词。

贪婪量词，它是首先匹配整个字符串，如果不匹配，则去掉最后一个字符，然后再比较。如果仍然不匹配，则继续去掉最后一个字符再比较，如此一直下去，直到找到匹配或字符串的字符被取完为止。支配量词，它只尝试整个字符串的匹配，如果不能匹配，则不再尝试，也就是说它只比较一次。

【实例 13-3】规定用户只能输入字母加数字或数字，检验用户输入是否合法，如下所示。

```
01  <html>
02        <head>
```

```
03          <meta http-equiv="Content-Type" content="text/html; charset=gb2312">
04          <title>实例 13-3</title>
05          <script language="JavaScript">
06          <!--
07          function check()                        // 自定义函数
08          {
09            var use=username.value;               // 取得用户的输入
10            var regx=/[a-z0-9]\w\d/g;             // 验证输入的正则表达式
11            if(!regx.test(use))                   // 不包含规定字符,用户名无效
12            {
13               alert("\n 用户名检测 : \n\n 结果 : 用户名不合法! \n");
14               username.focus();                  // 获得焦点
15            }
16            else
17            {
18               alert("\n 用户名检测 : \n\n 结果 : 用户名合法! \n");// 提示用户输入合法
19            }
20           }
21          -->
22          </script>
23      </head>                                     // 文档头的结束
24  <body>                                          // 文档主体
25      <center><p>                                 // 居中的段落
26      用户名合法性检测程序                          // 文本
27      </p>                                        // 段落结束
28      <p>                                         // 段落
29      规则:数字或英文字符串+数字
30      </p>                                        // 段落结束
31        <input type="text" name="username" value="">            // 文本框
32        <input type="submit" value="合法性检测" onClick="check()">   // 按钮
33      </center>
34  </body>
35  </html>
```

【运行结果】打开网页运行程序，结果如图 13-3 所示。

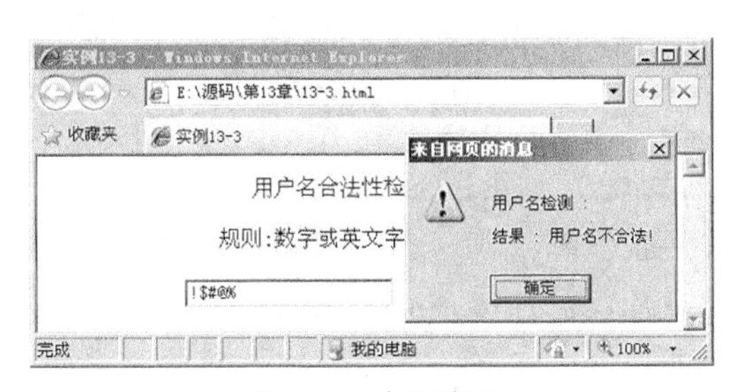

图 13-3　合法验证

【代码解析】该代码段第 7～20 行的作用是检验用户输入是否合法，其检验的尺度就是正则表达式“/[a-z0-9]\w\d/g”，代码第 11～19 行是具体的判断过程。

【提示】IE 浏览器和 Opera 浏览器不支持支配量词。

13.4 正则表达式的复杂模式

复杂模式是相对于简单模式而言的，大家应该猜到复杂模式是比简单模式更烦琐的正则表达式，它是更高级的匹配应用。复杂模式主要分为分组、反向引用、候选、非捕获性分组、前瞻、边界定位符和多行模式等概念，本节将对其中几个比较常用的模式进行介绍。

13.4.1 使用分组

任何一种技术都不是凭空产生的，在实际生活中都是有相关的需求的。介绍到这里，自然会想到，前面用简单模式可以查找整个表达式的结果，如果要找的是表达式内的子表达，或者查找的是目标字符串中重复出现子串，仅仅依靠前面的简单模式的知识是绝对无法实现的。

为了解决上面的问题，正则表达式引入分组的概念。它的语法是“(pattern)”，也就是用括号括起一些字符、字符类或量词，它是一个组合项或子匹配，可统一操作。下面这段代码就是一个简单的分组。

【实例 13-4】查找字符串中，指定的字符串连续出现两次的子字符串，如下所示。

```
01  <script language="javascript">
02      var showStr="";                                        // 定义一个变量，并赋空值
03      var str = "this word is OKOKOKOKokokokok!!!";  // 给变量赋初值
04      var searchStr = /(OK){2}/gi;                           // 分组的正则表达式
05      var result= str.match(searchStr);                      // 查找匹配
06      for (var i = 0; i < result.length; i++)                // 循环访问 arrdata 对象
07      {
08          showStr+=result[i]+"\n";                           // 显示信息
09      }
10          alert("一共有"+result.length+"组匹配\n"+showStr);   // 显示最后匹配的结果
11  </script>
```

【运行结果】打开网页运行程序，结果如图 13-4 所示。

图 13-4　匹配结果

【代码解析】该代码段第 2～5 行的作用是查找匹配，其中，第 5 行是一个正则表达式，这是程序员自己根据需要设计的，它指的是匹配“OK”或“ok”的连续出现两次的子字符串。代码第 6～9 行是将匹配所得结果显示出来。

【提示】在上面的匹配中，是不区分大小写的。

13.4.2　使用候选

候选就是用“|”来表示的模式或关系，它表示的是在匹配时可以匹配“|”的左边或右边。这个“|”相当于“或”。比如/pic|voice/，匹配字符串为“this pic or voice match”，则第一次匹配时可以成功匹配到 pic，再次匹配时则可以得到 voice。这个功能一般用于检验某个指定的字符串是否存在。

【实例 13-5】查找字符串中，指定的字符串连续出现两次的子字符串，如下所示。

```
01  <script language="javascript">
02      var str1 = "I like red and black";             // 给字符串赋初值
03      var str2 = "she likes black";                  // 给字符串赋初值
04      var result = /(red|black)/;                    // 候选正则表达式
05      reStr=result.test(str1);                       // 用 test 方法检查字符串是否存在
06      alert(result.test(str2));// 返回的值为 bool 型，即 true 或 flase，这里返回的是 true
07      alert(reStr)                                   // 返回 true
08  </script>
```

【运行结果】打开网页运行程序，结果如图 13-5 所示。

图 13-5　匹配结果

【代码解析】该代码段第 2、3 行给出了两个字符串，代码第 4 行构造了一个检测 red 和 black 的正则表达式，用来对这两个字符串进行检测。代码第 5、6 行分别用 test 方法来检查字符串中是否存在目标字符串。如果存在则返回 true，否则返回 false。

【提示】这个属性多用于筛选或搜索某些特殊字符，有很高的效率。

13.4.3　使用非捕获性分组

非捕获性分组是指将目标字符串分组合成一个可以统一操作的组合项，只是不会把它作为子匹配来捕获，匹配的内容不编号也不存储在缓冲区，此功能适合用在对非捕获性分组方法在必须进行组合，但又不想对组合的部分进行缓存的情况。

【实例 13-6】要在一篇英文资料中查找“discount”和“discover”两个单词，如下所示。

```
01  <script language="javascript">
02  function locate()
03  {
04      var str="we want to search for the words:discount and discover";
05      var regex=/dis?:count|cover)/g          // 查找字符的正则表达式
06      var array=regex.exec(str);              // 第一次匹配
07      var msg="字符所在的位置是:\t"
08      if(array)
09      {
10          msg+=array.index+"\t";              // 取得所查找的字符的位置
11      }
12      array=regex.exec(str);                  // 第二次匹配
13      if(array)
14      {
15          msg+=array.index+"\t";              // 取得所查找的字符的位置
16      }
17      alert(msg);                             // 显示信息
```

```
18  }
19  locate();
20  </script>
```

【运行结果】打开网页运行程序，结果如图 13-6 所示。

图 13-6　子字符串位置

【代码解析】该代码段第 5 行为非捕获性分组的正则表达式，代码第 8～16 行的作用是进行两次匹配，通过两次匹配分别找出目标字符中所在的位置。其中，第一次匹配所找的是第一个字符串的位置。

13.4.4　使用前瞻

前瞻是指对所要匹配的字符进行一些限定条件。例如，在检查用户输入的是否为电子邮箱地址时，其中有一个特殊的符号@，这就算是一个限定，即可以用前瞻的方法来确定用户输入的地址是否合法。前瞻又分正向前瞻和负向前瞻，正向前瞻是指在目标字符串的对应位置处要有指定的某一特殊的值。不过这个值不作为匹配结果处理，当然也不会存储在缓冲区内。

负向前瞻则和正向相反，是在指定的位置不能有指定的值，它的处理结果也不作为匹配结果处理，也不会存储在缓冲区内。

【实例 13-7】用户输入以 com 结尾的域名，判断用户输入是否合法，如下所示。

```
01  <script language="JavaScript" type="text/javascript">
02  <!--
03  function testIp(obj)                    // 检验文本框中信用卡卡号格式是否正确
04  {
05  var msg="";
06  var str=obj.m_num.value;                // 取得用户的输入
07  var regex=/(?=com)/;                    // 前瞻正则表达式
08  if (!regex.exec(str))                   // 查找匹配,如果没有则返回 null 否则/就返回一个数组
09  {
10          msg+="您输入的格式不正确！ ";   // 提示用户输入格式不正确
11          alert(msg);
12          obj. m_num.focus();             // 获得焦点，表单不提交
13  }
14  else
15  {
16          msg+="输入的格式正确！ ";        // 提示用户输入格式正确
17          alert(msg);
18          return true;                    // 提交表单
19  }
20  }
21  -->
22  </script>
23  </head>
24  <body>                                  // 文档主体
```

```
25  <center>
26  <p>请输入您的域名以 com 结尾</p>
27  <form onSubmit="return testIp(this);">        // 表单
28       <input type="text" name="m_num">         // 输入文本
29      <input type="submit" value="确定">        // 提交按钮
30  </form>
31  </center>
32  </body>
```

【运行结果】打开网页运行程序，结果如图 13-7 所示。

图 13-7 使用前瞻判断域名是否合法

【代码解析】该代码段第 3～20 行的作用是检验用户的输入是否正确。代码第 7 行是用来验证的正则表达式，代码第 8～19 是验证的具体过程，用 exec 查找是否匹配，如果匹配则用户输入正确，提交表单，否则不提交表单，验证失败。

【提示】“前瞻”和“非捕获性分组”的概念有些相近，初学者很容易混淆。

13.5 正则表达式的常用模式

通过前面章节的学习，相信读者对正则表达式有了一定的了解。简单地说，正则表达式就两个方面，一个是简单模式，另一个是复杂模式。特别是复杂模式，种类比较多，需要读者在实践中苦练。下面例举两个比较经典的正则表达式实例，力求使读者对正则表达式有更好的理解和掌握。

13.5.1 使用正则验证日期

在实际应用中，常常会涉及日期的使用，本节将介绍如何验证日期的输入格式的合法性，如果日期为 2008114 或 081104 形式，验证日期中年的部分 1900-2099 的表达式如下。

```
(((19){1}|(20){1})\d{2})|\d{2});
```

日期中“月”部分 01-12 的表达式如下。

```
0[1-9]|1[0-2];
```

日期中“日”部分 01-31 的表达式如下。

```
[0-2]{1}\d{1}|3[0-1]{1}
```

综上所述，验证日期的正则表达式如下。

```
(((19){1}|(20){1})\d{2})|\d{2})(0[1-9]|1[0-2] )([0-2]{1}\d{1})|(3[0-1]{1})
```

【实例 13-8】日期的验证格式是否符合要求，要求输入的格式类似“20081114”或“081114”，如下所示。

```
01  <html>
02  <head>                                       // 文档主体
03  <title>验证日期格式</title>                  // 文档标题
04  <script language="JavaScript">
05  <!--
06  function checkDate(obj)                      // 检测输入的日期字符串格式
07  {
```

```
08  var str=obj.m_date.value;                       // 取得用户输入
09  // 构造正则表达式进行判断
10  var regex=/^((((19){1}|(20){1})\d{2})|\d{2})(0[1-9]|1[0-2])([0-2]{1}\d{1})|
(3[0-1]{1})$/;
11  if (!regex.exec(str))
12  {
13       alert("日期格式不正确!请重新输入");          // 提示用户输入不正确
14       obj.m_date.focus();                        // 获得焦点
15  }
16  else
17  {
18       alert("日期格式正确!");                     // 提示用户日期格式正确
19       return true;                               // 提交表单
20  }
21  }
22  -->
23  </script>
24  </head>
25  <body>                                          // 文档体
26  <center>
27  <p>
28    验证日期格式是否正确
29  </p>
30  <form onSubmit="return checkDate(this);">     // 提交表单时调用验证函数
31    <input type="text" name="m_date">            // 在文本框中输入日期
32    <input type="submit" value="确定">
33  </form>
34  </center>
35  </body>
36  </html >
```

【运行结果】打开网页运行程序，结果如图 13-8 所示。

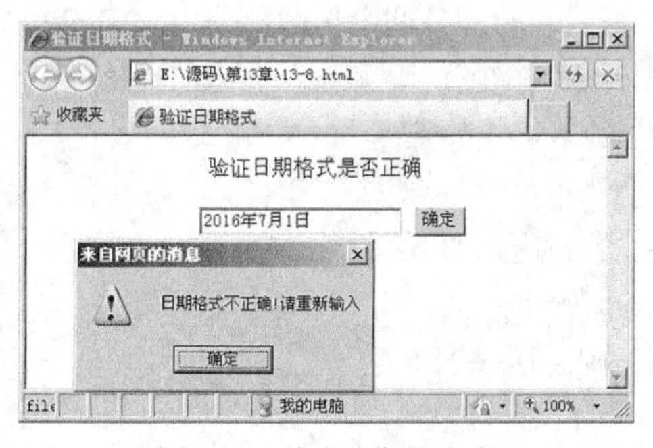

图 13-8　检查日期的格式

【代码解析】该代码段第 6～20 行的作用是检测输入日期字符串的格式是否正确，代码第 10 行是检测日期是否匹配的正则表达式，代码 11～20 行是具体的匹配过程，匹配成功后可以提交表单，否则提示用户重新输入。

13.5.2　使用正则验证电子邮件地址

在前面章节中，曾经学过表单的验证方法，其中也介绍过电子邮件地址的验证，这些都是在未提交给服务器之前进行的，这在 Web 开发中是很有意义的。前面介绍电子邮件地址的验证时，是使用 indexOf 方法来验证电子邮件地址格式的，该方法效果较为明显，但代码很复杂。下面利用正则表达式来验证电子邮件地址格式的合法性。

正确格式的电子邮件地址如“yx1209@163.com”，它必须符合以下几个条件。电子邮件地址中同时含有“@”和“.”字符；字符“@”后必须有字符“.”，且中间至少间隔一个字符；字符“@”不为第一个字符，“.”不为最后一个字符。所有的电子邮件都是这样的。

根据上述条件，可构造验证电子邮件地址的正则表达式如下。

```
/^([a-zA-Z0-9_-])+@([a-zA-Z0-9_-])+(\.[a-zA-Z0-9_-])+/
```

【实例 13-9】验证电子邮件地址的合法性，如下所示。

```
01  <title>验证电子邮件地址</title>
02  <script language="JavaScript">
03  <!--
04  function check(obj)                                  // 检验文本框中电子邮件地址格式是否合法
05  {
06  var emailUrl = obj.email.value
07  var regex=/^([a-zA-Z0-9_-])+@([a-zA-Z0-9_-])+(\.[a-zA-Z0-9_-])+/; // 构造正则表达
式进行检验
08  if (!regex.exec(emailUrl))                           // 取得用户的输入
09  {
10          alert("您输入的格式有误，可能您忘记了@符号或是点号！请重新输入");
11          obj.email.focus()                            // 取得焦点
12  }
13  else
14  {
15          alert("输入正确！");                          // 通过验证
16          return true;                                 // 提交表单
17  }
18  }
19  -->
20  </script>
21  </head>
22  <body>
23  <center>
24  <p>验证电子邮件地址合法性</p>
25  <form onSubmit="return check(this);" name="form1">   // 表单
26      <input type="text" name="email">    // 用户输入 E-mail 的文本框
27      <input type="submit" value="确定"> // 提交按钮
28  </form>
29  </center>
```

【运行结果】打开网页运行程序，结果如图 13-9 所示。

【代码解析】该代码段第 4～18 行的作用是验证用户输入的 E-mail 地址是否合法，代码第 7 行是验证用的正则表达式，代码第 8～17 行的作用是判断用户的输入是否匹配，用 exec 方法来验证。当不合法时提醒用户，并告诉用户正确的格式。如果验证成功则提交表单。

【提示】有关电子邮件地址各部分的含义，请读者自行查阅相关资料。

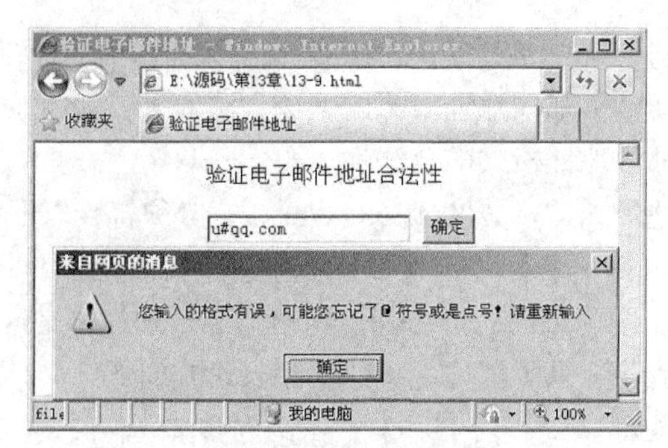

图 13-9　验证测试结果

13.6　小　　结

本章详细介绍了 JavaScript 脚本中正则表达式的概念以及构造和使用方法等。正则表达式定义了一种用来搜索匹配字符串的模式，这些模式主要分简单模式和复杂模式两大类。利用这些模式，能快捷地进行文本匹配。所有的介绍都是从简单的实例入手，由浅入深介绍了正则表达式，介绍了 RegExp 对象并提供了相关实例进行验证和对比。

13.7　习　　题

一、选择题

1. 正则表达式不能实现的功能是（　　）。

   A. 访问服务器　　B. 匹配　　C. 查找　　D. 替换

2. 匹配前面任意多次的元字符是（　　）。

   A. +　　B. *　　C. ?　　D. \

二、简答题

1. 使用正则表达式的好处有哪些？
2. 正则表达式的静态属性有哪些？
3. 正则表达式的简单模式和复杂模式指的是哪些内容？

三、练习题

1. 使用 JavaScript 编写一个用于检测电话是否正确的函数 checktel(),该函数只有一个参数 tel，用于获取输入的联系电话号码，返回值为 true 或 false。

【提示】本程序是一个简单的正则表达式的验证程序，关键是搞清楚电话号码验证的正则表达式，其表达式为 “/(\d{3}-)?\d{8}|(\d{4}-)(\d{7})/”。利用 RegExp 对象完成对用户输入的字符串进行验证。参考代码如下。

```
01  <html>
02  <head>
03  <meta http-equiv="Content-Type" content="text/html; charset=gb2312">
04  <title>验证电话号码</title>                                   // 文档标题
05  <script language="javascript">
```

```
06  function checktel(tel)
07  {
08      var str=tel;
09      // 在 JavaScript 中，正则表达式只能使用"/"开头和结束，不能使用双引号
10      var Expression=/(\d{3}-)?\d{8}|(\d{4}-)(\d{7})/;
11      var objExp=new RegExp(Expression);                  // 创建 regexp 对象
12      if(objExp.test(str)==true)                          // 检验是否匹配
13      {
14          eturn true;                                     // 匹配
15      }
16      else
17      {
18          return false;                                   // 不匹配
19      }
20  }
21  function Mycheck(myform)
22  {
23      if(myform.familytel.value=="")                      // 检验输入是否为空
24      {
25          alert("请输入家庭电话!!");                       // 提示用户输入为空
26          myform.familytel.focus();                       // 文本获得焦点
27          return;
28      }
29      if(!checktel(myform.familytel.value))               // 判断检验是否成功
30      {
31          alert("您输入的家庭电话不正确!");                 // 提示用户验证不成功
32          myform.familytel.focus();                       // 获得焦点
33          return false;                                   // 返回假
34      }
35      else
36      {
37              alert("验证成功")                            // 提示验证成功
38          return true;                                    // 返回真
39        }
40  }
41  </script>                                               // JavaScript 程序结束
42  </head>
43  <body>                                                  // 文档的主体
44  <center>
45  <p>验证电话号码合法性</p>                                 // 段落
46  <form onSubmit="return Mycheck(myform);" name="myform"> // 表单
47    <input type="text" name="familytel">                  // 文本框
48    <input type="submit" value="确定">                     // 按钮
49  </form>
50  </center>                                               // 结束居中
51  </body>
52  </html>
```

【运行结果】打开网页运行程序，结果如图 13-10 所示。

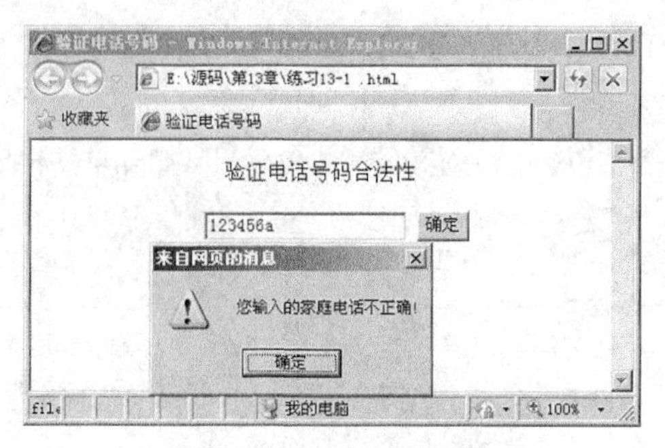

图 13-10 示例运行结果

2. 编写程序实现全文搜索，并将搜索到的字符用红色标记。

【提示】这是一个比较简单的程序，只需要使用 replace 方法即可，在这里，要做的事情只是允许用户输入要查询的模式，把这个模式交给 replace 方法去完成检索。参考代码如下。

```
01  <div id="content">
02        JavaScript 是世界上使用人数最多的程序语言之一，几乎每一台普通用户的
03        电脑上都存在 JavaScript 程序语言的影子。然而绝大多数用户却不知道它的
04        起源，并如何发展至今。JavaScript 程序设计语言在 Web 领域的应用越来越火，
05        未来它将会怎样?<br/>
06  </div>
07  <br/>
08  <input type="text" id="keyword"/>
09  <button onClick="match()">search</button>
10  <script type="text/JavaScript">
11  <!--
12  var str = content.innerHTML;
13  function match()
14  {
15      if(keyword.value == '') return false;  // 如果没有输入关键词，不作处理
16      var regexp = new RegExp("("+keyword.value+")", "g");    // 否则根据关键词构造
正则表达式对象
17      content.innerHTML  =  str.replace(regexp,"<font  color='red'>$1</font>");
// 根据动态构造的正则表达式对象进行全文检索和匹配
18  }
19  </script>
```

【运行结果】打开网页运行程序，在搜索文本框中输入“JavaScript”并单击“search”按钮，结果如图 13-11 所示。可以看到找到的结果都被标为红色。

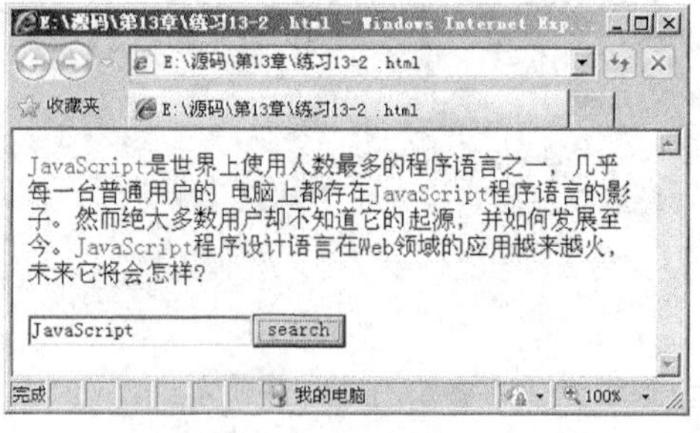

图 13-11 全文搜索结果

第 14 章 jQuery 框架

本章主要讲解 jQuery 的基本入门及 jQuery 的相关特点。随着互联网的迅速发展，用户体验需求越来越高。虽然 JavaScript 的极大的灵活性使项目中每个人可以编写出风格截然不同的代码，但是其功能和浏览器的兼容性上并不能实现高标准严要求。正是在这种情形下出现了 jQuery，它能够帮助我们实现各种酷炫的页面效果并且不会担心浏览器的兼容性问题，本章目标如下。

- 认识 jQuery。
- 搭建 jQuery 运行环境。
- 了解 jQuery 原理。
- 学会 jQuery 对 DIV 层的操作方法。

14.1 认识 jQuery

既然要学习 jQuery，首先就要了解什么是 jQuery，其有何特点，与同类产品相比，有何优缺点等。本节主要介绍 jQuery 的起源和 jQuery 到底是什么。

14.1.1 jQuery 的定义

jQuery 是什么？在 jQuery 官方网站上是这样解释的：jQuery 是一个快速简洁的 Javscript 库，它可以简化 HTML 文档的元素遍历、事件处理、动画以及 Ajax 交互，快速地开发 Web 应用。它的设计是为了改变 JavaScript 程序的编写。jQuery 特点如下。

- 轻量型，jQuery 是一个轻量型框架、程序短小、配置简单。
- DOM 选择，可以轻松获取任意 DOM 元素或 DOM 元素封装后的 jQuery 对象。
- CSS 处理，可以轻松设置、删除和读取 CSS 属性。
- 链式函数调用，可以将多个函数链接起来被一个 jQuery 对象一次性调用。
- 事件注册，可以对一个或多个对象注册事件，让画面和事件分离。
- 对象克隆，可以克隆任意对象及其组件。
- Ajax 支持，跨浏览器，支持 Internet Explorer 6.0+、Opera 9.0+、Firefox 2+、Safari 2.0+和 Google Chrome 14.0+。

jQuery 的官方网站是 www.jQuery.com。通过官方网站，可以获取各种版本的 jQuery 库文件以及官方插件，并可提交用户在使用 jQuery 中发现的 Bug 等操作。

14.1.2 jQuery 与 Ajax

同样作为目前流行的技术，jQuery 与 Ajax 的不同之处，按照二者的定义与特点，可以归纳为以下几点。

- jQuery 是一种 JavaScript 框架，是对 JavaScript 的一种轻量级的封装，容易理解。
- Ajax 是一种由 XML+JavaScript 组合起来的一种异步请求技术，可实现动态刷新。
- jQuery 在 Ajax 的基础上，进行了封装。通过创建一些 Ajax 事件和 Ajax 请求来满足各种异步请求的工作。
- Ajax 专注于异步请求，现在异步请求的传输数据格式早已不再局限于 XML 了，JSON 比 XML 更加流行。

了解它们的功能，才能更好地理解它们之间有何关系。

14.1.3 jQuery 与其他脚本库的区别

jQuery 并不是唯一的 JavaScript 库，除了 jQuery 还有很多优秀的 JavaScript 库，如 Propetype、Dojo，Ext、YUI 和 MooTools 等。每款 JavaScript 库都有其自身的优点和缺点，要根据不同的使用场景进行选择。表 14-1 所示的是几款流行的框架比较。

表 14-1 脚本类库比较

类库	jQuery & jQueryUI	Propetype & script.aculo.us	Dojo	ExtJS	YUI	MooTools
文件大小（KB）	54	46-278	26	84-502	31	65
许可认证	MIT/GPL	MIT	BSD&AFL	Commercial &GPL	BSD	MIT
XMLHTTPREQUES 获取数据	是	是	是	是	是	是
JSON 数据获取	是	是	是	是	是	是
支持拖放	是	是	是	是	是	是
简单视觉效果	是	是	是	是	是	是
动画效果	是	是	是	是	是	是
事件处理	是	是	是	是	是	是
页面浏览历史	是	附加插件	是	History Manageer	是	附加插件
输入验证	附加插件	是	是	是	是	附加插件
数据网格	附加插件	附加插件	是	是	是	附加插件
文本编辑器	附加插件	附加插件	是	是	是	附加插件
自动完成	是	是	是	是	是	是
HTML 自动生成	是	是	是	是	是	是
主题/皮肤选择	是	是	是	是	是	是
易用性	是	否	是	否	是	是
离线存储	否	否	是	Google Gears/Adobe Air	是	否
IE 版本	6+	6+	6+	6+	6+	6+
FireFox 版本	2+	14.5+	14.5+	14.5+	2+	14.5+
Safari	2+	2+	3+	3+	3+	2+
Opera	9+	9.25+	9+	9+	9+	9+

在表 14-1 中，属于轻量型的脚本库应该是 jQuery 和 MooTools 了。在网站开发中，我们应该选择这种轻量型的脚本库。在这两个轻量型脚本库中，jQuery 以其上手简单、文档全面、易用、运行稳定、高效等因素被绝大多数开发人员青睐。

14.2　搭建 jQuery 运行环境

要想学习并运用 jQuery，首先要搭建一个运行环境。本节介绍搭建 jQuery 运行环境的方法，因为 jQuery 是个轻量型框架，所以其运行环境的搭建也很简单。

14.2.1　jQuery 库的选择

jQuery 在 2006 年 8 月第一个版本 1.0 版正式面世，在这个版本里加入了 CSS 选择器、事件处理和 Ajax 接口。随着 jQuery 功能的不断更新，先后出现 1.1 版、1.1.3 版、1.2 版、1.2.6 版、1.3 版、1.3.2 版、1.4 版、1.5 版和 1.6 版等，至今最新版 1.6.2 版也已面世。在版本不断更新的过程中，jQuery 的功能和性能不断增强。在 2007 年 jQuery UI 发布出来，这是一个包含大量预定义好的部件（widget），以及一组用于构建高级元素（如可拖放的界面元素）的工具。

jQuery 的官方网站是 www.jQuery.com，下载地址为：http://docs.jquery.com/Downloading_jQuery。在 jQuery 官网上可以找到各种版本的 jQuery 库下载，每种版本几乎都有 3 种形式。

- Uncompressed——表示未压缩的脚本库文件。
- Minified——压缩后的类库文件，在网站正式上线运行时，我们应该使用这种形式的库文件。
- Visual Studio——这种版本是专门为 VS 工具提供的库文件，其中带有完整文档注释，可以为 VS 工具提供智能感知支持。

当前可用的最新版本为 jQuery 3.0，图 14-1 和图 14-2 是 jQuery 官网上的下载页面。

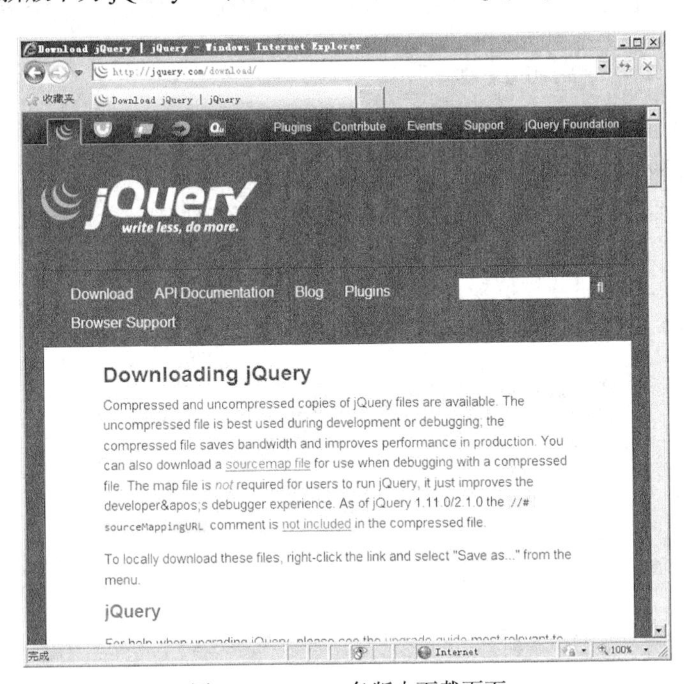

图 14-1　jQuery 各版本下载页面

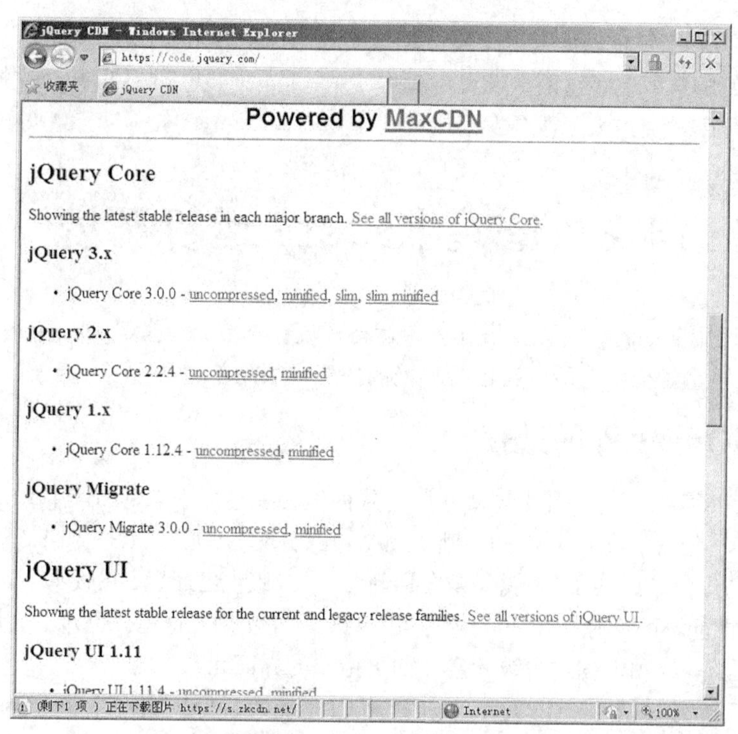

图 14-2　jQury 历史版本下载

下载之后通常为一个压缩文件，使用解压软件将其解压，可以得到 jQuery 的核心：jquery-XXX.js 文件，其中的 XXX 通常为其版本号。这是非压缩版的文件名，而压缩版本通常文件名为：jquery-XXX.min.js，与非压缩版相比，多了 min 压缩的标志。

jQuery 各版本之间的差异通常较小，对于普通用户而言，某些技术细节，对日常使用影响也不大，可以这样说，掌握了一个版本的使用，就可以在了解版本细微变化之后很快熟悉其他版本。

14.2.2　jQuery 库的引入

在 14.2.1 小节中说过 jQuery 每个版本都有 3 种文件形式。我们在开发的过程中可以使用未压缩版，在真正发布网站时就需要使用压缩库文件。引入 jQuery 库需要使用 HTML 的脚本标记 <script>，并通过在这个标记中设定库文件的位置及文件名实现 jQuery 的引入。例如：

```
<script type="text/JavaScript" src="jslib/ src="jquery-1.12.4.min.js" "></script>
```

对于 jQuery 的库文件的存放位置，应该保存在独立的一个文件夹内，不要同其他 HTML 文件、CSS 样式文件和 JS 脚本文件混合在一起存放，如图 14-3 所示。

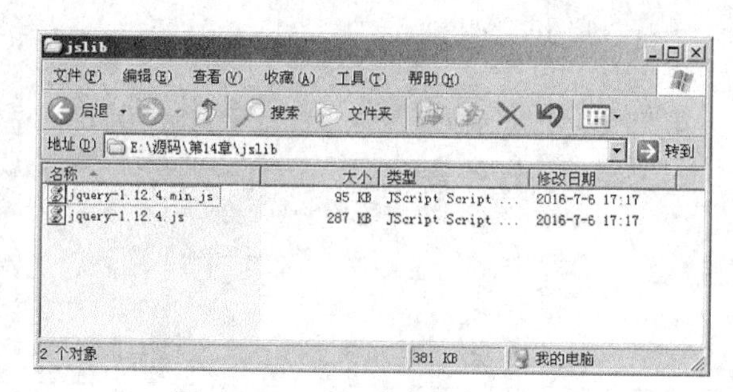

图 14-3　jQuery 库文件存放位置

14.2.3　jQuery 的第一个例子

通过<script>标签引入 jQuery 就可以使用 jQuery 来构建丰富的效果了。下面通过一个实例来说明如何使用 jQuery，只需要简单几行代码就可以实现酷炫的效果。让我们来见识一下代码封装带来的快捷。

【实例 14-1】创建一个页面，页面上有一个按钮和一个隐藏的层元素。当我们单击按钮时，这个隐藏的层逐渐放大显示出来，如下所示。

```
01  <html>
02  <head>
03  <meta http-equiv="Content-Type" content="text/html; charset=utf-8" />
04  <title>无标题文档</title>
05  <script type="text/JavaScript" src="jslib/src="jquery-1.12.4.min.js".js"></script>
<!—引入 jQuery 库文件→
06   <script type="text/JavaScript">
07  $(function(){
08       $("#btn").click(function(){                       // 按钮的单击事件
09            $("#div1").show(2000);                       // Div 层显示
10       });
11  });
12  </script>
13  </head>
14  <body>
15  <center>
16       <input id="btn" type="button" value="第一个 jQuery 效果" />
17       <div  id="div1"  style="display:none;width:400px;height:400px;border:solid
1px   #000080;background-color:#AFA;   font-family:'MS   Serif',   'New   York',   serif;
font-size:xx-large; color:#2A0000">Hello World!</div>
18  </center>
19  </body>
20  </html>
```

【运行结果】打开网页文件运行程序，结果分别如图 14-4 与图 14-5 所示。

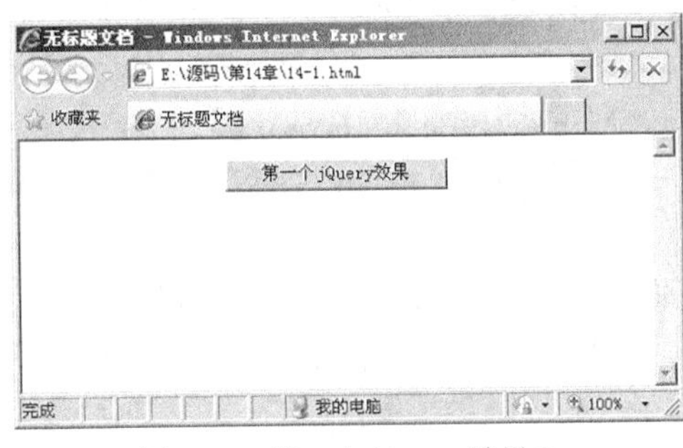

图 14-4　第一个 jQuery 效果 I

图 14-5　第一个 jQuery 效果 II

【代码解析】上述代码第 5 行就是 jQuery 脚本库的引入，这里使用了 1.12.4 版本的脚本库。第 7 行使用了 jQuery 的最重要的一个事件，文档加载完成事件，这个事件用 ready()函数表示，我们这里使用了省略语法。第 8 行属于事件注册，将按钮的单击事件注册到按钮上。第 9 行使用了 jQuery 特效中的显示功能方法 show()，将隐藏的元素显示出来，这里给定了显示过程的时间为 2 000 毫秒。上述代码中的$符号是 jQuery 的选择器符号，jQuery 的强大选择功能都是通过它完成的。

上面这个例子初步见到了 jQuery 的功能，后面的章节将会帮助读者逐步了解 jQuery 的使用方法。

14.3 jQuery 原理分析

jQuery 在实际应用中基本是依靠它的选择器筛选匹配的页面元素对象的，并调用它提供的功能函数来完成我们所需要的工作。它的编写和我们前面所看到的 JavaScript 的编写很不一样。所以，官方引用了这样一段话：jQuery 是为了改变 JavaScript 的编码方式而设计的。

14.3.1 工作原理

下面我们用图 14-6 来说明 jQuery 的工作原理。

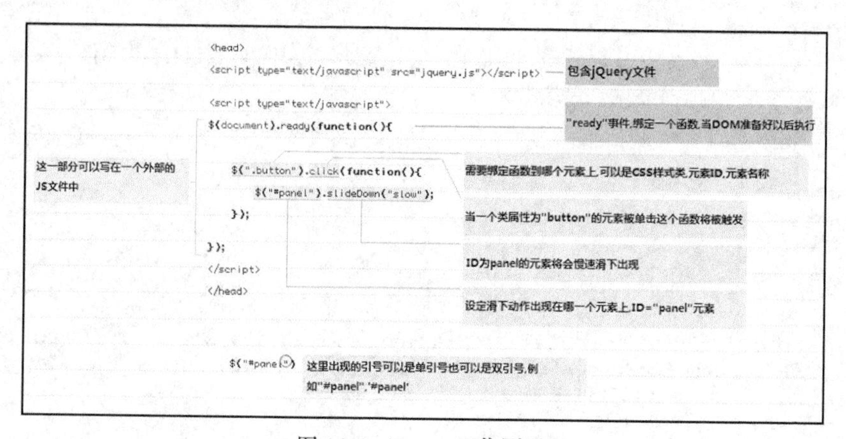

图 14-6　jQuery 工作原理

通过图 14-6 认识到一个 jQuery 应用程序是如何编写及执行的。jQuery 本身具有下面的特点。

- 在 jQuery 应用中对于元素的选择是关键，所有的 jQuery 的功能函数都是绑定到一定元素上才执行的。在 jQuery 的源代码中可以看到：var$=jQuery。因此，当我们进行$(selector)操作时，其实就是执行 jQuery(selector)，创建的是一个 jQuery 对象。正确的写法应该是：var jq = new $(selector);而 jQuery 使用了一个小技巧在外部避免了 new，在 jquery 方法内部实现：if (window == this) return new jQuery(selector)。
- 函数的使用是依靠 jQuery 对象来执行的，而创建出来的 jQuery 对象形式可能不同，有时可以代表单一元素，有时会代表一组元素。所以，我们可以调用 each()函数对一组元素的对象进行遍历操作。
- jQuery 具有可扩展性，不管是从框架扩展还是对象扩展都可以实现。

14.3.2 运行机制

上一节介绍了 jQuery 的工作原理，接下来介绍其运行机制。jQuery 运行机制中主要包含两个方面的选择，一个是元素选择，一个是事件机制。下面通过一段简单的代码来说明 jQuery 的工作原理。

【实例 14-2】本例创建一个页面，有几个层元素，当单击按钮时，更改所有层的中字体的显示样式，并改变颜色。

```
01  <html>
02  <head>
03  <title>无标题文档</title>
04  <script type="text/JavaScript" src="jquery-1.12.4.min.js"></script>
05   <script type="text/JavaScript">
06  $(function(){
07       $("#btn").click(function(){                          // 按钮单击
08            $("div").attr("style", "background:#ff0000");   // 为所有 div 添加样式
09      });
10      $("#btn2").click(function(){
11            $("div").removeAttr("style");                    // 清除样式
12      });
13  });
14  </script>
15  </head>
16  <body>
17  <center>
18  <input id="btn" type="button" value="添加颜色" />
19  <input id="btn2" type="button" value="清除颜色" />
20  <div id="div1">演示层 1</div><p>
21  <div id="div2">演示层 2</div><p>
22  <div id="div3">演示层 3</div><p>
23  <div id="div4">演示层 4</div><p>
24  <div id="div5">演示层 5</div><p>
25  </center>
26  </body>
27  </html>
```

【运行结果】打开网页文件运行程序，结果如图 14-7 所示。

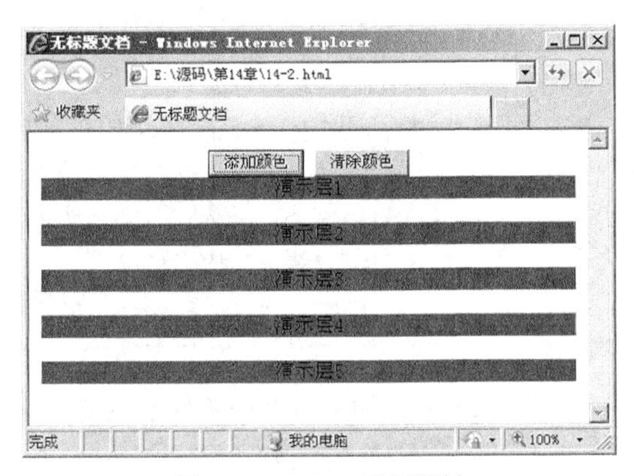

图 14-7　jQuery 运行机制

【代码解析】上述代码第 7 行属于事件注册，将按钮的单击事件注册到按钮上。第 8 行使用了元素选择，选择所有 div 层，并为所有层添加背景效果。同理，第 10 行也为事件注册，将清除颜色按钮事件进行注册，第 11 行使用了元素选择，选择所有 div 并清除所有层的背景颜色效果。

通过上面例子介绍了 jQuery 的运行机制。后两节将详细介绍 jQuery 中的元素选择与事件选择。

14.3.3 元素选择

jQuery 的强大之处就在于它本身支持多种选择器样式。我们在编写 jQuery 应用的时候可以根据要求使用不同的选择器来选择元素。下面我们分别介绍它所支持的选择器。

1. 基本元素选择器

这种选择器在使用时，我们可以使用元素标记名、元素的类名和元素的 ID 来填写选择器。例如：

```
$("p")                                  // 选取 <p> 元素
$("p.intro")                            // 选取所有 class="intro" 的 <p> 元素
$("p#demo")                             // 选取 id="demo" 的第一个 <p> 元素
```

分层选择器：这种选择器在使用时，需要传入多个值，并用空格或大于号分隔。例如：

```
$("div input");                         // div 下所有 input
$("div > input);                        // 父元素下的子元素
```

2. 基本条件选择器

这种选择器在使用时，需要在元素的选择符后加上基本条件运算符，这些条件运算符都是 jQuery 内置的运算符。例如：

```
$("p:first")                            // 选择第一个段落
$("p:last")                             // 选择最后一个段落
$("tr:even")                            // 选择偶数表格行
$("tr:odd")                             // 选择奇数表格行
$("input:not(:checked)")                // 选择所有未被选中的元素
$("tr:eq(1)")                           // 选择索引值为 1 的表格行
$("tr:gt(0)")                           // 选择索引值大于 0 的表格行
$("tr:lt(2)")                           // 选择索引值小于 2 的表格行
$(":header")                            // 选择所有标题元素
$(":animated")                          // 选择所有正在执行动画的元素
```

3. 内容条件选择器

这种选择器在使用时，需要在元素的后面加上内容筛选运算符。例如：

```
$("div:contains('John')")               // 选择包含'John'文本的层元素
$("td:empty")                           // 选择不包含文本或者子元素的表格单元
$("div:has(p)")                         // 选择包含段落元素的层元素
$("td:parent")                          // 选择包含子元素或者文本的表格单元
```

4. 可见性条件选择器

这种选择器在使用时，需要在元素后面加上可见性条件。例如：

```
$("tr:hidden")                          // 选择所有隐藏的表格行
$("tr:visible")                         // 选择所有可见的表格行
```

5. 属性选择器

这种选择器在使用时，需要利用元素属性并使用一定条件进行选择。例如：

```
$("div[id]")                            // 选择具有 id 属性的层
$("input[name='newsletter']")           // 选择具有属性 name 并且属性值为'newsletter'的表单输入元素
$("input[name!='newsletter']")          // 选择具有属性 name 并且属性值不为'newsletter'的表单输入元素
$("input[name^='news']")                // 选择具有属性 name 并且属性值以'news'为起始内容的表单输入元素
```

```
$("input[name$='letter']")       // 选择具有属性 name 并且属性值以'letter'为结束内容的表单输入元素
$("input[name*='man']")          // 选择具有属性 name 并且属性值包含'man'内容的表单输入元素
$("input[id][name$='man']")      // 选择具有属性 id 和 name 并且 name 的值以'man'为结束内容的表单输入元素
```

6. 子元素选择器

这种选择器在使用时，需要加入子元素的选择条件。例如：

```
$("ul li:nth-child(2)")          // 选择第 2 个列表项
$("ul li: nth-child(even)")      // 选择偶数索引列表项
$("ul li: nth-child(odd)")       // 选择奇数索引列表项
$("ul li: nth-child(3n)")        // 选择索引值为 3 的倍数的列表项
$("ul li:first-child")           // 选择第一个列表项
$("ul li: last-child")           // 选择最后一个列表项
$("ul li:only-child")            // 选择列表出现且仅出现一个的列表项
```

7. 表单元素选择器

这种选择器在使用时，需要加入代表不同表单元素类型的标识符。例如：

```
$(":input")                      // 选择所有 input, textarea, select 和 button 元素
$(":text")                       // 选择当行文本框
$(":password")                   // 选择密码框
$(":radio")                      // 选择单选按钮
$(":checkbox")                   // 选择复选按钮
$(":submit")                     // 选择提交按钮
$(":image")                      // 选择所有图像域
$(":reset")                      // 选择重置按钮
$(":button")                     // 选择普通按钮
$(":file")                       // 选择文件域
$(":hidden")                     // 选择隐藏域
```

8. 表单属性选择器

这种选择器在使用时，需要利用对表单属性的筛选操作符。例如：

```
$("input:enabled")               // 选择所有可用元素
$("input:disabled")              // 选择所有不可用元素
$("input:checked")               // 选择所有被选中的单选、复选按钮
$("select option:selected")      // 选择所有被选中的 option
```

通过上述选择器可以非常方便地选择特定元素，从而为实现进一步操作奠定基础。

14.3.4 事件

在 JavaScript 的事件模型中，一般是这样处理事件的：事件处理程序是通过把函数实例的引用指派到 DOM 元素的属性而声明的。定义这些属性用来处理特定类型的事件。例如，指派函数到 onclick 属性用来处理单击事件。指派函数到 onmouseover 属性用来处理 mouseover 事件，而元素支持这些事件类型。这种事件模型我们称为 DOM 0 模型。但是，这种模型有一定缺陷，那就是浏览器的差异性问题。

jQuery 弥补了浏览器中的差异性，提供了一种统一的事件模型，相对来说简单了许多。但是要添加一个事件处理程序，使用 bind(eventType,data,listener)方法。其中，eventType 是事件的名称，

data 会被作为 event 对象的 data 属性附加到 event 对象，传给事件响应函数 listener()。data 可以省略，如果省略，第二个参数就是 listener。这个函数还是比较简单的。

jQuery 还提供了几种变形，对于常用的事件，可以采用 eventTypeName(listener)函数来绑定，例如 $('#somediv').click(somefunction)，这样就绑定 click 事件的响应函数为 somefunction。one（listener）方法绑定一个事件处理函数，一旦此函数被执行过一次，就删除它。用 bind 命令绑定的事件处理程序被调用时，Event 对象总是作为处理程序的第一个参数被传入，这样也弥补了不同浏览器对于 Event 的处理。下面我们把 jQuery 的事件处理功能大致介绍一下，具体使用方法在后续章节中我们会进行讲解。

jQuery 事件处理函数分类。

1. 页面载入 ready()

当 DOM 载入就绪可以在查询及操纵时绑定一个要执行的函数。这是事件模块中最重要的一个函数，因为它可以极大地提高 Web 应用程序的响应速度。简单地说，这个方法纯粹是对向 window.load 事件注册事件的替代方法。通过使用这个方法，可以在 DOM 载入就绪能够读取并操纵时立即调用所绑定的函数，而 99.99%的 JavaScript 函数都需要在那一刻执行。

2. 事件处理 bind()

为每个匹配元素的特定事件绑定事件处理函数。bind()方法是用于往文档上附加行为的主要方式。所有 JavaScript 对象事件，如 focus、mouseover 和 resize，都是可以作为 type 参数传递进来的。

3. 事件处理 one()

为每一个匹配元素的特定事件（像 click）绑定一个一次性的事件处理函数。在每个对象上，这个事件处理函数只会被执行一次。其他规则与 bind()函数相同。这个事件处理函数会接收到一个事件对象，可以通过它来阻止（浏览器）默认的行为。

4. 事件处理 trigger()

在每一个匹配的元素上触发某类事件。这个函数也会导致浏览器同名的默认行为的执行。例如，如果用 trigger()触发一个“submit”，同样会导致浏览器提交表单。如果要阻止这种默认行为，应返回 false。

5. 事件处理 triggerHandler()

这个特别的方法将会触发指定的事件类型上所有绑定的处理函数。但不会执行浏览器默认动作，也不会产生事件冒泡。

6. 事件委派 live()

jQuery 给所有匹配的元素附加一个事件处理函数，即使这个元素以后再添加进来也有效。

7. 事件委派 die()

解除用 live 注册的自定义事件。

8. 事件切换 hover()

一个模仿悬停事件（鼠标移动到一个对象上面及移出这个对象）的方法。这是一个自定义的方法，它为频繁使用的任务提供了一种“保持在其中”的状态。

9. 事件切换 toggle()

每次单击后依次调用函数。

10. 事件 blur()

触发每一个匹配元素的失去焦点事件。

11. 事件 change()

触发每个匹配元素的状态改变事件

12. 事件 click()

触发每一个匹配元素的单击事件。

13. 事件 dbclick()

触发每一个匹配元素的双击事件。

14. 事件 error()

触发每一个匹配元素的 error 事件。

15. 事件 focus()

触发每一个匹配元素的获得焦点事件。

16. 事件 focusin()

当一个元素或者其内部任何一个元素获得焦点的时候会触发这个事件。它与 focus 事件区别在于它可以在父元素上检测子元素获取焦点的情况。

17. 事件 focusout()

当一个元素或者其内部任何一个元素失去焦点的时候会触发这个事件。它与 blur 事件区别在于它可以在父元素上检测子元素失去焦点的情况。

18. 事件 keydown()

这个函数会调用绑定到 keydown 事件的所有函数，包括浏览器的默认行为。可以通过在某个绑定的函数中返回 false 来防止触发浏览器的默认行为。keydown 事件在键盘按下时触发。

19. 事件 keypress()

这个函数会调用绑定到 keydown 事件的所有函数，包括浏览器的默认行为。可以通过在某个绑定的函数中返回 false 来防止触发浏览器的默认行为。keydown 事件在键盘按下时触发。

20. 事件 keyup()

这个函数会调用绑定到 keyup 事件的所有函数，包括浏览器的默认行为。可以通过在某个绑定的函数中返回 false 来防止触发浏览器的默认行为。keyup 事件在按键释放时触发。

21. 事件 mousedown()

mousedown 事件在鼠标在元素上单击后触发。

22. 事件 mousemove()

mousemove 事件通过鼠标在元素上移动来触发。事件处理函数会被传递一个变量——事件对象，其.clientX 和.clientY 属性代表鼠标的坐标。

23. 事件 mouseout()

mouseout 事件在鼠标从元素上离开后触发。

24. 事件 mouseover()

mouseover 事件会在鼠标移入对象时触发。

25. 事件 mouseup()

mouseup 事件会在鼠标单击对象释放时触发。

26. 事件 resize()

当文档窗口改变大小时触发。

27. 事件 scroll()

当滚动条发生变化时触发。

28. 事件 select()

这个函数会调用绑定到 select 事件的所有函数，包括浏览器的默认行为。可以通过在某个绑定的函数中返回 false 来防止触发浏览器的默认行为。

29. 事件 submit()

这个函数会调用绑定到 submit 事件的所有函数，包括浏览器的默认行为。可以通过在某个绑定的函数中返回 false 来防止触发浏览器的默认行为。

30. 事件 unload()

在每一个匹配元素的 unload 事件中绑定一个处理函数。

下面通过一个简单的代码来说明在 jQuery 中如何通过元素选择与事件来实现特殊的效果。

【实例 14-3】本例创建一个页面，并且在页面中有一个层元素，当鼠标经过层时，会为其添加背景颜色效果，当鼠标离开时，清除背景颜色效果。

```
01  <html>
02  <head>
03  <title>无标题文档</title>
04  <script type="text/JavaScript" src="jquery-1.12.4.min.js"></script>
05   <script type="text/JavaScript">
06  $(function(){
07        $("#div1").mouseover(function(){                              // 鼠标经过
08              $("div").attr("style","font-size:50px");               // 改变字体大小
09       });
10       $("#div1").mouseout(function(){                               // 鼠标移出
11              $("div").removeAttr("style");                          // 清除样式
12       });
13  });
14  </script>
15  </head>
16  <body>
17  <center>
18       <div id="div1">演示层 1</div><p>
19  </center>
20  </body>
21  </html>
```

【运行结果】打开网页文件运行程序，结果如图 14-8 所示。

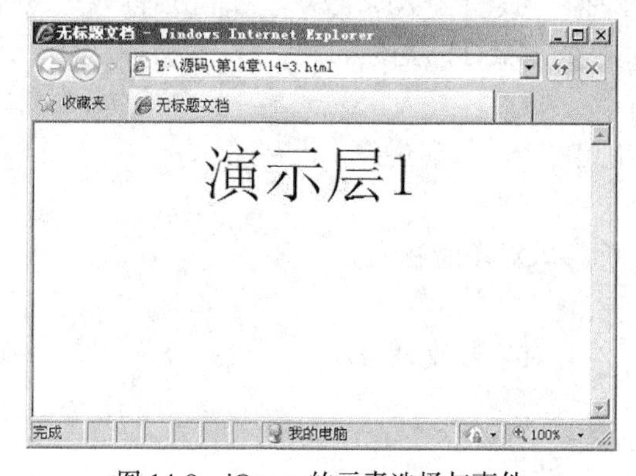

图 14-8 jQuery 的元素选择与事件

【代码解析】上述代码第 7 行属于事件注册，将层的鼠标移入事件进行注册。第 8 行使用了元

素选择，选择 id 为 div1 的层，并为所有层添加字体效果。同理，第 10 行也为事件注册，将鼠标移出事件进行注册，第 11 行使用了元素选择，选择 id 为 div1 的层并清除其字体效果。

14.4　jQuery 对 DIV 层的操作

14.3 节介绍了 jQuery 的工作原理与运行机制，通过学习可以发现，对元素的操作是 jQuery 的重要内容之一。而日常使用中用到最多的页面元素非 div 莫属，所以对层的操作是其重要内容。本节就来重点介绍 jQuery 对 DIV 层的操作。

14.4.1　DIV 的鼠标选取

下面通过一个简单的代码来说明在 jQuery 中如何实现单击 DIV 层并将其选中。

【实例 14-4】本例创建一个页面，并且在页面中有几个层元素，当鼠标单击特定层时，会为指定的层添加边框与颜色效果，当鼠标再次单击时，清除指定效果。当单击页面中的按钮时会以对话框形式显示所有被选取的层。

```
01  <html>
02  <head>
03  <title>无标题文档</title>
04  <script type="text/JavaScript" src="jquery-1.12.4.min.js"></script>
05   <script type="text/JavaScript">
06  $(function(){
07        $("div").click(function(){                        // 单击层
08              var target=$(this);                         // 获取被单击的目标
09              var $temp=target.attr("style");             // 获取 style 属性
10              if(typeof($temp)=="undefined")   target.attr("style",   "border:1px
solid #F00");                                               // 如果不存在属性则设置
11              else target.removeAttr("style");            // 如果存在 style 属性则清除属性
12        });
13        $("#btn").click(function(){                       // 单击按钮
14             $("div").each(function(){                    // 遍历所有 div 层
15             var $temp=$(this).attr("style");             // 获取 style 属性
16             if(typeof($temp)!="undefined")                 alert($(this).text())
                                                            // 如果被选中（存在属性）弹出层文字
17             });
18        });
19  });
20  </script>
21  </head>
22  <body>
23  <center>
24        <input id="btn" type="button" value="查看选择"/>
25        <div id="div1">点击选择演示层 1</div><p>
26        <div id="div2">点击选择演示层 2</div><p>
27        <div id="div3">点击选择演示层 3</div><p>
28        <div id="div4">点击选择演示层 4</div><p>
29        <div id="div5">点击选择演示层 5</div><p>
```

```
30  </center>
31  </body>
32  </html>
```

【运行结果】打开网页文件运行程序，结果如图 14-9 所示。

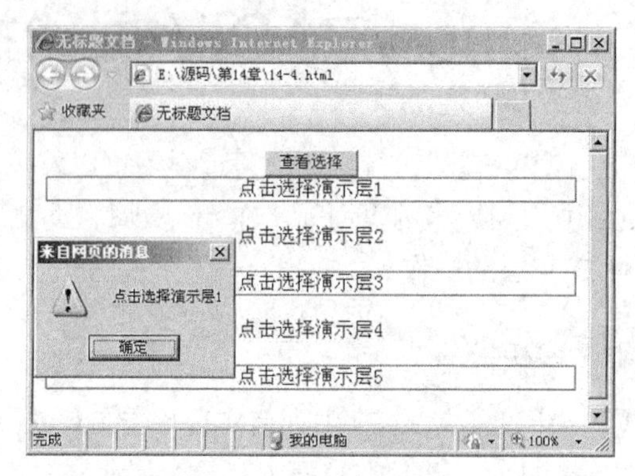

图 14-9　层的鼠标选取

【代码解析】上述代码第 7 行属于事件注册，将层的鼠标单击事件进行注册。第 8 行获取当前事件的目标，第 9 行获取当前目标的属性，第 10 行对属性进行判断，如果不存在 style 属性则为层添加边框效果。第 11 行判断如果存在 style 属性则清除其效果。第 13 行对按钮 btn 的单击事件进行注册，第 14 行使用 each 遍历所有的层对象，第 15 行获取层的 style 属性，第 16 行判断如果存在 style 属性，则认定该层处于选取状态，并且以对话框形式弹出指定层的文本内容。

14.4.2　DIV 层的尺寸读取

下面通过一个简单的代码来说明在 jQuery 中如何实现获取 DIV 层的尺寸。

【实例 14-5】该例子创建一个页面，页面中有一个按钮和一个层，但单击按钮时，会获取 div 的尺寸信息，并以对话框形式显示。

```
01  <html>
02  <head>
03  <title>无标题文档</title>
04  <script type="text/JavaScript" src="jquery-1.12.4.min.js"></script>
05   <script type="text/JavaScript">
06  $(function(){
07       $("#btn").click(function(){                          // 按钮单击事件
08            alert("width:"+$("#div1").width()+"\nheight:"+$("#div1").height());
                                                              // 弹窗获取尺寸
09       });
10  });
11  </script>
12  </head>
13  <body>
14  <center>
15       <input id="btn" type="button" value="获取层的大小" />
16       <div id="div1" style="width:400px;height:200px;border:solid 1px #000080;
background-color:#AFA; font-family:'MS Serif', 'New York', serif; font-size:xx-large;
color:#2A0000">Hello World!</div>
17  </center>
```

```
18  </body>
19  </html>
```

【运行结果】打开网页文件运行程序，结果如图 14-10 所示。

图 14-10　获取层的尺寸

【代码解析】上述代码第 7 行将按钮的鼠标单击事件进行注册。第 8 行获取指定层的尺寸，这里使用了两个非常有用的方法，分别为：width()与 height()。这两个方法如果不加参数为获取层的宽度与高度，如果添加参数即为将层指定为相应的宽度与高度。

14.4.3　DIV 层的显示与隐藏

下面通过一段简单的代码来说明在 jQuery 中如何改变层的显示与隐藏状态。

【实例 14-6】本例创建一个页面，在页面中有一个按钮与一个层元素，当鼠标单击按钮时会判断层的显示与隐藏状态，如果其状态为隐藏则将其显示，反之则将其隐藏。

```
01  <html>
02  <head>
03  <title>无标题文档</title>
04  <script type="text/JavaScript" src="jquery-1.12.4.min.js"></script>
05   <script type="text/JavaScript">
06  $(function(){
07       $("#btn").click(function(){                              // 注册按钮事件
08            if($("#div1").is(':hidden')) $("#div1").show();    // 如果隐藏将其显示
09            else $("#div1").hide();                            // 反之将其隐藏
10       });
11  });
12  </script>
13  </head>
14  <body>
15  <center>
16      <input id="btn" type="button" value="隐藏/显示层"/>
17      <div    id="div1"    style="width:400px;height:200px;border:solid    1px
#000080;background-color:#AFA;   font-family:'MS   Serif',   'New   York',   serif;
font-size:xx-large; color:#2A0000">Hello World!</div>
18  </center>
19  </body>
20  </html>
```

【运行结果】打开网页文件运行程序，结果如图 14-11 所示。

图 14-11　层的显示与隐藏

【代码解析】上述代码第 7 行属于事件注册，将按钮单击事件进行注册。第 8 行判断层是否隐藏，如果隐藏则将其显示。第 9 行在判断的基础上，如果显示则将其隐藏。

14.4.4　DIV 内的内容控制

DIV 层中会有一些内容，通过 jQuery 可以方便地读取、添加和删除层中的内容。下面通过一段简单的代码来说明在 jQuery 中如何实现对 DIV 层中的内容的控制。

【实例 14-7】本例创建一个页面，并且在页面中有一个输入框、一个添加按钮、一个读取按钮、一个清除按钮，还有一个层元素。当鼠标单击添加按钮时，会将输入框中输入的文字添加进层中；而单击清除按钮，则会清除层中的所有内容；单击读取按钮会以对话框形式对话框出层中文字的内容。

```
01  <html>
02  <head>
03  <title>无标题文档</title>
04  <script type="text/JavaScript" src="jquery-1.12.4.min.js"></script>
05   <script type="text/JavaScript">
06  $(function(){
07       $("#btn_in").click(function(){                          // 单击添加按钮
08            var text=$("#text_in").val();
09            $("#flag").text($("#flag").text()+text);  // 读取原始内容并添加新内容
10       });
11       $("#btn_read").click(function(){                        // 单击读取按钮
12            alert($("#flag").text());                         // 读取原始内容
13       });
14       $("#btn_clear").click(function(){                       // 单击清除按钮
15            $("#flag").empty();                               // 清除内容
16       });
17  });
18  </script>
19  </head>
20  <body>
21  <center>
22       <input type="text" id="text_in"><input type="button" id="btn_in" value="添
加内容" /><p>
23       <input id="btn_read" type="button" value="读取内容" /><input id="btn_clear"
type="button" value="清除内容" />
```

```
24         <div id="flag">内容在这里显示</div><p>
25     </center>
26     </body>
27     </html>
```

【运行结果】打开网页文件运行程序，结果分别如图 14-12 与图 14-13 所示。

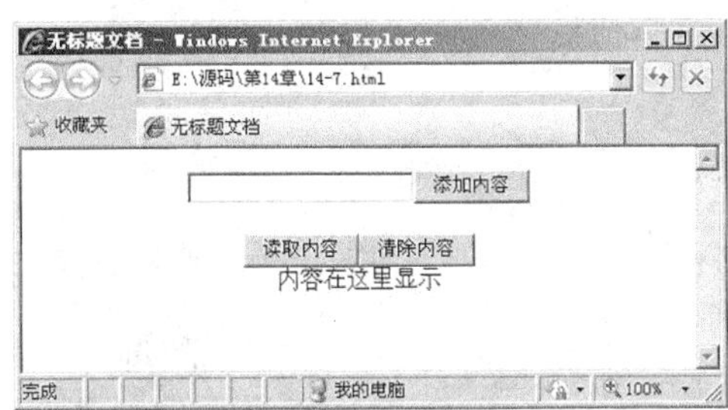

图 14-12　jQuery 的内容控制

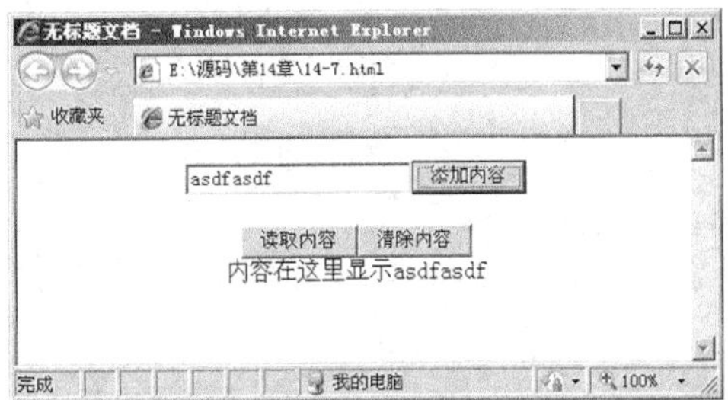

图 14-13　jQuery 的内容控制 II

【代码解析】上述代码第 7 行、11 行、14 行分别将添加按钮、读取按钮、清除按钮的单击事件进行注册。第 8 行获取输入框的内容，第 9 行将输入框的内容添加到层中。第 12 行以对话框显示层中内容，第 15 行使用 empty()方法清空层中的内容。

14.4.5　DIV 层的定位

层的定位也是层操作的一项重要内容，使用 jQuery 可以方便地对层进行定位操作。下面通过一段简单的代码来说明在 jQuery 中如何实现控制 DIV 层的定位。

【实例 14-8】本例创建一个页面，并且在页面中有几个层元素，当鼠标单击特定层时，会为指定的层添加边框与颜色效果。当鼠标再次单击时，清除指定效果。当单击页面中的按钮时会以对话框形式显示所有被选取的层。

```
01  <html>
02  <head>
03  <title>无标题文档</title>
04  <style type="text/css">
05  .moveBar {
06  position: absolute;
07  width: 250px;
08  height: 300px;
09  background: #666;
10  border: solid 1px #000;
11  }
12  #div1 {
13  background: #52CCCC;
14  cursor: move;
15  }
16  </style>
17  <script type="text/JavaScript" src="jquery-1.12.4.min.js"></script>
18   <script type="text/JavaScript">
19  jQuery(document).ready(
20      function () {
21          $('#div1').mousedown(                                    // 在层上按下鼠标
22              function (event) {
23                  var isMove = true;
24                  var abs_x = event.pageX - $('#div1').offset().left;
```

```
25                  var abs_y = event.pageY - $('#div1').offset().top;
26                  $(document).mousemove(function (event) {    // 移动鼠标
27                  if (isMove) {
28                      var obj = $('#div1');                   // 获取对象并定位
29                      obj.css({'left':event.pageX - abs_x, 'top':event.pageY -
abs_y});
30                  }
31              })
32              .mouseup(                                       // 抬起鼠标
33              function () {
34                  isMove = false;                             // 设置自定义变量
35              });
36          });
37      });
38      </script>
39      </head>
40      <body>
41      <center>
42          <div id="div1"  class="moveBar">Hello World!</div>
43      </center>
44      </body>
45      </html>
```

【运行结果】打开网页文件运行程序，结果如图 14-14 所示。

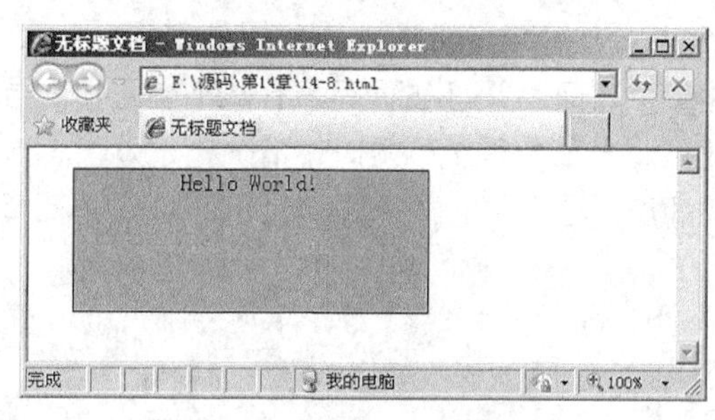

图 14-14　控制层的移动

【代码解析】上述代码第 4～16 行添加了 CSS 样式，并为层设置专属样式。第 19 行定义函数，第 21 行表示当用户在层上按下鼠标时，执行函数，获取鼠标坐标，并将鼠标与层位置进行计算偏移量。第 27 行定义鼠标移动时函数，获取对象并为对象重新定位。第 32 行定义当鼠标抬起时，设置自定义变量为 false，这样就停止鼠标跟随。

本节介绍了 DIV 层的常用操作，这些内容是 jQuery 中对层操作中最基本的内容，关于更复杂的操作，用户可以查阅专门资料进行深入学习。

14.5　小　　结

本章主要帮助读者认识什么是 jQuery，读者需要重点了解 jQuery 的特点，了解如何搭建环境及在页面中引入使用 jQuery，同时还对 jQuery 的工作原理进行分析，最后还重点介绍了 jQuery 对层的操作。深入领会本章内容，会为深入学习 jQuery 打下坚实基础。

14.6　习　　题

一、选择题

1. 以下哪项是 jQuery 所不具备的特征？（　　）

   A. XMLHTTPREQUES 获取数据　　B. JSON 数据获取

   C. 离线存储　　D. 晚用性

2. 以下哪项可以实现层的隐藏？（　　）

   A. click()　　B. hide()　　C. show()　　D. dbclick()

二、简答题

1. 简述 jQuery 都有哪些特点。
2. 比较 jQuery 与 Ajax 的异同。
3. 简述 jQuery 的运行机制。

三、编程题

1. 写一个程序引用 jQuery 实现层的拖动操作。

【提示】本例可以利用参考书中介绍的例子来实现。

2. 写一个程序引用 jQuery 实现三级联动下拉菜单。

【提示】可以使用 select 对象的 appendTo()方法进行操作。

第 15 章 接元宝网页游戏

当前网络上流行着大量的小型休闲游戏，通过在线加载运行于浏览器中，用户上网就可以玩。休闲游戏玩法简单、容易上手，也不需要花费大量时间，所以深得用户的喜爱。本章将实现一个小巧的休闲游戏“接元宝”，借以向读者介绍这类小游戏的开发方法。

本章目标如下。

- 了解如何建立实际问题的模型。
- 学会使用 JavaScript 控制 DOM 元素。

以上两点是对读者提出的要求，也是本章学习的最主要目标。

15.1 创作思路及基本场景的实现

一个应用程序的开发往往分为数个阶段，如需求分析、设计实现、运行测试和发布维护等。对于小型的应用不必完全遵循软件工程的步骤，在此只需要清楚要做什么以及如何去做即可。

15.1.1 创作思路

接元宝游戏的情景可以这样理解。从屏幕的上方随机飘下带有不同分值的元宝，元宝自由落向人间。当任何一个落到游戏窗口的下方时，自动消失后又一个新的元宝在天上出现。玩家用键盘操作一个位于页面下方的财神来接元宝，财神只能左右移动，被接到的元宝自动消失并且玩家的分数增加，如果没有碰到，元宝掉落到页面下方，玩家的生命值减少一个，当玩家生命值为 0，则游戏结束。

分析游戏场景，此游戏中包括表 15-1 所示的角色，游戏结构如图 15-1 所示。

图 15-1 游戏结构

表 15-1 游戏对象

名称	职责描述
ingot	代表元宝，实现元宝本身的移动、资源复位等功能，提供操作元宝的接口
character	代表财神，键盘控制移动，与元宝实现互动

15.1.2　实现基本场景及用户界面

游戏上方有一个按钮用于开始或者结束游戏，游戏窗口背景用一张色调温馨的天空卡通图片填充，在游戏界面右侧分别有 3 个层用于显示游戏简单操作说明、生命值剩余情况和玩家得分情况等。游戏下方有一个卡通财神，在游戏未开始时不会响应按钮操作，只有在游戏开始时，才能通过左右键控制财神的移动。场景效果图如图 15-2 所示。

图 15-2　游戏场景效果图

用户界面元素包含游戏状态及系统信息、开始游戏、结束游戏和游戏窗口等，清单如表 15-2 所示。

表 15-2　用户 UI 清单

名称	实现
游戏窗口	使用<DIV>元素作为窗口容器
游戏方法	使用<DIV>元素显示游戏的简单操作方法
生命数	使用<DIV>元素显示玩家的生命数
得分数	使用<DIV>元素显示玩家的得分情况
开始/结束游戏	使用按钮元素通过点击实现启动或者结束游戏，在游戏未开始时点击为开始游戏；而在游戏运行中点击为结束游戏

使用 HTML 代码实现基本的 UI（用户界面），实现代码如下。

```
01  <body>
02  <input type=button id="flag" value="开始/结束">
03  <div id="back" style="background:url(back.jpg);position:absolute;left:0px;top:
```

```
50px;border:solid 1px #000; width:800px;height:600px"></div>
    04  <div class="info"  style="top:110px">游戏方法：<br>左右键控制移动</div>
    05  <div id="show_life" class="info"  style="top:175px">生命数</div>
    06  <div id="show_score" class="info"  style="top:215px">得分数</div>
    07  <div                                                    id="div_character"
style="background:url(character.png);position:absolute;left:300px;top:550px;
width:184px;height:100px"></div>
    08  </body>
```

上面的代码中分别用到了两个图片，一个为背景图片：back.jpg，该图片作为游戏的背景使用。另一个为玩家控制的财神角色图片：character.png。两个图片分别如图 15-3 与图 15-4 所示。

图 15-3　游戏背景图片 back.jpg

图 15-4　游戏控制角色财神图片 character.png

另外，游戏还需要创建两个样式表供游戏显示信息与元宝的层使用，这两个样式代码如下所示。

```
01  <style>
02  .cc
03  {
04      height:28px;
05      width:40px;
06      background-image: url('ingot.png');
07  }
08  .info
09  {
10      position:absolute;
11      left:650px;
12      width:120px;
13      height:20px;
14      line-height:20px;
15      border:solid 1px #ff0000;
16      background-color:#ffffcc;
17      font-size:9pt;
18  }
19  </style>
```

以上代码中的 cc 类定义了元宝层的基本样式属性，包括宽高与背景，其中还用到了图片

ingot.png，该图片为一个元宝，具体效果如图 15-5 所示。

图 15-5 游戏 NPC 元宝图片 ingot.png

样式代码中的 info 类定义了信息显示层所使用的基本样式属性，分别定义了位置、尺寸、边框、背景颜色和字体大小等属性。

15.2 设计游戏角色

该游戏中只包含两种角色，财神与元宝。其中，财神是玩家用键盘可以控制的角色，而元宝则是非玩家角色 NPC（No-Player-Character）。本节来介绍这两个对象有何基本属性与特征以及如何设计这两个角色。

15.2.1 财神对象

财神对象是玩家可控制对象，用一个<DIV>元素来显示，并且会对玩家的键盘按键作出响应，下面的代码是在页面中显示财神。

```
01 <div id="div_character"  style="background:url(character.png);position:absolute;
left:300px;top:550px; width:184px;height:100px"></div>
```

其中定义了该层的基本样式属性，包括位置、尺寸以及背景图片等主要内容。

既然是玩家可控制对象，必然会对玩家的某些操作作出响应。该游戏中是需要对玩家的键盘按键作出响应。所以，这里需要一个函数来实现，具体代码如下。

```
01  $(document).keydown(function(event)                    // 检测键盘按下
02  {
03      var obj = $('#div_character');                     // 获取玩家
04      var position_x=obj.offset().left;                  // 获取玩家横坐标
05      if(game_start==true)                               // 如果游戏正在运行
06      {
07          if(event.keyCode==37 && position_x>15)         // 如果按下左键
08          {
09              obj.css({'left':position_x-15});           // 向左移动
10          }
11          if(event.keyCode==39 && position_x<606)        // 如果按下右键
12          {
13              obj.css({'left':position_x+10});           // 向右移动
14          }
15      }
16  });
```

该函数独立于游戏主函数之外，用于控制角色移动。以上代码在键盘按下时执行。首先获取 id 值为 div_character 的对象，然后获取其横坐标。之后判断游戏全局变量 game_start（游戏开始）是否为真，只有在该值为真时才会响应操作，这样可以保证当游戏未开始时，是无法操作的。

之后，代码分别对左键与右键进行判断。如果按下的是左键则向左移动，如果按下的是右键则向右移动。不过向左移动还有一个前提，只有当对象横坐标大于 15 时，才能向左移动，这样可以保证玩家横坐标不会小于 1。同理，向右移动也需要对象横坐标小于 606 才能向右移动，这样可以防止玩家移动到游戏界面之外。

15.2.2 元宝对象

元宝对象在游戏中动态生成，所以在页面载入完毕不直接在页面显示，需要创建一个函数用于生成元宝对象。生成元宝对象的函数代码如下所示。

```
01  function create_ingot()                                          // 创建元宝函数
02  {
03      $("body").append('<div></div>');                             // 为页面添加一个层
04      var temp=$("body div").last();                              // 获取最后添加的层
05      temp.addClass("cc");                                         // 设置 class
06      var temp_x=Math.floor(Math.random()*750);                    // 生成随机横坐标
07      temp.css({'position':'absolute','left':temp_x,'top':40});    // 设置坐标
08      temp.attr("level",Math.floor(Math.random()*4));              // 设置自定义属性：level
09  }
```

以上代码首先为页面添加一个层，然后获取最后添加的层，并为层设置 class 样式属性。同时为层设置一个随机的横坐标，该坐标的范围为 0～750，这样可以确保生成的元宝对象在游戏界面之内而不会在游戏界面之外。最后还为层设置一个自定义属性 level，该属性会决定元宝的下落速度与分值，level 值越高，下落速度越快，而其分值也越高。

元宝在生成之后，还需要向下降落，所以还需要创建一个元宝下落函数，元宝下落函数代码如下所示。

```
01  function go_down()                                       // 元宝下落函数
02  {
03      var x1,y1;                                           // 定义玩家坐标
04      x1=$("#div_character").offset().left;
05      y1=550;                                              // 获取玩家坐标
06      $(".cc").each(function()                             // 遍历所有元宝
07      {
08          var x2=$(this).offset().left;                    // 获取坐标
09          var y2=$(this).offset().top;
10          var level=$(this).attr("level");                 // 获取 level
11          $(this).css({'top':y2+level*4});                 // 增加纵坐标实现下落
12          if($(this).offset().top >=534)                   // 判断纵坐标
13          {
14              if(check_box(x1,y1,184,100,x2,y2,40,28))     // 调用碰撞检测函数返回真
15              {
16                  game_score=game_score+(parseInt(level)+1)*50; // 游戏分数增加
17                  $("#show_score").html("得分数："+game_score); // 更新分数信息显示
18              }
19              else                                         // 如果没有碰撞
20              {
21                  game_life--;                             // 减少生命
22                  $("#show_life").html("生命数："+game_life);  // 更新生命信息显示
23                  if(game_life==0) game_over();            // 如果生命等于 0，调用结束游戏
24              }
```

```
25                  $(this).remove();                              // 移除元宝
26              }
27          });
28      }
```

以上代码中通过对所有 class 属性为 cc 的层（即元宝）进行遍历，获取其坐标，并实现下落。这里会获取其 level 属性，level 值越高的下落速度越快，即每次纵坐标的增加量更大。

在元宝下落的过程中还要判断其纵坐标，如果到达页面下方，还要判断元宝与玩家对象是否有碰撞，如果有碰撞玩家分数增加。如果没有碰撞则玩家生命值减少 1 个，如果玩家生命值为 0，则结束游戏。同时，无论碰撞与否都移除到达底部的元宝对象。

以上代码中还分别调用了碰撞检测函数 check_box()以及游戏结束函数 game_over()，关于这两个函数会在下一节游戏进程控制中详细介绍。

15.3　游戏进程控制

游戏程序进程的运行一般都包含几个阶段，游戏初始化、游戏循环和游戏结束。在初始化阶段创建并初始化资源，做好开始游戏的准备。在游戏循环阶段不断地更新游戏世界并且与用户交互，直到用户发出结束命令，在结束阶段清理游戏所占用的资源，并以对话框的形式提示得分情况。

15.3.1　初始化游戏

在所有的代码之前需要先加载 jQuery 运行库，代码如下所示。

```
<script type="text/JavaScript" src="jquery-1.12.4.min.js"></script>
```

游戏页面在加载时先创建一系列信息显示元素，还有玩家控制对象、游戏开始/结束按钮。在初始化游戏时定义一系列全局变量。

```
$(function(){                                  // 主函数
......
......
})
```

以上函数为页面载入时的主函数，其他大部分内容：游戏启动控制、游戏循环、游戏结束控制，包括 15.2.2 小节介绍的生成元宝等都需要在该函数体内运行。

以下代码在主函数中首先执行。

```
game_start=false;                              // 游戏状态
var game_life=0;                               // 生命值
var game_score=0;                              // 分数
var loop_state;                                // 循环状态
var div_down;                                  // 层下落状态
```

以上代码定义了一个全局变量 game_start，之所以是全局变量是为了用户在键盘按键时判断游戏状态。此外还定义了生命值、分数、循环状态及层下落状态几个变量。

15.3.2　游戏启动控制

游戏开始/结束按钮在用户单击时判断游戏开始状态，如果游戏尚未开始则开始游戏，如果游戏已经开始则结束游戏。具体代码如下所示。

```
01  $("#flag").click(function()                    // 按钮单击
02  {
03      if(game_start==true)                       // 如果游戏正在运行
04      {
05          game_over();                           // 结束游戏
06      }
07      else                                       // 如何游戏尚未运行或者结束，初始化
08      {
09          game_start=true;                       // 开始游戏
10          game_life=3;                           // 设置生命值
11          game_score=0;                          // 设置分数
12          $("#show_life").html("生命数："+game_life);
13          $("#show_score").html("得分数："+game_score);
14          create_ingot();                        // 执行一次创建元宝函数
15          loop_state=setInterval(function(){create_ingot()},1500);
                                                                      // 循环执行创建元宝
16          div_down=setInterval(function(){go_down()},50);      // 循环执行元宝下落
17      }
18  });
```

按钮按下时，首先判断游戏状态，如果正在运行，调用游戏结束函数。如果游戏尚未运行或者已经结束则初始化游戏，初始化时设置游戏状态，设置生命值、分数和刷新信息显示，同时创建元宝，并循环执行创建与下落。

15.3.3 游戏循环

游戏循环在游戏开始时通过 setInterval()循环执行元宝创建与元宝下落。代码如下所示。

```
loop_state=setInterval(function(){create_ingot()},1500);     // 循环执行创建元宝
div_down=setInterval(function(){go_down()},50);              // 循环执行元宝下落
```

setInterval()用于循环执行某个函数，第一个参数为所要执行的函数，第二个参数为每次间隔时间，时间越小执行频率越高，1 000 代表 1 秒。以上代码是每 1.5 秒生成一个元宝对象，每 0.05 秒执行一次元宝下落。

15.3.4 游戏结束控制

当玩家生命值为 0 或者玩家在游戏时单击“开始/结束游戏”按钮时，移除游戏定时器，停止游戏的运转并移除元宝对象。最后在对话框中输出玩家的得分情况，并设置相应的游戏状态信息，如“游戏已经停止”等。实现以上功能的函数代码如下。

```
01  function game_over()                                   // 结束游戏函数
02  {
03      game_start=false;                                  // 设置状态
04      $(".cc").remove();                                 // 移除所有元宝
05      clearInterval(loop_state);                         // 清除循环状态
06      clearInterval(div_down);                           // 清除元宝下落
07      alert("你挂了！\n 你得了"+game_score+"分！");       // 弹出提示框
08  }
```

以上代码首先设置游戏状态，然后移除所有元宝对象，同时使用 clearInterval()函数清除使用 setInterval()开始的循环，最后使用 alert()弹出提示框，用于提示玩家的得分情况。

启动控制、游戏循环和游戏结束控制都需要在游戏主函数之下。

15.3.5　碰撞检测

这里需要自定义一个函数，用于检测两个层之间是否有碰撞，并根据检测结果返回 true 或者 false。具体代码如下所示。

```
01  function check_box(x_1,y_1,w_1,h_1,x_2,y_2,w_2,h_2)          // 自定义碰撞检测函数
02  {
03      if(Math.abs(x_1-x_2+w_1/2-w_2/2)<=w_1/2+w_2/2&&Math.abs(y_1-y_2+h_1/2-h_2/2)
<=h_1/2+h_2/2)
04      {
05          return true;                                          // 检测到有碰撞返回真
06      }
07      else
08      {
09          return false;                                         // 没有碰撞
10      }
11  }
```

该函数独立于主函数之外，共需要 8 个参数，分别为层 1 的 *x*、*y* 坐标值、宽与高，以及层 2 的相应内容。其中，最主要的算法为判断两个矩形的中心点之间的距离是否在某个范围之内：即两个矩形中心点横坐标之差的绝对值要小于二者宽的一半之和。同时，两个矩形中心点纵坐标之差的绝以值要小于二者高的一半之和。

关于这里的碰撞检测，读者可以参阅相关文献写出更合理的算法。

15.3.6　运行测试

游戏的设计实现工作已经完成，接下来对其进行运行测试。打开网页文件，游戏运行过程及结束时的效果如图 15-6 和图 15-7 所示。测试的目的是找到代码错误和逻辑错误，反复测试之后就可以发布了。

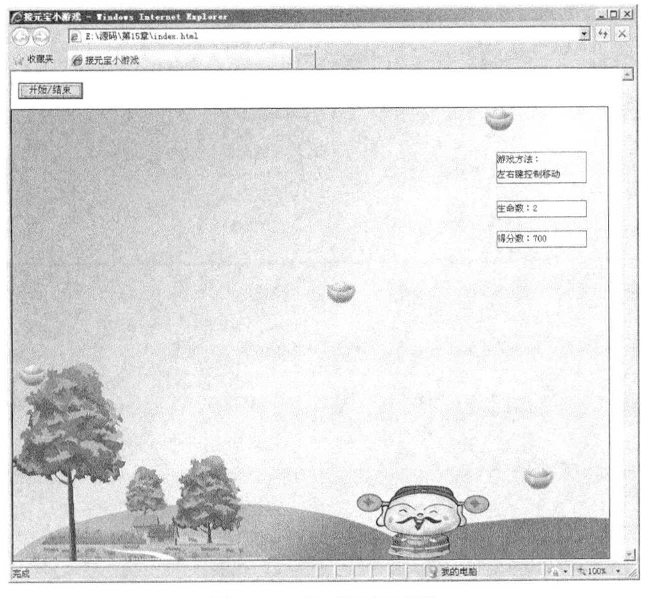

图 15-6　游戏运行过程

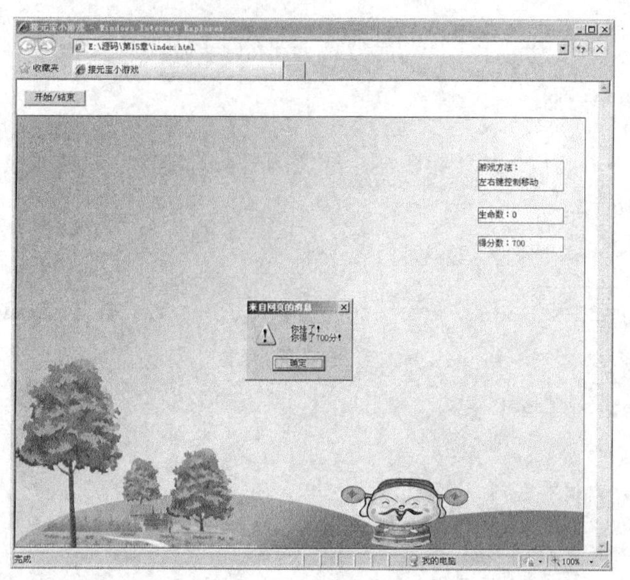

图 15-7　游戏结束

15.4　小　　结

本章引领读者体验一次综合开发的全过程，这个例子比起之前的任何例子都要复杂。面对实际问题时读者应首先学会分析理解问题的情景，提取情景中的关键元素。在抽象出问题模型后采用合适的模式进行设计，程序编码只是所有工作的一小部分，前期的分析设计直接关系到产品最终的成败。开发工作的最后阶段是测试和发布产品，这也是开发工作的重要组成部分。